高职高专土木与建筑规划教材

建筑材料

王　艳　主　编

清華大学出版社
北　京

内 容 简 介

本书是全国高等院校土建类专业“十三五”互联网+创新规划教材之一，本书根据高职高专院校土建类专业的人才培养目标、教学计划、教学要求及“建筑材料”课程的教学特点和要求，以国家建设用砂(GB/T14684—2011)、烧结多孔砖和多孔砌块(GB 13544—2011)、建筑石油沥青(GB/T494—2010)、聚氯乙烯(PVC)防水卷材(GB 12952—2011)等相关建筑材料国家标准为依据编写。

本书根据高职高专教育的特点及市场需求，以“理论结合实训”思想为指导，立足于扎实基本理论，然后结合大量的工程案例导入、实例解析、图片、实训工单、音频、动画及现场视频等其他形式资源，系统、详细地对建筑材料的基本知识进行阐述，主要包括建筑材料的性质、气硬性胶凝材料、水硬性胶凝材料、混凝土、建筑砂浆、金属材料、墙体材料、建筑石材、土料、木材、功能材料、合成高分子材料等部分。本书重点对建筑工程中经常使用材料的基本概念、组成、性质及其他方面等进行讲解，图文并茂，有效针对高职高专院校学生；知识点由易到难，循序渐进，力求使同学们达到学以致用、举一反三的目的。

本书可作为高职高专建筑工程技术、工程造价、工程管理、土木工程、工程监理及相关专业的教学用书，也可作为中专、函授及土建类工程技术人员的参考用书。本书除具有教材功能外还兼具工具书的特点，也是从事建筑工程施工的工作人员必备的资料用书。

图书在版编目(CIP)数据

建筑材料/王艳主编. —北京：清华大学出版社，2019 (2024.8 重印)
(高职高专土木与建筑规划教材)
ISBN 978-7-302-51164-9

Ⅰ. ①建… Ⅱ. ①王… Ⅲ. ①建筑材料—高等职业教育—教材 Ⅳ. ①TU5

中国版本图书馆 CIP 数据核字(2018)第 209939 号

责任编辑：桑任松
封面设计：刘孝琼
责任校对：李玉茹
责任印制：宋 林
出版发行：清华大学出版社
网 址：https://www.tup.com.cn，https://www.wqxuetang.com
地 址：北京清华大学学研大厦 A 座　　邮 编：100084
社 总 机：010-83470000　　邮 购：010-62786544
投稿与读者服务：010-62776969, c-service@tup.tsinghua.edu.cn
质量反馈：010-62772015, zhiliang@tup.tsinghua.edu.cn
课件下载：https://www.tup.com.cn, 010-62791865
印 装 者：定州启航印刷有限公司
经　　销：全国新华书店
开　　本：185mm×260mm　　**印　张**：16.75　　**字　数**：407 千字
版　　次：2019 年 1 月第 1 版　　**印　次**：2024 年 8 月第11次印刷
定　　价：49.00 元

产品编号：078019-01

前　言

随着我国经济的迅速发展和人民生活水平的不断提高，我国建筑行业正飞速发展。新技术、新材料不断出现与应用，推动了建筑材料和建筑材料知识的不断更新，新的国家标准、规范相继颁布，因此建筑工程类专业的基础知识也必然要进行更新并系统化。材料是工程建设的基础，没有材料，建筑就无从谈起。建筑材料课程是建筑工程类专业的基础课程之一，其理论知识是今后专业学习和从事工程建设领域相关工作必不可少的。通过本书的学习，同学们可以对基本常用材料的组成、性质、性能等知识有个基本了解。

本书作为建筑材料的专用教材，充分考虑了当前大环境的情形，针对高职高专培养技能型、应用型人才的特点，注重理论与实践相结合，以应用为主、理论够用为度的原则，力求反映当前最先进的材料技术知识。本书内容精练，信息容量较大，并渗透了现代材料与工程技术的基础理论、材料性质与施工技术相结合的内容，力求引导同学们扩大知识面、了解新型材料的发展动向。

本书在整体架构上做到内容上从基本知识入手，图文并茂；层次上由浅入深、循序渐进；实训上注重与实例的结合，每章必练；整体上主次分明，合理布局，力求把知识点简单化、生动化、形象化。

本书结合高职高专教育的特点，立足基本理论的阐述，注重实践技能的培养，开篇的项目案例导入为本章的内容学习做了一个铺垫，文中“案例教学法”的思想贯穿于整个编写过程中，具有“实用性”“系统性”和“清晰性”的特色。

与同类书相比本书优点如下。

(1) 新：开篇导入案例及问题，文中图文并茂，生动形象，形式新颖；

(2) 全：每章知识点分门别类，包含全面；

(3) 清：层次分明，由浅入深，便于学习；

(4) 系统：知识讲解前呼后应，结构清晰，层次分明；

(5) 实用：理论和实际相结合，举一反三，学以致用；

(6) 配套资源丰富：除了必备的电子课件、每章习题答案外，还相应地配套有大量的拓展图片、讲解音频、扩展资源、现场视频、模拟动画、实训工作单等，这些内容可通过扫描二维码的形式进行查看，力求让初学者在学习时最大化、最有效、最快捷地接受新知识，从而达到学习目的。

本书由北京建筑大学王艳任主编，由江苏建筑职业技术学院李新、黄河水利职业技术学院杨春景、绍兴文理学院王天佐任副主编，参与编写的还有商丘工学院土木工程学院韩梦泽、华诚博远工程技术集团有限公司郭军伟、长江工程职业技术学院朱强。具体的编写分工为王艳负责编写第 1 章，并对全书进行统筹，杨春景负责编写第 2 章、第 3 章，郭军伟负责编写第 4 章，李新负责编写第 5 章、第 7 章、第 9 章，朱强负责编写第 6 章，韩梦泽负责编写第 8 章，王天佐负责编写第 10 章、第 11 章，在此对本书编写过程中的全体合作者和帮助者表示衷心的感谢！

本书在编写过程中，得到了许多同行的支持与帮助，在此一并表示感谢。由于建筑材料的发展很快，新材料、新品种不断涌现，各行业技术标准也不统一，且编者水平有限和时间紧迫，书中难免有错误和不妥之处，望广大读者批评指正。

编　者

前言 1　建筑材料试卷 A.pdf

前言 2　建筑材料试卷 A 答案.pdf

前言 3　建筑材料试卷 B.pdf

前言 4　建筑材料试卷 B 答案.pdf

电子课件获取方法.pdf

目　录

建筑材料的性质图片.pptx

建筑材料的性质.pdf

第 1 章　建筑材料的性质

01

【学习目标】

1. 了解建筑材料的组成;
2. 熟悉建筑材料的结构;
3. 掌握建筑材料的物理性质和化学性质。

建筑材料的性质.avi

【教学要求】

本章要点	掌握层次	相关知识点
建筑材料的组成、结构	1. 了解材料的组成与结构分类 2. 了解材料的结构特点	建筑材料
材料与质量、水、热等有关的性质	1. 理解材料与质量、水、热等有关的性质 2. 掌握每种性质的含义 3. 重点掌握材料与水的相关性质的原理	材料的性质
强度和强度等级	理解材料的强度和强度等级	材料强度
弹性与塑形	理解材料的弹性与塑形的含义	材料的弹性与塑形
脆性与韧性	了解材料的脆性与韧性原理	材料的脆性与韧性
硬度与耐磨性	了解材料的硬度与耐磨性的含义及原理	材料的硬度与耐磨性
建筑材料的耐久性及装饰性	了解建筑材料的耐久性及装饰性的基本含义	材料的耐久性及装饰性

【项目案例导入】

某大型商业建筑工程项目，主体建筑物为 10 层。在主体工程进行到第二层时，该层的 100 根钢筋混凝土柱已浇筑完成并拆模后，监理人员发现混凝土外观质量不良，表面疏松，怀疑其混凝土强度不够，达不到设计要求的混凝土抗压强度 C18，于是要求承包商出示有关混凝土质量的检验与试验资料和其他证明材料。承包商向监理单位出示其对 9 根柱施工时混凝土抽样检验和试验结果，表明混凝土抗压强度值(28 天强度)全部达到或超过 C18 的设计要求，其中最大值达到了 C30 即 30MPa。

【项目问题导入】

作为监理工程师应如何判断承包商这批混凝土结构施工质量是否达到了要求？如果监理方组织复核性检验结果证明该批混凝土全部未达到 C18 的设计要求，其中最小值仅有 8MPa 即仅达到 C8，应采取什么处理决定？并思考影响混凝土强度的主要因素都有哪些？

1.1 建筑材料概述

建筑材料是土木工程和建筑工程中使用的材料的统称；可分为结构材料、装饰材料和某些专用材料。结构材料包括木材、竹材、石材、水泥、混凝土、金属、砖瓦、陶瓷、玻璃、工程塑料、复合材料等；装饰材料包括各种涂料、油漆、镀层、贴面、各色瓷砖、具有特殊效果的玻璃等；专用材料指用于防水、防潮、防腐、防火、阻燃、隔音、隔热、保温、密封等方面的材料。建筑材料长期承受风吹、日晒、雨淋、磨损、腐蚀等作用侵蚀，性能会逐渐变化，因此，建筑材料的合理选用至关重要，首先应当安全、经久耐用。建筑材料用量很大，直接影响到工程的造价，通常建材费用占工程总造价的一半以上，因此在考虑技术性能时，必须兼顾经济性。

扩展资源 1.pdf

关于材料的其他介绍详见二维码。

1.1.1 建筑材料的组成

材料的组成是决定材料性质的内在因素之一，主要包括：化学组成和矿物组成。

材料化学组成的不同是造成其性能各异的主要原因。

材料的化学组成主要是指材料的元素组成。材料的元素组成，主要是指其化学元素的组成特点，例如不同种类合金钢的性质不同，主要是其所含合金元素如 C、Si、Mn、V、Ti 的不同所致。硅酸盐水泥之所以不能用于海洋工程，主要是因为硅酸盐水泥中所含的氢氧化钙与海水中的盐类会发生反应，生成体积膨胀或疏松无强度的产物所致。

材料的矿物组成主要是指元素组成相同，但分子团组成形式各异的现象。矿物也就是我们平时所说的化合物，根据材料的矿物组成可以进一步判断材料的性质，有时化学组成相同的材料它的性质却不尽相同，这是因为矿物的组成不同导致。

扩展资源 2.pdf

材料的矿物组成示例详见二维码。

1.1.2 材料的结构

建筑材料的
宏观结构.mp4

材料的性质与材料内部的结构有密切的关系，材料的结构主要分成：宏观结构、显微结构、微观结构。

1. 宏观结构

宏观结构是指可以用肉眼或者放大镜看到的 mm 级的构造状况，宏观结构包括基本单元形状、结合形态、孔隙大小、孔隙数量等，建筑材料的宏观结构有以下几种。

(1) 散粒结构：由单独的颗粒组成，不与其他颗粒相结合。例如砂、石子、用于涂料和塑料中的粉状填料等，如图 1-1 所示。

(2) 聚集结构：材料中的颗粒通过胶结材料彼此牢固地结合在一起。例如各种混凝土、某些天然的岩石等，还有建筑陶瓷和建筑烧结砖。陶瓷其实是由焙烧过程中形成的晶体颗粒通过玻璃结合在一起形成的，这就是普通陶瓷掉在地上会碎的原因；建筑烧结砖就是由未熔融的黏土颗粒通过玻璃结合在一起形成的。

(3) 多孔结构：即材料中有大量的粗大的或者微小的、均匀分布的孔隙，这些孔隙可能是连通的，也可能是封闭的。这是加气混凝土、泡沫混凝土、发泡塑料、石膏制品等所特有的结构，如图 1-2 所示。

图 1-1　散粒结构示意图

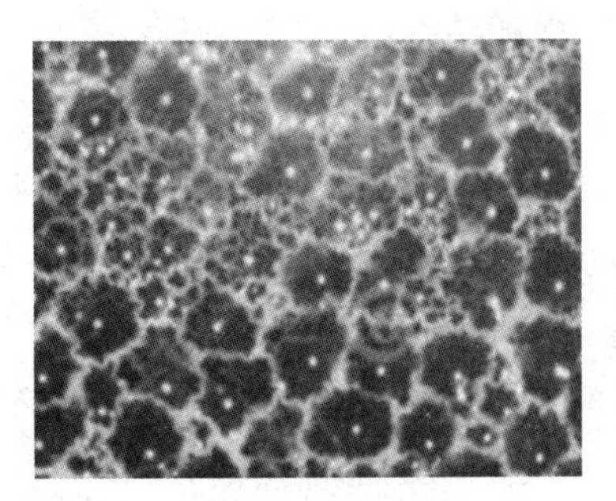
图 1-2　多孔结构

(4) 致密结构：建筑材料在外观和内部结构上都是致密的。例如金属、玻璃等材料，这种材料体积密度大，导热性和强度都高，如图 1-3 所示。

(5) 纤维结构：在平行纤维和垂直纤维方向上的强度、导热性以及其他一些性质都明显不同，表现各向异性，例如木材、纤维制品。木材纤维结构如图 1-4 所示。

(6) 层状结构：又叫作叠合结构，是各种建筑装修板材常见的结构，它是把材料叠合成层状，使用胶结材料或者其他方法把它们整合成整体。例如木胶合板、纸面石膏板、层状填料的塑料等，层状结构可以改善单层材料的性质。木胶合板由于每层木片的纤维方向都是相互正交的，所以可以减少收缩率、强度等性质在不同方向上的差别；纸面石膏板是因为表层纸的护面和增强作用，提高了石膏板的抗折强度。

图 1-3 玻璃致密结构

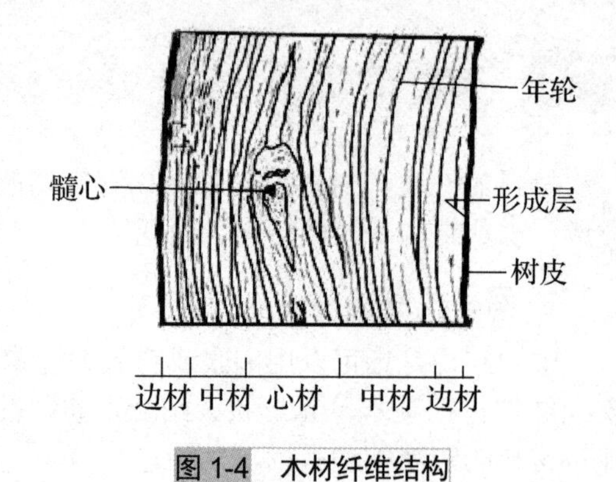

图 1-4 木材纤维结构

2. 显微结构

建筑材料的显微结构是指使用光学显微镜和电子显微镜才能观察到的建筑材料的构造状况。研究金属材料显微结构的方法称为金相分析，通过显微镜可以观察到金属的显微形貌图像，例如珠光体、铁素体等；研究岩石、水泥、陶瓷等无机非金属材料显微结构的方法称为岩相分析，可以分析出晶相种类、形状、颗粒大小以及分布情况，可以分析出玻璃相的含量和分布，可以分析出气孔数量、形状和分布等，这些都决定了建筑材料的显微结构。

扩展资源 3.pdf

3. 微观结构

建筑材料的微观结构主要有晶体、玻璃体、胶体等形式。

(1) 晶体的微观结构特点是组成物质的微观粒子在空间的排列有确定的几何位置关系。一般来说，晶体结构的物质具有强度高、硬度较大、有确定的熔点、力学性质各向异性的共性。建筑材料中的金属材料(钢和铝合金)和非金属材料中的石膏及水泥石中的某些矿物等都是典型的晶体结构。

微观结构.mp4

(2) 玻璃体微观结构的特点是组成物质的微观粒子在空间的排列呈无序混沌状态。玻璃体结构的材料具有化学活性高、无确定的熔点、力学性质各向同性的特点。粉煤灰、建筑用普通玻璃都是典型的玻璃体结构。

(3) 胶体是建筑材料中常见的一种微观结构形式，通常是由极细微的固体颗粒均匀分布在液体中所形成。胶体与晶体和玻璃体最大的不同点是可呈分散相和网状结构两种结构形式，分别称为溶胶和凝胶。溶胶失水后成为具有一定强度的凝胶结构，可以把材料中的晶体或其他固体颗粒黏结为整体。如气硬性胶凝材料水玻璃和硅酸盐水泥石中的水化硅酸钙和水化铁酸钙都呈胶体结构。

1.2　建筑材料的物理性质

1.2.1　材料与质量有关的性质

1. 密度(又称实际密度)

材料在绝对密实状态下单位体积的质量称为密度。其计算式为：

$$\rho = m/v \tag{1-1}$$

式中：ρ——密度(g/cm^3)；

m——材料干燥状态下的质量(g)；

v——材料在绝对密实状态下的体积。

材料与质量有关的性质-1.mp4

材料的密度只与构成材料的固体物质的化学成分和分子结构有关，所以对于同种物质构成的材料，其密度为一恒量。

如何测定材料的密度详见二维码。

材料与质量有关的性质-2.mp4

2. 表观密度

材料的质量与表观体积之比称为表观密度。表观体积是实体积加闭口孔隙体积，此体积即材料排开水的体积。其计算式为：

$$\rho_0 = m/V_0 \tag{1-2}$$

式中：ρ_0——表观密度(g/cm^3 或 kg/m^3)；

m——材料干燥状态下的质量(g 或 kg)；

V_0——材料在自然状态下的体积。

扩展资源 4.pdf

3. 堆积密度

散粒材料在规定装填条件下单位体积的质量称为堆积密度。其计算式如下：

$$\rho_0' = \frac{m}{V_0'} \tag{1-3}$$

式中：ρ_0'——堆积密度(g/cm^3 或 kg/m^3)；

m——材料的质量(g 或 kg)；

V_0'——材料的堆积体积(cm^3 或 m^3)，材料的堆积体积可用容积筒来测量。

4. 体积密度

材料在自然状态下单位体积的质量称为体积密度。其计算式如下：

$$\rho_0'' = \frac{m}{V_0''} \tag{1-4}$$

式中：ρ_0''——体积密度(g/cm^3 或 kg/m^3)；

m——材料的质量(g 或 kg)；

V_0''——材料的自然体积(cm^{3}或 m^3)。

5. 密实度

材料的密实度是指材料在绝对密实状态下的体积与在自然状态下的体积之比。其中，密实度用D表示，计算公式如下：

$$D=\frac{V}{V_0}=\frac{\rho_0}{\rho}\times 100\% \tag{1-5}$$

6. 孔隙率

材料中孔隙体积与材料在自然状态下的体积之比的百分率。孔隙率用 P 表示，计算公式如下：

$$P=\frac{V_0-V}{V_0}=\left(1-\frac{\rho_0}{\rho}\right)\times 100\% \tag{1-6}$$

注意： 密实状态下的体积是指构成材料的固体物质本身的体积；自然状态下的体积是指固体物质的体积与全部孔隙体积之和；堆积体积是指自然状态下的体积与颗粒之间的空隙之和。

1.2.2 材料与水有关的性质

水对于正常使用阶段的建筑材料而言，绝大多数都有不同程度损害。但在建筑物使用过程中，材料又不可避免会受到外界雨、雪、地下水、冻融等作用，故要特别注意建筑材料和水有关的性质，包括材料的亲水性和憎水性以及材料的吸水性、含水性、抗冻性、抗渗性等。

材料亲水憎水与吸水.mp4

1. 亲水性和憎水性

亲水性是指材料在空气中与水接触时能被水润湿的性质。

憎水性是指材料在空气中与水接触时不能被水润湿的性质。

润湿就是水被材料表面吸附的过程。材料分子与水分子之间的相互作用的内聚力大于水分子之间的内聚力时，水分子能很快在材料表面铺散开来。此时，在材料、水和空气的交点处，若沿水滴表面的切线与材料表面所成的夹角(称润湿角)θ小于等于 90°，材料呈现亲水性。若θ大于 90°，材料呈现憎水性，如图 1-5 所示。

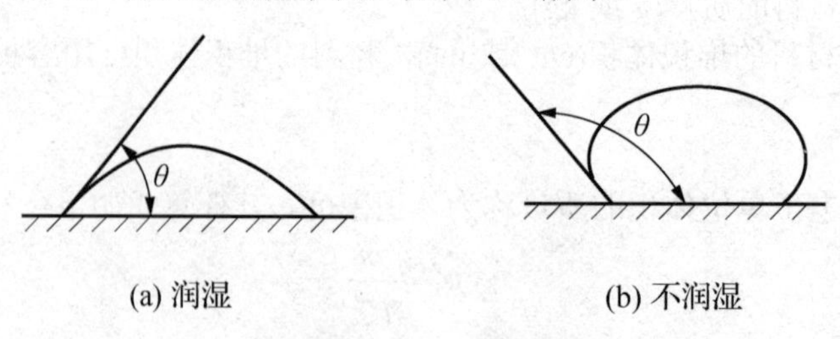

(a) 润湿　　(b) 不润湿

图 1-5　润湿角示意图

亲水材料和憎水材料的概念详见二维码。

扩展资源 5.pdf

2. 吸水性

1) 概念

吸水性是指材料在水中，通过毛细管孔隙吸收并保持其水分的性质。

吸水性的大小，用吸水率来表示：

$$W_{质}=\frac{M_{湿}-M_{干}}{M_{干}}\times 100\% \tag{1-7}$$

式中：$W_{质}$——材料的质量吸水率(%)；

$M_{湿}$——材料吸水饱和后的质量(g)；

$M_{干}$——材料烘干到恒重的质量(g)。

这里引入体积吸水率的概念，计算公式如下：

$$W_{体}=V_{水}/V_0=\frac{M_{湿}-M_{干}}{V_0}\cdot\frac{1}{\rho_{水}}\times 100\% \tag{1-8}$$

式中：$W_{体}$——材料的体积吸水率(100%)；

$V_{水}$——材料在吸水饱和时，水的体积(cm^3)；

V_0——干燥材料在自然状态下的体积(cm^3)；

$\rho_{水}$——水的密度(g/cm^3)。

质量吸水率与体积吸水率存在如下关系：

$$W_{体}=W_{质}\cdot\rho_0\cdot\frac{1}{\rho_{水}} \tag{1-9}$$

2) 影响材料吸水性的因素

(1) 孔隙率与孔隙特征的影响。

如果材料孔隙率越大，具有微小且开口的孔隙多，则其吸水率大。

(2) 组成材料的化学成分。

材料由亲水性成分构成，则吸水性好；

材料由憎水性成分构成，则吸水性差。

3. 吸湿性

材料的吸湿性是指材料在潮湿空气中吸收水分的能力。

$$W=\frac{m_k-m_1}{m_1} \tag{1-10}$$

其他性质.mp4

式中：W——材料的含水率(%)；

m_k——材料吸湿后的质量(g)；

m_1——材料在绝对干燥状态下的质量(g)。

影响材料吸湿性的因素，除材料本身(化学组成、结构、构造、孔隙)外，还与环境的温度、湿度有关。材料堆放在工地现场，不断向空气中挥发水分，又同时从空气中吸收水分，其稳定的含水率是达到挥发与吸收动态平衡时的一种动态。在混凝土的施工配合比设计中要考虑砂、石料含水率的影响。

4. 耐水性

耐水性是指材料吸水至饱和后抵抗水破坏作用的性质，用软化系数表示。即：

$$K_{软}=\frac{f_{饱}}{f_{干}} \tag{1-11}$$

式中：$K_{软}$——材料的软化系数；

$f_{饱}$——材料在饱和水状态下的抗压强度(MPa)；

$f_{干}$——材料在干燥状态下的抗压强度(MPa)。

材料在长期饱和水作用下，材料微粒之间距离增大，微粒之间的结合力减弱；同时，水能软化材料内某些成分(如：黏土、石膏、有机物等)，从而使材料的强度逐渐降低。

5. 抗渗性

材料抵抗压力水渗透的性质称为抗渗性，或称不透水性。材料的抗渗性通常用渗透系数 *Ks* 表示：*Ks* 值越大，表示材料渗透的水量越多，即抗渗性越差。

材料的抗渗性也可用抗渗等级表示。抗渗等级是以规定的试件，在标准试验方法下所能承受的最大水压力来确定，以符号“*Pn*”表示，如 *P*4、*P*6、*P*8 等分别表示材料能承受 0.4MPa、0.6MPa、0.8MPa 的水压而不渗水。材料的抗渗性与其孔隙率和孔隙特征有关。

抗渗性是决定材料耐久性的重要因素。在设计地下建筑、压力管道、容器等结构时，均需要求其所用材料具有一定的抗渗性能。抗渗性也是检验防水材料质量的重要指标。

6. 抗冻性

抗冻性是指材料在吸水饱和状态下，抵抗多次冻结和融化作用而不被破坏，同时也不严重降低强度的性质，一般用抗冻标号来表示。如混凝土抗冻标号 F15 表示混凝土能承受的最大冻融循环次数是 15 次，这时强度损失率不超过 25%，质量损失不超过 5%。

冻融破坏的原因：孔隙中水冻结时体积约增大 9%左右，从而对孔壁产生压力而使孔壁开裂。所以，材料抗冻性的高低，决定于材料的吸水饱和程度和材料对结冰时体积膨胀所产生的压力的抵抗能力。

1.2.3 材料与热有关的性质

1. 导热性

当材料两侧存在温度差时，热量将由温度高的一侧通过材料传递到温度低的一侧，材料的这种传导热量的能力，称为导热性，如图 1-6 所示。

材料与热有关的性质.mp4

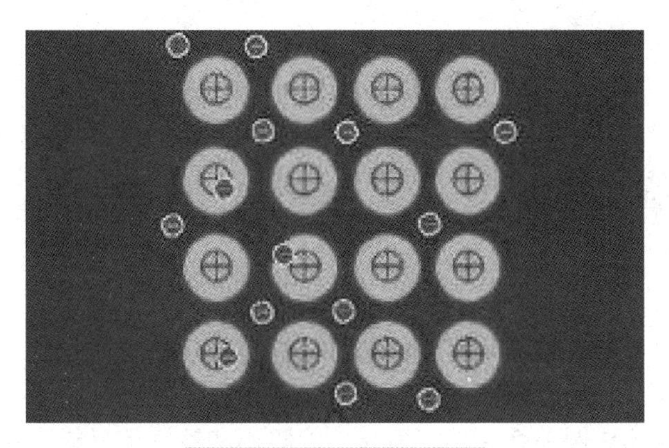

图 1-6　金属导热性示意图

材料的导热性用导热系数来表示。导热系数的物理意义是：厚度为 1m 的材料，当温度改变 1k 时，在 1s 内通过 $1m^2$ 面积的热量。材料的导热系数越小，表示其绝热性能越好。各种材料的导热系数差别很大，如泡沫塑料 λ=0.035W/(m·K)，而大理石 λ=3.48W/(m·K)。工程中通常把 $\lambda \leqslant$0.23W/(m·K)的材料称为绝热材料。为降低建筑物的使用能耗，保证建筑物室内气候宜人，要求建筑物有良好的绝热性。

材料的导热系数大小与其组成及结构、孔隙率、孔隙特征、温度、湿度、热流方向有关。

2. 热容量

热容量是指材料受热(或冷却)时吸收(或放出)热量的性质。热容量的大小用比热容(简称比热)表示，可按下式计算：

$$Q = cm(T_2 - T_1)\text{，所以 } c = Q / m(T_2 - T_1)$$

式中：Q——材料吸收或放出的热量(J)；

c——材料的比热(J/(g·k))；

m——材料的质量(g)；

$(T_2 - T_1)$——材料受热或冷却前后的温差(k)。

比热容 c 的意义：质量为 1g 的材料，当温度升高或降低 1k 时，所吸收或释放的热量。

3. 耐燃性和耐火性

材料的耐燃性是指材料对火焰和高温的抵抗能力。

材料的耐火性是材料在火焰和高温作用下，保持其不破坏、性能不明显下降的能力。材料的耐火性用其耐受时间(h)来表示，称为耐火极限。

耐燃性和耐火性概念的区别：耐燃的材料不一定耐火，耐火的材料一般都耐燃。如钢材是非燃烧材料，但其耐火极限仅有 0.25h，故钢材虽为重要的建筑结构材料，但其耐火性却较差，使用时须进行特殊的耐火处理。

1.3 建筑材料的力学性质

1.3.1 强度和强度等级

1. 材料的强度

相同种类的材料，随着其孔隙率及构造特征的不同，使材料的强度也有较大的差异。一般孔隙率越大的材料强度越低，其强度与孔隙率具有近似直线的比例关系。砖、石材、混凝土和铸铁等材料的抗压强度较高，而其抗拉及抗弯强度很低。木材则抗拉强度高于抗压强度。钢材的抗拉、抗压强度都很高。因此，砖、石材、混凝土等多用在房屋的墙和基础。钢材则适用于承受各种构件的外力。常用材料的强度值如表 1-1 所示。

低碳钢拉伸.avi

表 1-1 常用建筑材料的强度值

单位：MPa

材 料	抗 压	抗 拉	抗 折
花岗岩	100～250	5～8	10～14
普通混凝土	5～6	1～9	—
轻骨料混凝土	5～50	0.4～2	—
松木(顺纹)	30～50	80～120	60～100
钢材	240～1500	240～1500	—

2. 材料的强度等级

强度等级是材料按强度的分级，如硅酸盐水泥按 7d、28d 抗压，抗折强度值划分为 42.5、52.5、62.5 等强度等级。强度等级是人为划分的，是不连续的。根据强度划分强度等级时，规定的各项指标都合格，才能定为某强度等级，否则就要降低级别。而强度具有客观性和随机性，其实验值往往是连续分布的。强度等级与强度间的关系，可简单表述为“强度等级来源于强度，但不等同于强度”。

3. 比强度

比强度是按单位体积质量计算的材料强度，即材料的强度与其表观密度之比，是衡量材料轻质高强的一项重要指标。比强度越大，材料轻质高强的性能越好。优质的结构材料，要求具有较高的比强度。轻质高强的材料是未来建筑材料发展的主要方向。

【案例 1-1】 河南某中学教学楼工程为三层楼砖混结构，在施工中突然发生屋面局部倒塌事故，使工程不能正常进行，并造成一定人身伤害和财产损失。对墙体进行检查时，未发现有质量问题。试从混凝土材料强度方面分析房屋倒塌的原因。

1.3.2 弹性与塑性

材料在外力作用下产生变形，当外力取消后，能够完全恢复原来形状的性质称为弹性，这种完全恢复的变形称为弹性变形(或瞬时变形)。

在外力作用下材料产生变形，如果取消外力，仍保持变形后的形状和尺寸，并且不产生裂缝的性质称为塑性，这种不能恢复的变形称为塑性变形(或永久变形)。单纯的弹性材料是没有的。建筑钢材在受力不大的情况下，表现为弹性变形，但受力超过一定限度后，则表现为塑性变形。混凝土在受力后，弹性变形及塑性变形同时产生，如图 1-7 所示。

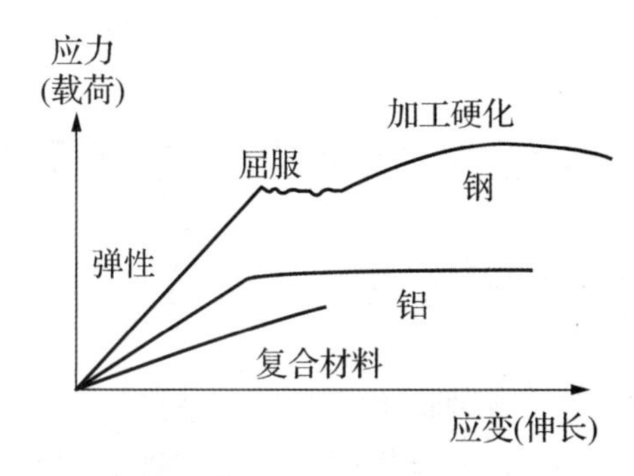

图 1-7　材料应力应变曲线图

1.3.3 脆性与韧性

当外力达到一定限度后，材料突然被破坏，而破坏时并无明显的塑性变形，材料的这种性质称为脆性。砖、石材、陶瓷、玻璃、混凝土、铸铁等都属于脆性材料。在冲击、振动载荷作用下，材料能够吸收较大的能量，同时也能产生一定的变形而不致破坏的性质称为韧性(冲击韧性)。材料的韧性是用冲击试验来检验的。建筑钢材(软钢)、木材等属于韧性材料。用作路面、桥梁、吊车梁以及有抗震要求的结构都要考虑到材料的韧性，如图 1-8 所示。

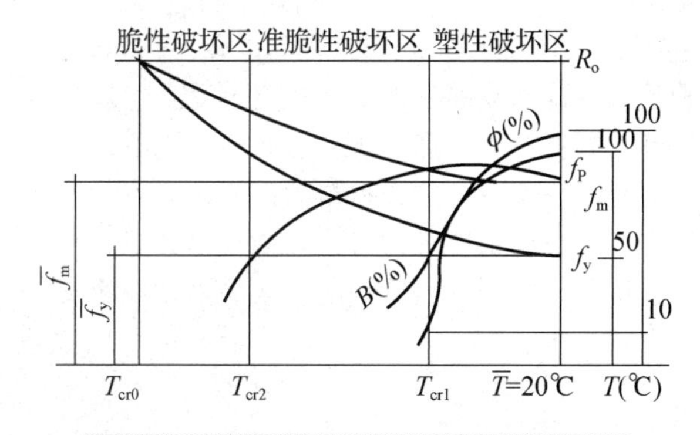

图 1-8　材料脆性与韧性及塑性破坏关系曲线

1.3.4 硬度与耐磨性

硬度是指材料表面耐硬物体刻划或压入而产生塑性变形的能力。木材、金属等韧性材料的硬度，往往采用压入法来测定。压入法硬度的指标有布氏硬度和洛氏硬度，它等于压入荷载值除以压痕的面积或密度。而陶瓷、玻璃等脆性材料的硬度往往采用刻划法来测定，称为莫式硬度，根据刻划矿物(滑石、石膏、磷灰石、正长石、硫铁矿、黄玉、金刚石等)的不同分为 10 级。

耐磨性是指材料表面抵抗磨损的能力，用磨损率表示，它等于试件在标准实验条件下磨损前后的质量差与试件受磨表面积之商。磨损率越大，材料的耐磨性越差。

1.4 建筑材料的耐久性及装饰性

1.4.1 建筑材料的耐久性

材料的耐久性是指材料在使用过程中，在内、外部因素的作用下，经久不破坏、不变质，保持原有性能的性质。影响材料耐久性的外部作用因素：环境的干湿、温度及冻融变化等物理作用会引起材料的体积胀缩，周而复始会使材料变形、开裂甚至破坏。与材料耐久性有关的内部因素，主要是材料的化学组成、结构和构造的特点。影响材料耐久性的外部因素，往往又是通过其内部因素而发生作用的。

建筑材料的耐久性及装饰性.mp4

扩展资源 6.pdf

扩展资源 7.pdf

1.4.2 建筑材料的装饰性

建筑装饰材料，又称建筑饰面材料，是指铺设或涂装在建筑物表面起装饰和美化环境作用的材料。建筑装饰材料是集材料、工艺、造型设计、美学于一身的材料，它是建筑装饰工程的重要物质基础。建筑装饰的整体效果和建筑装饰功能的实现，在程度上受到建筑装饰材料的制约，尤其受到装饰材料的光泽、质地、质感、图案、花纹等装饰特性的影响。因此，熟悉各种装饰材料的性能、特点，按照建筑物及使用环境条件，合理选用装饰材料，才能材尽其能、物尽其用，更好地表达设计意图，并与室内其他配套产品来体现建筑装饰性。

本章小结

本章所讨论的建筑材料的各种基本性质是全书的重点，掌握和了解这些性质对于认识、研究和应用建筑材料具有极为重要的意义。

本章讲解了材料的组成、结构和材料的物理性质，如材料的密度、表观密度、体积密度、堆积密度、孔隙率和密实度；材料与水有关的性质，与热有关的性质；以及材料的力学性质，如材料的强度和强度等级、弹性和塑性、脆性和韧性的概念；材料的各种基本性质的有关计算；材料的耐久性和装饰性等内容，这些内容的学习，为学生日后更加深入地学习相关知识打下了基础。

实训练习

一、单选题

1. 孔隙率增大，材料的(　　)降低。

A. 密度　　B. 表观密度　　C. 憎水性　　D. 抗冻性

2. 材料在水中吸收水分的性质称为(　　)。

A. 吸水性　　B. 吸湿性　　C. 耐水性　　D. 渗透性

3. 含水率为 10%的湿砂 220g，其中水的质量为(　　)。

A. 19.8g　　B. 22g　　C. 20g　　D. 20.2g

4. 材料的孔隙率增大时，其性质保持不变的是(　　)。

A. 表观密度　　B. 堆积密度　　C. 密度　　D. 强度

5. 在冲击荷载作用下，材料能够承受较大的变形也不致破坏的性能称为(　　)。

A. 弹性　　B. 塑性　　C. 脆性　　D. 韧性

6. 某铁块的表观密度 $\rho_0 = m/(\quad)$。

A. V_0　　B. $V_{孔}$　　C. V　　D. V_0'

二、多选题

1. 混凝土中水泥的品种是根据(　　)来选择的。

A. 施工要求的和易性　　B. 粗集料的种类

C. 工程的特点　　D. 工程所处的环境

E. 建设方的要求

2. 材料抗冻性的好坏取决于(　　)。

A. 水饱和度　　B. 孔隙特征　　C. 变形能力　　D. 软化系数　　E. 密度

3. 在混凝土拌合物中，如果水灰比过大，会造成(　　)。

A. 拌合物的黏聚性和保水性不良　　B. 产生流浆

C. 有离析现象　　D. 严重影响混凝土的强度

E. 强度增加

4. 以下(　　)属于混凝土的耐久性。

A. 抗冻性　　B. 抗渗性　　C. 和易性　　D. 抗腐蚀性　　E. 弹性

三、填空题

1. 材料的密度是指材料在_______状态下_______。用公式表示为_______。

2. 材料的表观密度是指材料在_______状态下_______。用公式表示为_______。

3. 材料的堆积密度是指(散粒状、纤维状)材料在堆积状态下_______的质量，其大小与堆积的_______有关。

四、简答题

1. 影响混凝土强度的主要因素有哪些？

2. 什么是材料的吸湿性及材料的强度？

3. 混凝土水灰比的大小对混凝土哪些性质有影响?确定水灰比大小的因素有哪些?

4. 建筑材料都有哪些基本性质？

习题答案.pdf

实训工作单

<table>
<tr><td>班级</td><td></td><td>姓名</td><td></td><td>日期</td><td></td></tr>
<tr><td colspan="2">教学项目</td><td colspan="4">建筑材料(混凝土)的配合及强度</td></tr>
<tr><td>任务</td><td colspan="2">混凝土配合比试验</td><td>所用材料</td><td colspan="2">水泥作胶凝材料，砂、石作集料；与水(可含外加剂和掺合料)按一定比例配合</td></tr>
<tr><td colspan="3">相关知识</td><td colspan="3">其他建筑材料</td></tr>
<tr><td colspan="3">其他项目</td><td colspan="3">其他性质检测及试验</td></tr>
<tr><td colspan="6">试验过程记录</td></tr>
<tr><td>评语</td><td colspan="3"></td><td>指导老师</td><td></td></tr>
</table>

第2章气硬性材料图片.pptx

气硬性胶凝材料.pdf

第2章　气硬性胶凝材料

02

【学习目标】

1. 了解气硬性胶凝材料的概念；
2. 熟悉气硬性胶凝材料的生产及分类；
3. 掌握气硬性胶凝材料的特性；
4. 熟悉气硬性胶凝材料的应用。

气硬性胶凝材料.avi

【教学要求】

本章要点	掌握层次	相关知识点
石灰的熟化和硬化	1. 掌握石灰的熟化 2. 掌握石灰的硬化	石灰熟化 石灰硬化
石灰的技术性质	1. 理解石灰特性 2. 理解石灰的技术要求	石灰技术性质
石灰的应用和保存	1. 理解石灰的应用 2. 掌握石灰的保存	石灰储存
石膏的水化和硬化	1. 掌握石膏的水化 2. 掌握石膏的硬化	石膏水化和硬化
石膏的应用和保存	1. 理解石膏的应用 2. 掌握石膏的保存	石膏储存
水玻璃的硬化	掌握水玻璃的硬化	水玻璃性质

【项目案例导入】

2006年5月3日8时50分，位于乌鲁木齐市达坂城区柴窝堡的成功石灰厂内，一石灰窑外墙主体塌方，现场作业的5名工人，除1名工人安全逃离外，其余4名工人都被埋在窑内。

【项目问题导入】

事故发生后，专家组立即组织了相关人力物力对事故进行处理及调查，试分析在此次事故中的主要责任人及事故发生的主要原因；并对事件处理给出相关建议。试分析本次事故的特殊性及石灰可能造成的伤害。

2.1 石　　灰

2.1.1 石灰的生产及分类

石灰是使用比较早的矿物胶凝材料之一，其原料分布广，生产工艺简单，成本低廉，在土木工程中应用广泛。

扩展资源 1.pdf

石灰是用石灰石、白云石、白垩、贝壳等碳酸钙含量高的原料，经900～1000℃煅烧，碳酸钙分解，释放出二氧化碳后，得到的以氧化钙(CaO)为主要成分的产品，又称生石灰。石灰的煅烧反应式如下：

$$CaCO_3 \xrightarrow{900\sim1000℃} CaO + CO_2 \qquad (2\text{-}1)$$

石灰的其他资料详见二维码。

将煅烧成的块状生石灰经过不同的加工，还可得到石灰的另外三种产品：

什么叫消石灰粉.mp4

(1) 生石灰粉：由块状石灰磨细制成；

(2) 消石灰粉：将生石灰用适量水经消化和干燥而成的粉末，主要成分为$Ca(OH)_2$，亦称熟石灰；

(3) 石灰膏：将块状生石灰用过量水消化，或将消石灰粉和水拌合，所得到的有一定稠度的膏状物，主要成分为$Ca(OH)_2$和水。

2.1.2 石灰的熟化和硬化

1. 生石灰的熟化

生石灰的熟化是指生石灰与水反应生成氢氧化钙的过程，又称为生石灰的水化或消化，其反应式如下：

$$CaO + H_2O \rightarrow Ca(OH)_2 \qquad (2\text{-}2)$$

生石灰熟化.avi

根据加水量的不同，石灰可熟化成熟石灰粉或石灰膏。石灰熟化的理论需水量为石灰重量的32%。在生石灰中，均匀加入60%～80%的水，可得到颗粒细小、分散均匀的消石灰粉，其主要成分是$Ca(OH)_2$。若用过量的水(约为生石灰体积的3

至 4 倍)熟化块状生石灰，将得到具有一定稠度的石灰膏，其主要成分也是 $Ca(OH)_2$。石灰熟化时放出大量的热，体积增大 1 至 2.5 倍，如图 2-1 所示。

2. 石灰浆体的硬化(如图 2-2 所示)

图 2-1　生石灰的熟化现场示意图

图 2-2　石灰浆体的硬化示意图

石灰浆体在空气中的硬化，由下面两个同时进行的过程来完成。

(1) 结晶作用。由于干燥失水，引起浆体中氢氧化钙溶液过饱和，结晶出氢氧化钙晶体，产生强度。

(2) 碳化作用。在大气环境中，氢氧化钙在潮湿状态下会与空气中的二氧化碳反应生成碳酸钙，并释放出水分，即发生碳化。其反应式为：

石灰浆体的硬化.mp4

$$Ca(OH)_2 + CO_2 + nH_2O \rightarrow CaCO_3 + (n+1)H_2O \tag{2-3}$$

由于碳化作用主要发生在与空气接触的表层，且生成的碳酸钙膜层较致密，阻碍了空气中二氧化碳的渗入，也阻碍了内部水分向外蒸发，因此硬化较慢。

【案例 2-1】 某六层住宅楼，在使用六七年后发现局部楼层整个内外墙面出现沿水平方向分布的裂纹，少部分有贯穿墙面的裂缝，且有渗水情况。经检测，专家会诊为“爆灰”。就是说当时用作混合砂浆掺合料的石灰没有充分地熟化，并且用的是尾料。结合本节知识分析石灰熟化的重要性及其熟化工艺。

2.1.3 石灰的技术性质

1. 石灰的特性

(1) 可塑性和保水性好。

生石灰熟化后形成的石灰浆中，石灰粒子形成氢氧化钙胶体结构，颗粒极细(粒径约为 1 μm)，比表面积很大(达 10～30m^2/g)，其表面吸附一层较厚的水膜，降低了颗粒之间的摩擦力，具有良好的塑性。同时可吸附大量的水，因而有较强保持水分的能力，即保水性好。将它掺入水泥砂浆中，配成混合砂浆，可显著提高砂浆的可塑性及和易性。

(2) 水化热大、体积增大。

生石灰水化反应的两个主要特点：一是生石灰水化时放出的热量非常大，且反应速率快，二是生石灰水化后体积会增大。

(3) 硬化缓慢。

石灰浆的硬化只能在空气中进行，由于空气中 CO_2 含量少，使碳化作用进程缓慢，加之已硬化的表层对内部的硬化起阻碍作用，所以石灰浆的硬化过程较长。

石灰的特性.mp4

(4) 硬化时体积收缩大。

由于石灰浆中存在大量游离水，硬化时大量水分蒸发，导致内部毛细管失水紧缩，引起显著的体积收缩变形，使硬化石灰体产生裂纹。故石灰浆体不宜单独使用，通常施工时常掺入一定量的骨料(砂子)或纤维材料(麻刀、纸筋等)。

(5) 硬化后强度低。

生石灰消化时的理论需水量为总量的 32.13%，但为了使石灰浆具有一定的可塑性，便于应用，同时考虑到一部分水因消化时水化热大而被蒸发掉，故实际消化用水量很大，多余水分在硬化后蒸发，留下大量孔隙，使硬化石灰体密实度小，强度低。

(6) 耐水性差。

由于石灰浆硬化慢、强度低，当受潮后，其中尚未碳化的 $Ca(OH)_2$ 易产生溶解，硬化石灰体与水会产生溃散，故石灰不宜用于潮湿环境。

2. 石灰的技术要求

(1) 建筑生石灰的技术性质。

按标准 JC/T 479—2013 规定，钙质石灰和镁质石灰根据其主要技术指标，又可分为优等品、一等品和合格品三个等级，它们的具体指标见表 2-1。

扩展资源 2.pdf

表 2-1 建筑生石灰技术指标

项目	钙质生石灰			镁质生石灰		
	优等品	一等品	合格品	优等品	一等品	合格品
(CaO + MgO) 含量，%，不小于	90	85	80	85	80	75
未消化残渣(5mm 圆孔筛筛余)，%，不大于	5	10	15	5	10	15
CO_2，%，不大于	5	7	9	6	8	10
产浆量，L/kg，不小于	2.8	2.3	2.0	2.8	2.3	20

注：钙质生石灰氧化镁含量≤5%，镁质生石灰氧化镁含量 > 5%。

(2) 建筑生石灰粉的技术性质。

建筑生石灰粉由块状生石灰磨细而成，按化学成分分为钙质生石灰粉和镁质生石灰粉，按标准 JC/T 480—2013，每种生石灰粉又分为三个等级，其主要技术指标详见二维码。

(3) 建筑消石灰粉的技术性质详见二维码。

(4) 在交通行业，JTGT F20—2015《公路路面基层施工技术细则》将生石灰和消石灰划分为Ⅰ、Ⅱ、Ⅲ三个等级，详见二维码。

石灰的相关技术指标详见二维码。

2.1.4 石灰的应用和保存

1. 石灰在土木工程中的应用

1) 建筑室内粉刷

消石灰乳由消石灰粉或消石灰浆与水调制而成。

消石灰乳大量用于建筑室内和顶棚粉刷。石灰乳是一种廉价的涂料，施工方便，在建筑中应用广泛。

2) 石灰砂浆

石灰砂浆是由石灰膏、砂和水按一定配比制成，一般用于强度要求不高、不受潮湿的砌体和抹灰层。

3) 混合砂浆

用石灰膏或消石灰粉与水泥、砂和水按一定比例可配制水泥石灰混合砂浆，用于砌筑或抹灰工程。

4) 硅酸盐制品

以石灰(消石灰粉或生石灰粉)与硅质材料(砂、粉煤灰、火山灰、矿渣等)为主要原料，经过配料、拌合、成型和养护后可制得砖、砌块等各种制品。因内部的胶凝物质主要是水化硅酸钙，所以称为硅酸盐制品，常用的有灰砂砖(如图 2-3 所示)、粉煤灰砖等。

图 2-3　灰砂砖

5) 制备生石灰粉

目前，土木工程中大量采用块状生石灰磨细制成的生石灰粉，可不经熟化和“陈伏”直接应用于工程或硅酸盐制品中。生石灰粉的主要优点如下：

(1) 磨细生石灰细度高，表面积大，水化需水量增大，水化速度提高，水化时体积膨胀均匀。

(2) 生石灰粉的熟化与硬化过程彼此渗透，熟化过程中所放热量加速了硬化过程。

(3) 过火石灰和欠烧石灰均被磨细，提高了石灰利用率和工程质量。

6) 石灰稳定土

将消石灰粉或生石灰粉掺入各种粉碎或原来松散的土中，经拌合、压实及养护后得到的混合料，称为石灰稳定土。它包括石灰土、石灰稳定砂砾土、石灰碎石土等，广泛用作建筑物的基础、地面的垫层及道路的路面基层，如图 2-4 所示。

图 2-4　石灰稳定土

将石灰粉加到土中并加水拌合后，土的性质和结构很快开始变化。根据化学分析和微观结构分析，通常认为：石灰加入土中后，发生一系列的化学反应和物理反应，主要有离子交换反应、$Ca(OH)_2$的结晶反应和碳酸化反应以及火山灰反应。这些反应的结果使黏土颗粒絮凝，生成晶体氢氧化钙、碳酸钙和含水硅铝酸钙等凝胶结构。这些胶结物逐渐由凝胶状态向晶体状态转化，致使石灰稳定土的刚度不断增大，强度和水稳性不断提高。

扩展资源 3.pdf

石灰土的优缺点详见二维码。

2. 石灰的保存

石灰的保存.mp4

生石灰在运输和储存时，应避免受潮，以防止生石灰吸收空气中的水分而自行熟化，与空气中的二氧化碳作用生成碳酸钙，失去胶结性。生石灰不能与易燃易爆及液体物质混运混存，以免引起火灾。生石灰的储存时间不宜超过一个月，熟石灰在使用前必须陈伏15d以上，以防止过火石灰对建筑物产生危害。

【案例 2-2】 某车间在竣工后半年左右，地梁上部的砌体产生垂直裂缝，派人挖开地梁后发现地梁已经完全折断，产生达 30mm 的通缝，地梁中间凸起，把地梁下部挖开后发现地梁下部有一块 150mm 直径的石灰块，看来它是祸首。分析后结论是地梁下部回填土时监督不力，以至于生石灰块混在回填土内，由于雨水浸透，使生石灰块熟化，产生膨胀，硬生生地把截面 350mm × 700mm 的地梁顶断。试结合本节内容分析石灰在工程中的重要作用及其注意事项。

2.2 石　膏

2.2.1 石膏的生产及分类

石膏是一种以硫酸钙为主要成分的气硬性胶凝材料。它具有许多优良的建筑性能，并在土木工程材料领域中得到了广泛的应用。石膏胶凝材料品种很多，建筑上使用较多的是建筑石膏，其次是高强石膏。此外，还有无水石膏水泥。

1. 石膏的原料

生产石膏胶凝材料的原料主要是天然二水石膏、天然无水石膏，也可采用化工石膏。天然二水石膏($CaSO_4 \cdot 2H_2O$)又称软石膏或生石膏，是生产建筑石膏和高强石膏的主要原料。

磷石膏综合利用项目.pptx

天然无水石膏($CaSO_4$)又称硬石膏，其结晶致密、质地坚硬，不能用来生产建筑石膏和高强石膏，仅用于生产硬石膏水泥及水泥调凝剂等。化工石膏是指含有 $CaSO_4 \cdot 2H_2O$ 成分的化学工业副产品。化工石膏经适当处理后可代替天然二水石膏。

2. 石膏的生产与品种

将天然二水石膏或化工石膏经加热煅烧、脱水、磨细即得石膏胶凝材料。由于加热温度和方式的不同，可以得到不同性质的石膏产品。

(1) 建筑石膏(如图 2-5 所示)。

当常压下加热温度达到 107～170℃时，二水石膏脱水变成 β 型半水石膏(即建筑石膏，又称熟石膏)，反应式为：

$$CaSO_4 \cdot 2H_2O \xrightarrow{107\sim170℃} \beta - CaSO_4 \cdot \frac{1}{2}H_2O + 1\frac{1}{2}H_2O \tag{2-4}$$

(2) 高强石膏(如图 2-6 所示)。

若在压蒸条件下(0.13MPa、125℃时)加热可产生 α 型半水石膏(即高强石膏)，其反应式为：

$$CaSO_4 \cdot 2H_2O \xrightarrow[0.13MPa]{125℃} \alpha - CaSO_4 \cdot \frac{1}{2}H_2O + 1\frac{1}{2}H_2O \tag{2-5}$$

(3) 可溶性硬石膏。

当加热温度升高到 170～200℃时，半水石膏继续脱水，生成可溶性硬石膏($CaSO_4$III)，与水调和后仍能很快硬化。当温度升高到 200～250℃时，石膏中仅残留很少的水，凝结硬化非常缓慢，但遇水后还能逐渐生成半水石膏直至二水石膏。

图 2-5　建筑石膏

图 2-6　高强石膏

(4) 死烧石膏。

当温度高于 400℃时，石膏完全失去水分，成为不溶性硬石膏($CaSO_4$ II)，失去凝结硬化能力，成为死烧石膏。但加入某些激发剂(如各种硫酸盐、石灰、煅烧白云石、粒化高炉矿渣等)混合磨细后，则重新具有水化硬化能力，成为无水石膏水泥(或称硬石膏水泥)。无水石膏水凝可制作石膏灰浆、石膏板和其他石膏制品等。

(5) 高温煅烧石膏。

温度高于 800℃时，部分硬石膏分解出 CaO，磨细后的产品成为高温煅烧石膏，此时 CaO 起碱性激发性的作用，硬化后有较高的强度和耐水性，抗水性也较好，又称地板石膏。

2.2.2 石膏的水化和硬化

石膏与适量的水混合，最初成为可塑的浆体，但很快失去塑性并产生强度，发展成为坚硬的固体。这一过程可从水化和硬化两方面分别说明，如图 2-7 所示。

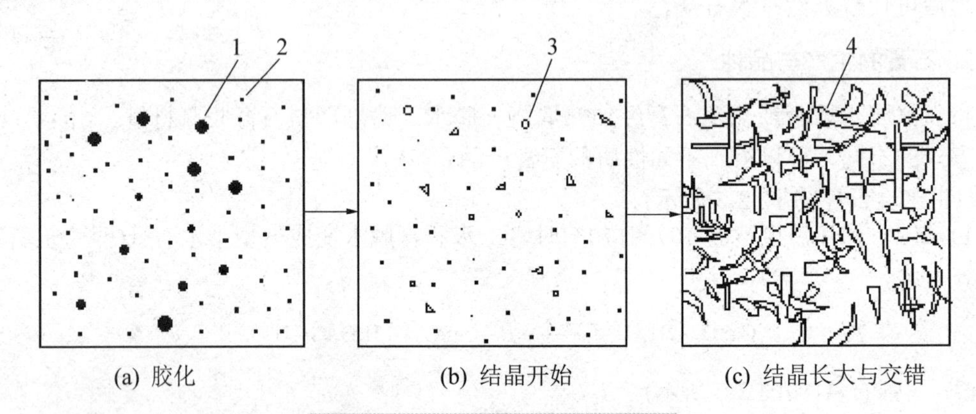

图 2-7 建筑石膏的水化硬化示意图

1—半水石膏；2—二水石膏；3—二水石膏晶体

1. 石膏的水化

石膏加水后，与水发生化学反应，生成二水石膏并放出热量。反应式如下：

$$\beta-CaSO_4\cdot\frac{1}{2}H_2O+1\frac{1}{2}H_2O\rightarrow CaSO_4\cdot 2H_2O \tag{2-6}$$

石膏加水后首先溶解于水，由于二水石膏在常温(20℃)下的溶解度仅为半水石膏的溶解度的五分之一，半水石膏的饱和溶液对于二水石膏就成了过饱和溶液。所以二水石膏胶体颗粒不断从过饱和溶液中析出。二水石膏的析出，使溶液中的二水石膏含量减少，浓度下降，破坏了原有半水石膏的平衡浓度，促使一批新的半水石膏继续溶解和水化，直至半水石膏全部转化为二水石膏为止。这一过程进行得很快，大约需 7～12min。

石膏的凝结硬化.mp4

2. 石膏的凝结硬化

随着水化的进行，二水石膏胶体颗粒不断增多，它比原来半水石膏颗粒细小，即总表面积增大，可吸附更多的水分；同时石膏浆体中的水分因水化和蒸发逐渐减少，浆体逐渐变稠，颗粒间的摩擦力逐渐增大而使浆体失去流动性，可塑性也开始减小，此时称为石膏的初凝。

石膏的特性.mp4

随着水分的进一步蒸发和水化的继续进行，浆体完全失去可塑性，开始产生结构强度，则称为终凝。其后，随着水分的减少，石膏胶体凝集并逐步转变为晶体，且晶体间相互搭接、交错、连生，使浆体逐渐变硬产生强度，即为硬化。

2.2.3 石膏的技术性质

1. 石膏的特性

(1) 凝结硬化快。

石膏一般在加水后 30min 左右即可完全凝结，在室内自然干燥条件下，一周左右能完全硬化。为满足施工操作的要求，往往需掺加适量的缓凝剂。

(2) 硬化时体积微膨胀。

石灰和水泥等胶凝材料硬化时往往产生收缩，而建筑石膏却略有膨胀(膨胀率为 0.05%～0.15%)，这能使石膏制品表面光滑饱满、棱角清晰、干燥时不开裂，有利于制造复杂图案花形的石膏装饰制品。

(3) 硬化后孔隙率较大，表观密度和强度较低。

建筑石膏在使用时，为获得良好的流动性，加入的水量往往比水化所需的水分多。石膏凝结后，多余水分蒸发，在石膏硬化体内留下大量空隙，故其表观密度小，强度较低。

(4) 隔热、吸声性良好。

石膏硬化体孔隙率高，且均为微细的毛细孔，故导热系数小，具有良好的绝热能力。石膏的大量微孔，尤其是表面微孔使声音传导或反射的能力也显著下降，从而具有较强的吸声能力。

(5) 防火性能良好。

遇火时，石膏硬化后的主要成分二水石膏中的结晶水蒸发并吸收热量，制品表面形成蒸汽幕，能有效阻止火的蔓延。

(6) 具有一定的调温调湿性。

由于石膏制品孔隙率高，当空气湿度过大时，能通过毛细孔很快地吸水，在空气干燥时又很快地向周围扩散水分，直到空气湿度达到相对平衡，起到调节室内湿度的作用。同时由于其导热系数小，热容量大，可改善室内空气，形成舒适的表面温度，这一性质和木材相近。

(7) 耐水性和抗冻性差。

石膏硬化体孔隙率高，吸水性强，并且二水石膏微溶于水，长期浸水会使其强度显著下降，所以耐水性差。若吸水后再受冻，会因结冰而产生崩裂，故抗冻性差。

2. 石膏的技术要求

建筑石膏为白色粉状材料，密度为 2.60～2.75g/cm^3，堆积密度为 800～1000g/cm^3。根据《建筑石膏》(GB 9776—2008)规定，建筑石膏按强度、细度、凝结时间指标分为优等品、一等品和合格品三个等级(见表 2-2)。

表 2-2　建筑石膏等级表

等　级	细度(0.2mm 方孔筛筛余)/%	凝结时间/min		2h 强度/MPa	
		初凝	终凝	抗折	抗压
3.0	≤10	≥3	≤30	≥3.0	≥6.0
2.0				≥2.0	≥4.0
1.6				≥1.6	≥3.0

由于建筑石膏粉易吸潮，会影响其以后使用时的凝结硬化性能和强度，长期储存也会降低其强度，因此建筑石膏粉储存时必须防潮，储存时间不得过长，一般不得超过 3 个月。

建筑石膏产品的标记顺序为：产品名称，抗折强度值，标准号。例如，抗折强度为 2.5MPa 的建筑石膏标记为：建筑石膏 2.5GB9776。

2.2.4 石膏的应用和保存

1. 制备石膏砂浆和粉刷石膏

由于石膏的优良特性，常被用于室内高级抹灰和粉刷。建筑石膏加水、砂及缓凝剂拌合成石膏砂浆，可用于室内抹灰。石膏粉刷层表面坚硬、光滑细腻、不起灰，便于进行再装饰，如粘墙纸、刷涂料等。

2. 石膏板及装饰制品

建筑石膏可与石棉、玻璃纤维、轻质填料等配制成各种石膏板材，它具有轻质、保温隔热、吸声、防火、尺寸稳定及施工方便等性能，广泛应用于高层建筑及大跨度建筑的隔墙。建筑石膏还广泛应用于石膏角线等装饰制品。

3. 石膏的保存

建筑石膏及其制品在运输和储存时，要注意防雨防潮。建筑石膏的储存期为 3 个月，过期或受潮后，强度会有一定程度的降低。

建筑石膏在运输与储存时不得受潮和混入杂物，不同等级的建筑石膏应分别储存，不得混杂。

石膏的保存.mp4

2.3　菱　苦　土

2.3.1 菱苦土的生产、分类及硬化

菱苦土，又名苛性苦土、苦土粉，它的主要成分是氧化镁。菱苦土是以天然菱镁矿为原料，在 800～850℃下煅烧而成，是一种细粉状的气硬性胶结材料。菱苦土的颜色有纯白，或灰白，或近淡黄色，新鲜材料有闪烁玻璃光泽，如图 2-8 所示。

图 2-8　菱苦土

什么叫菱苦土.mp4

1. 氧化镁的矿源

(1) 菱镁矿石是氧化镁的主要来源之一，菱镁矿石中 MgO 含量占 47%左右，$MgCO_3$ 经过轻煅烧(400～600℃)后再研磨成的固态粉末，就得到了 MgO。菱镁矿源广布新疆、四川、山东、西藏等自治区和省，储量 28 亿吨，占世界矿源的 30%。

(2) 白云石矿[$CaMg(CO_3)_2$]也是氧化镁的主要矿源，而且储量更大、分布更广，白云石矿中 MgO 含量占 22%左右，CaO 含量占 30%左右，其余为 48%。$MgCO_3$ 与 CaO 理论结构二者是 1∶1。白云石划定界线是以 $MgCO_3$ 的含量在 25%以上为准，否则不能作为生产氧化镁的矿石，也不能称为白云石。

(3) 蛇纹石 [$Mg_6(Si_4O_{10})(OH)_2$] 也是生产氧化镁的原材料，主要是水硅酸镁石($3MgO \cdot 2SiO_2 \cdot 2H_2O$)。

(4) 冶炼轻质镁合金的熔渣同样是生产氧化镁的原材料。

2. 菱苦土的分类

按化学成分，菱苦土分为三级：一级菱苦土氧化镁含量大于 90%，主要作为强度要求较高的预制构件；二级菱苦土含氧化镁 87%以上；三级菱苦土含氧化镁 80%以上。二级、三级菱苦土主要用于建筑业。

3. 菱苦土的硬化

菱苦土硬化的公式如下：

$$MgO + H_2O \rightarrow Mg(OH)_2 \tag{2-7}$$

(1) 放出大量的热。

(2) 用水调和，凝结硬化很慢，硬化后强度低，加入调和剂调配菱苦土的浆体。常用调和剂为氯化镁溶液，氯化镁溶液又叫卤水。

2.3.2　菱苦土的特性与应用

1. 物理性质

菱苦土为白色或浅黄色粉末，无臭、无味，不溶于水和乙醇，熔点 2852℃，沸点 3600℃，有高度耐火绝缘性能。菱苦土经1000℃以上高温灼烧可转变为晶体，升至1500℃以上则成死烧氧化镁或烧结氧化镁。菱苦土表面积研究是非常重要的，表面积检测数据只有采用BET方法检测出来的结果才是真实可靠的，国内目前有很多仪器只能做直接对比法的检测。

菱苦土表面积测试方法详见二维码。

扩展资源 4.pdf

2. 化学性质

菱苦土主要成分是氧化镁，氧化镁是碱性氧化物，具有碱性氧化物的通性，即暴露在空气中，容易吸收水分和二氧化碳而逐渐成为碱式碳酸镁，其中轻质品较重质品更快，与水结合生成氢氧化镁，呈微碱性反应，饱和水溶液的pH为10.3。菱苦土易溶于酸和铵盐，难溶于水，其溶液呈碱性，不溶于乙醇。

$$MgO+2HCl=MgCl_2+H_2O \tag{2-8}$$

$$MgO+2NH_4Cl=MgCl_2+2NH_3\uparrow+H_2O \tag{2-9}$$

菱苦土与水缓慢作用，生成氢氧化镁，在可见和近紫外光范围内有强折射性。

3. 菱苦土的应用

菱苦土与水拌合后迅速水化并放出大量的热，硬化后的主要产物为$x\mathrm{MgO}\cdot y\mathrm{MgCl_2}\cdot z\mathrm{H_2O}$，其凝结硬化很慢，强度很低。通常菱苦土粉不用水而用卤水(氯化镁($MgCl_2$)水溶液)拌合，强度高，硬化快。氯化镁的用量为55%～60%(以$MgCl_2\cdot 6H_2O$计)。氯化镁可大大加速菱苦土的硬化，且硬化后的强度很高。加氯化镁后，初凝时间为30～60min，1d时的强度可达最高强度的60%～80%，7d左右可达最高强度(抗压强度达40～70MPa)。硬化后的体积密度为1000～1100kg/m^3，属于轻质高强材料，主要用来铺设地面，制作人造大理石和水磨石板，广泛用于装饰工程。

菱苦土与各种纤维的黏结良好，且碱性较低，对各种纤维和植物的腐蚀较弱。建筑上常用菱苦土与木屑(1∶1.5～3)及氯化镁溶液(密度为1.2～1.25g/cm^3)制作菱苦土木屑地面。它具有保温、防火、防爆(碰撞时不产生火星)及一定的弹性。表面刷漆后，使用于纺织车间、教室、办公室、影剧院等，但不宜用于长期潮湿的环境。

使用玻璃纤维增强的菱苦土制品具有很高的抗折强度和抗冲击能力，其主要产品为玻璃纤维增强菱苦土波瓦，可用于非受冻地区，一般用于仓库及临时建筑的屋面防水。

2.4 水 玻 璃

2.4.1 水玻璃的组成及生产

1. 水玻璃的组成

水玻璃俗称“泡花碱”，是一种由碱金属氧化物和二氧化硅结合而成的水溶性硅酸盐材料，其化学通式为$R_2O\cdot nSiO_2$。其中，n是氧化硅与碱金属氧化物之间的摩尔比，为水玻璃模数，一般在1.5～3.5；R一般起指代作用，这里的R可以是Na、K等元素。固体水玻璃是一种无色、天然色或黄绿色的颗粒，高温高压溶解后是无色或略带色的透明或半透明黏稠液体，如图 2-9 所示。常见的有硅酸钠水玻璃($Na_2O \cdot nSiO_2$)和硅酸钾水玻璃($K_2O \cdot nSiO_2$)等，钾水玻璃在性能上优于钠水玻璃，但其价格较高，故建筑上最常用的是钠水玻璃。

图 2-9　水玻璃

2. 水玻璃的生产

生产硅酸钠水玻璃的主要原料是石英砂、纯碱或含碳酸钠的原料。生产方法有湿法和干法两种。

(1) 湿法生产。

将石英砂和苛性钠液体在高压蒸锅内(0.2～0.3MPa)用蒸汽加热，并加以搅拌，使其直接反应而成液体水玻璃。

(2) 干法生产。

将各原料磨细，按比例配合，在熔炉内加热至 1300～1400℃，熔融而成硅酸钠，冷却后即为固态水玻璃，其反应式如下：

$$Na_2CO_3 + nSiO_2 \xrightarrow{1300\sim1400℃} Na_2O \cdot nSiO_2 + CO_2 \uparrow \tag{2-10}$$

然后将固态水玻璃在水中加热溶解成无色、淡黄或青灰色透明或半透明的胶状玻璃溶液，即为液态水玻璃。

2.4.2 水玻璃的硬化

水玻璃在空气中吸收二氧化碳，形成无定型的二氧化碳凝胶(又称硅酸凝胶)，凝胶水变为二氧化硅而硬化。其反应式为：

$$Na_2O \cdot nSiO_2 + CO_2 + mH_2O \rightarrow Na_2CO_3 + nSiO_2 \cdot mH_2O \tag{2-11}$$

由于空气中二氧化碳含量极少，上述硬化过程极慢，为加速硬化，可掺入适量促硬剂，如氟硅酸钠，促使硅胶析出速度加快，从而加快水玻璃的凝结与硬化。反应式为：

$$2(Na_2O \cdot nSiO_2) + mSiO_2 + Na_2SiF_6 \rightarrow (2n+1)SiO_2 \cdot mH_2O + 6NaF \tag{2-12}$$

氟硅酸钠的适宜掺量为 12%～15%(占水玻璃质量)。用量太少，硬化速度慢，强度低，且未反应的水玻璃易溶于水，导致耐水性差；用量过多会引起凝结硬化过快，造成施工困难。氟硅酸钠有一定的毒性，操作时应注意安全。

2.4.3 水玻璃的特性与应用

1. 水玻璃的特性

(1) 黏结性能较好。

水玻璃硬化后的主要成分为硅酸凝胶和固体，比表面积大，因而有良好的黏结性能。对于不同模数的水玻璃，模数越大，黏结力越大；当模数相同时，浓度越稠，黏结力越大。另外，硬化时析出的硅酸凝胶还可以堵塞毛细空隙，起到防止液体渗漏的作用。

水玻璃的特性.mp4

(2) 耐热性好、不燃烧。

水玻璃硬化后形成的 SiO_2 网状框架在高温下强度不下降，用它和耐热集料配制的耐热混凝土可耐 1000℃的高温而不被破坏。

(3) 耐酸性好。

硬化后的水玻璃主要成分是 SiO_2，在强氧化性酸中具有较好的化学稳定性。因此能抵抗大多数无机酸(氢氟酸除外)与有机酸的腐蚀。

(4) 耐碱性与耐水性差。

因 SiO_2 和 $Na_2O \cdot nSiO_2$ 均为酸性物质，溶于碱，故水玻璃不能在碱性环境中使用。而硬化产物 NaF、Na_2CO_3 等又均溶于水，因此耐水性差。

2. 水玻璃的应用

(1) 涂刷或浸渍材料。

直接将液体水玻璃涂刷或浸渍多孔材料(天然石材、黏土砖、混凝土以及硅酸盐制品)时，能在材料表面形成 SiO_2 膜层，提高其抗水性及抗风化能力，又因材料密实度提高，还可提高强度和耐久性。

石膏制品表面不能涂刷水玻璃，因二者易发生反应，会在制品孔隙中生成硫酸钠结晶，从而导致体积膨胀，将制品胀裂。

(2) 配制防水剂。

以水玻璃为基料，加入两种、三种或四种矾可制成二矾、三矾或四矾防水剂。此类防水剂凝结迅速，一般不超过 1min，适用于与水泥浆调和，堵塞漏洞、缝隙等局部抢修。因为凝结过快，不宜用于调配防水砂浆。

(3) 用于土壤加固。

将模数为 2.5～3 的液体水玻璃和氯化钙溶液通过金属管轮流向地层压入，两种溶液发生化学反应，析出硅酸胶体，将土壤颗粒包裹并填实其空隙。硅酸胶体是一种吸水膨胀的果冻状凝胶，因吸收地下水而经常处于膨胀状态，阻止水分的渗透和使土壤固结，由这种方法加固的砂土，抗压强度可达 3～6MPa。

扩展资源 5.pdf

水玻璃的其他应用详见二维码。

本章小结

通过本章的学习，学生了解了各种气硬性胶凝材料的分类和生产，掌握了各种气硬性胶凝材料的技术性质及其变化规律和各种材料在工程中的应用，为以后从事建筑行业打下一个夯实的基础。

实训练习

一、选择题

1. 生石灰的化学成分是(　　)。
   A. $Ca(OH)_2$　　B. CaO　　C. CaO + MgO　　D. MgO
2. 熟石灰的化学成分是(　　)。
   A. $Ca(OH)_2$　　B. CaO　　C. CaO + MgO　　D. MgO
3. 生石灰熟化的特点是(　　)。
   A. 体积收缩　　B. 吸水　　C. 体积膨胀　　D. 吸热
4. 在生产水泥时，掺入适量石膏是为了(　　)。
   A. 提高水泥掺量　　B. 防止水泥石发生腐蚀
   C. 延缓水泥凝结时间　　D. 提高水泥强度
5. 石灰陈伏是为了消除(　　)的危害。
   A. 正火石灰　　B. 欠火石灰　　C. 过火石灰　　D. 石灰膏
6. 石灰一般不单独使用的原因是(　　)。
   A. 强度低　　B. 体积收缩大　　C. 耐水性差　　D. 凝结硬化慢
7. 建筑石膏的性质特点是(　　)。
   A. 略有收缩　　B. 凝结硬化快　　C. 强度高　　D. 耐水性好
8. 石膏主要成分是(　　)。
   A. CaO　　B. CaO + MgO　　C. MgO　　D. $Ca(OH)_2$和水
9. 水玻璃的生产方式为(　　)。
   A. 湿法　　B. 干法　　C. 湿法和干法　　D. 都不是

二、多选题

1. 下列属于石灰技术性质的有(　　)。
   A. 硬化时体积微膨胀　　B. 耐水性差
   C. 保水性好　　D. 硬化时体积收缩大
   E. 防火性能好
2. 气硬性胶凝胶材料有(　　)。
   A. 膨胀水泥　　B. 粉煤灰　　C. 石灰　　D. 石膏　　E. 水玻璃

3. 下列有关水玻璃的性质和用途的叙述中正确的是(　　)。

A. 它是一种矿物胶，既不能燃烧也不受腐蚀

B. 木材、织物浸过水玻璃后，具有防腐蚀性能且不易着火

C. 水玻璃的化学性质稳定，在空气中不易变质

D. 在建筑工业上，可用作黏合剂、耐酸水泥渗料

E. 生产方法有湿法和干法两种

4. 下列关于水玻璃的应用，说法正确的是(　　)。

A. 制作快凝防水剂　　B. 制作耐热砂浆

C. 制作耐酸砂浆　　D. 制作吸声板

E. 石膏制品表面不能涂刷水玻璃

5. 水玻璃的应用范围包括(　　)。

A. 配制特种混凝土和砂浆　　B. 涂刷材料表面

C. 加固地基基础　　D. 配制速凝防水剂

E. 生产硅酸盐制品

三、简答题

1. 石灰的特性有哪些？
2. 简述石膏在实际工程中的应用。
3. 简述菱苦土的硬化过程。
4. 水玻璃的组成成分是什么？

习题答案.pdf

实训工作单一

<table>
<tr><td>班级</td><td></td><td>姓名</td><td></td><td>日期</td><td></td></tr>
<tr><td colspan="2">教学项目</td><td colspan="4">石灰石膏的生产、加工及特性</td></tr>
<tr><td>任务</td><td colspan="2">现场观察学习石灰石膏的基本特性</td><td colspan="2">观察学习项目</td><td>石膏的水化、硬化及其他的技术性质</td></tr>
<tr><td colspan="3">相关知识</td><td colspan="3">石膏的应用及保存</td></tr>
<tr><td colspan="3">其他项目</td><td colspan="3">石灰石膏的其他相关特性</td></tr>
<tr><td colspan="6">现场过程记录</td></tr>
<tr><td>评语</td><td colspan="3"></td><td>指导老师</td><td></td></tr>
</table>

实训工作单二

班级		姓名		日期	
教学项目		现场观察水玻璃的硬化			
学习项目	硬化反应		学习要求	掌握水玻璃的反应过程	
相关知识			水玻璃的特性与应用		
其他项目			水玻璃的组成及生产		
现场过程记录					
评语				指导老师	

第 3 章　水硬性胶凝材料　03

【学习目标】

1. 了解水泥概述；
2. 掌握硅酸盐水泥的性质；
3. 熟悉特性水泥和掺入混合材料的硅酸盐水泥；
4. 掌握水泥的验收和保存。

【教学要求】

本章要点	掌握层次	相关知识点
硅酸盐水泥	1. 了解硅酸盐水泥 2. 掌握硅酸盐水泥的水化 3. 掌握硅酸盐水泥的凝结硬化 4. 理解硅酸盐水泥的技术性质	1. 硅酸盐水泥的水化和硬化 2. 硅酸盐水泥的技术性质
掺混合材料的硅酸盐水泥	掌握掺混合材料的硅酸盐水泥的相关概念	普通硅酸盐水泥及其他水泥
水泥的验收及保存	1. 掌握水泥的验收 2. 掌握水泥的保存	水泥的贮存

【项目案例导入】

11 月 24 日，早上 7 时 40 分许，江西电厂在建的冷却塔施工平台倒塌。截至 26 日晚 10 时，确认事故现场 74 人死亡，2 人受伤。聚焦此次事故，发现此次事故竟是由于冷却塔平桥吊倒塌，导致上面横板混凝土通道坍塌引起的。坍塌原因是错综复杂的，还需要综合考察分析地质、路面、路基和区域荷载等多个方面。当然更要从混凝土的核心下手，也就是我们常说的道路水泥。道路水泥即用于道路、路面和机场跑道等工程的水泥。其具有较高的抗折强度、耐磨性、抗冻以及低收缩等性能，其熟料中含Fe_2O_3较高，为硅酸盐水泥，最适合在立窑中生产。

【项目问题导入】

血淋淋的事实总是让人惋惜，但我们更要从中吸取教训。那么，导致路面塌陷的因素有哪些呢？与普通水泥相比，硅酸盐水泥有什么优势呢？硅酸盐水泥在实际生活中主要应用于哪些方面？

3.1　水泥概述

3.1.1　水泥的概念

水泥是粉状水硬性无机胶凝材料。加水搅拌后成浆体，能在空气中硬化或者在水中更好地硬化，并能把砂、石等材料牢固地胶结在一起。早期石灰与火山灰的混合物与现代的石灰火山灰水泥很相似，用它胶结碎石制成的混凝土，硬化后不但强度较高，而且还能抵抗淡水或含盐水的侵蚀。长期以来，它作为一种重要的胶凝材料，广泛应用于土木建筑、水利、国防等工程，如图3-1所示。

水泥的概念.mp4

图3-1　水泥

【案例3-1】中国的水泥可以追溯到公元前5000～3000年新石器时代的仰韶文化时期，当时就有人用“白灰面”涂抹山洞、地穴的地面和四壁，使其变得光滑和坚硬。在各类建筑物中，水泥占据相当大的比重。试结合本章内容分析水泥在建筑施工中所占的重要位置。

3.1.2　水泥的分类

1. 水泥按用途及性能分类

(1) 通用水泥：即一般土木建筑工程通常采用的水泥。通用水泥主要是指：GB 175—2007《通用硅酸盐水泥》规定的六大类水泥，即硅酸盐水泥、普通硅酸盐水泥、矿渣硅酸盐水泥、火山灰质硅酸盐水泥、粉煤灰硅酸盐水泥和复合硅酸盐水泥。

(2) 专用水泥：即专门用途的水泥。如：G 级油井水泥、道路硅酸盐水泥。

(3) 特性水泥：是指某种性能比较突出的水泥。如：快硬硅酸盐水泥、低热矿渣硅酸盐水泥、膨胀硫铝酸盐水泥、磷铝酸盐水泥和磷酸盐水泥。

2. 水泥按其主要水硬性物质分类

(1) 硅酸盐水泥，即国外通称的波特兰水泥；
(2) 铝酸盐水泥；
(3) 硫铝酸盐水泥；
(4) 铁铝酸盐水泥；
(5) 氟铝酸盐水泥；
(6) 磷酸盐水泥；
(7) 以火山灰或潜在水硬性材料及其他活性材料为主要组分的水泥。

3.2　硅酸盐水泥

3.2.1　硅酸盐水泥的概念及适用范围

硅酸盐水泥是由硅酸盐水泥熟料、0%至 5%石灰石或粒化高炉矿渣和适量石膏磨细制成的水硬性胶凝材料。硅酸盐水泥有两种类型：即Ⅰ型(不掺混合材料)，代号 P.Ⅰ；Ⅱ型(掺 5%以下的混合材料)，代号 P.Ⅱ。

硅酸盐水泥的概念 .mp4

3.2.2　硅酸盐水泥的生产及构成

1. 硅酸盐水泥的生产

生产硅酸盐水泥的主要原料是石灰质原料和黏土质原料。石灰质原料，如石灰石、白垩等，主要为生产水泥提供 CaO；黏土质原料，如黏土、页岩等，主要为生产水泥提供 SiO_2、Al_2O_3 和 Fe_2O_3。有时两种原料中的成分不能满足生产要求，还需要加入少量的调节性原料(校正原料)，如铁质校正原料和硅质校正原料。

2. 硅酸盐水泥的生产工艺(如图 3-2 所示)

硅酸盐水泥的生产工艺，总结起来就是“两磨一烧”，即：
(1) 将原料按一定比例配料并磨细成符合成分要求的生料；
(2) 将生料煅烧使之部分熔融形成熟料；
(3) 将熟料与适量石膏共同磨细成为硅酸盐水泥。

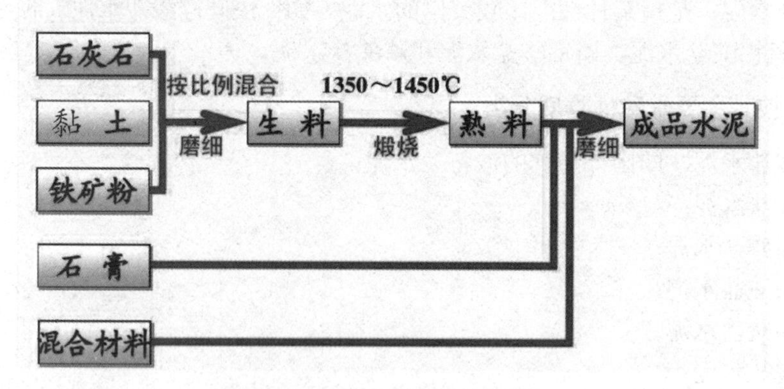

图 3-2 硅酸盐水泥生产工艺

3. 硅酸盐水泥熟料主要矿物组成

在煅烧过程中，生料脱水后分解出 CaO、SiO_2、Al_2O_3、Fe_2O_3，在高温下它们形成了以碳酸钙为主的矿物，所以称为硅酸盐水泥。

(1) 主要成分。

$3CaO·SiO_2$(硅酸三钙)，简式 C_3S，含量为 37%～60%，密度为 3.25g/cm^3；

$2CaO·SiO_2$(硅酸二钙)，简式 C_2S，含量为 15%～37%，密度为 3.28g/cm^3；

$3CaO·Al_2O_3$(铝酸三钙)，简式 C_3A，含量为 7%～15%，密度为 3.04g/cm^3；

$4CaO·Al_2O_3·Fe_2O_3$(铁铝酸四钙)，简式 C_4AF，含量为 10%～18%，密度为 3.77g/cm^3。

在硅酸盐水泥熟料的 4 种矿物组成中，硅酸三钙和硅酸二钙的总含量约为 75%，铝酸三钙和铁铝酸四钙的总含量约为 25%。

水泥熟料是由各种不同特性的矿物所组成的混合物，因此改变熟料矿物成分之间的比例，水泥的性质会发生相应的变化。

(2) 其他成分。

除了这些主要矿物外，硅酸盐水泥中还含有少量的游离氧化钙(CaO)、游离氧化镁(MgO)等，其含量过高将造成水泥的安定性不良；碱矿物及玻璃体等，其中的 Na_2O 和 K_2O 含量较高时，遇到活性骨料时，易产生碱骨料反应，影响混凝土的质量。

(3) 石膏。

水泥中掺入石膏的主要作用是调节水泥凝结硬化的速度。如不掺入少量的石膏，水泥浆可在很短的时间内迅速凝结。掺入少量石膏后，石膏与凝结最快的铝酸三钙($3CaO·Al_2O_3$)反应，生成硫铝酸钙沉淀包围水泥，延缓水泥的凝结时间，一般掺量为 2%至 5%，过多的石膏会引起强度下降或产生瞬凝，安定性不良。

3.2.3 硅酸盐水泥的水化

水泥和水拌合，表面的熟料矿物立即与水发生化学反应(如图 3-3 所示)，各组分开始逐渐溶解，放出一定的热量，固相体积也逐渐增加。其反应式如下：

$$2(3CaO \cdot SiO_2)+6H_2O \rightarrow 3CaO \cdot 2SiO_2 \cdot 3H_2O+3Ca(OH)_2 \quad (3\text{-}1)$$

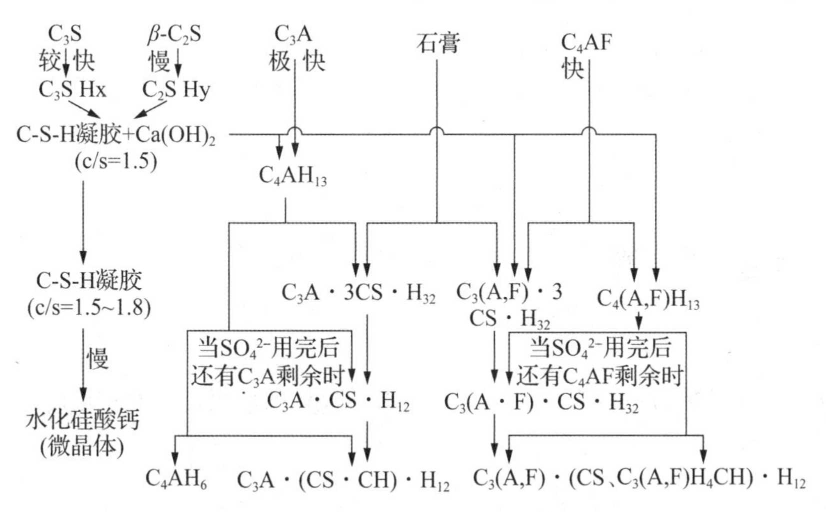

水化反应.mp4

图 3-3　硅酸盐水泥的水化进程流程图

与水作用特性：水化速度较快，水化热大，水化产物主要在早期产生，早期强度最高，且能得到不断增长，是决定水泥强度高低的最主要矿物。

$$2(2CaO \cdot SiO_2)+4H_2O \rightarrow 3CaO \cdot 2SiO_2 \cdot 3H_2O+Ca(OH)_2 \quad (3\text{-}2)$$

与水作用特性：水化速度慢，水化热小，其消化产物和水化热主要在后期产生，对水泥早期强度贡献很小，但对其后期强度增加至关重要。

$$3CaO \cdot Al_2O_3+6H_2O \rightarrow 3CaO \cdot Al_2O_3 \cdot 6H_2O \quad (3\text{-}3)$$

与水作用特性：水化速度最快，水化热最集中，如果不掺入石膏，易造成水泥速凝，它的水化产物大多在 3d 内就产生，但强度并不高，以后也不再增长，甚至出现倒缩，硬化时所表现出的体积收缩也最大，耐硫酸性能差。

$$4CaO \cdot Al_2O_3 \cdot Fe_2O_3+7H_2O \rightarrow 3CaO \cdot Al_2O_3 \cdot 6H_2O+CaO \cdot Fe_2O_3 \cdot H_2O \quad (3\text{-}4)$$

与水作用特性：水化速度介于铝酸三钙与硅酸三钙之间，强度发展主要在早期，强度偏低，它的突出特点是抗冲击性能和抗硫酸盐性能好。生产水泥时，为调节凝结时间而掺入的石膏也需参加反应，即：

$$3CaO \cdot Al_2O_3 \cdot 6H_2O+3(CaSO_4 \cdot 2H_2O)+20H_2O \rightarrow 3CaO \cdot Al_2O_3 \cdot 3CaSO_4 \cdot 32H_2O \quad (3\text{-}5)$$

当石膏耗尽时，水中未水化的 C_3A 会与钙矾石作用生成低硫型的水化硫铝酸钙，即：

$$3CaO \cdot Al_2O_3 \cdot 3CaSO_4 \cdot 32H_2O+2(3CaO \cdot Al_2O_3)+4H_2O \rightarrow 3(3CaO \cdot Al_2O_3 \cdot CaSO_4 \cdot 12H_2O) \quad (3\text{-}6)$$

纯水泥熟料磨细加水后凝结时间很短，给水泥的施工应用造成不便。掺入适量石膏，这些石膏与铝酸三钙反应生成水化硫铝酸钙，覆盖于未水化的铝酸三钙周围，阻止其继续快速水化，由于消化硫铝酸钙非常难溶，迅速沉淀结晶形成针头晶体，包裹于铝酸盐矿物表面阻止水分与其接触和反应，因而延缓了水泥的凝结时间。但如果石膏过多，会引起水泥体积安定性不良。

由上可知，所得主要水化产物(在完全水化的水泥石中)为：

(1) 水化碳酸钙凝胶 70%，是水泥石形成强度的最主要化合物；

(2) 氢氧化钙晶体 20%；

(3) 水化铝酸钙 3%；

(4) 高硫型水化硫铝酸钙(钙矾石)7%。

水化反应为放热反应，放出的热量称为水化热。水化热大，放热的周期也较长，但大部分热量(50%以上)是在 3 天以内，特别是在水泥浆发生凝结、硬化的初期放出。生成新的化合物称为水化产物。

3.2.4 硅酸盐水泥的凝结、硬化

1. 水泥的凝结、硬化

水泥的凝结与硬化是很复杂的过程，水化是水泥产生凝结硬化的前提，而凝结硬化是水泥水化的结果，如图 3-4 所示。

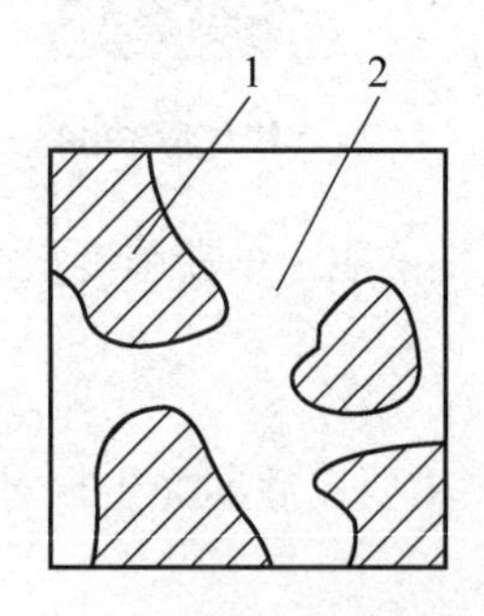

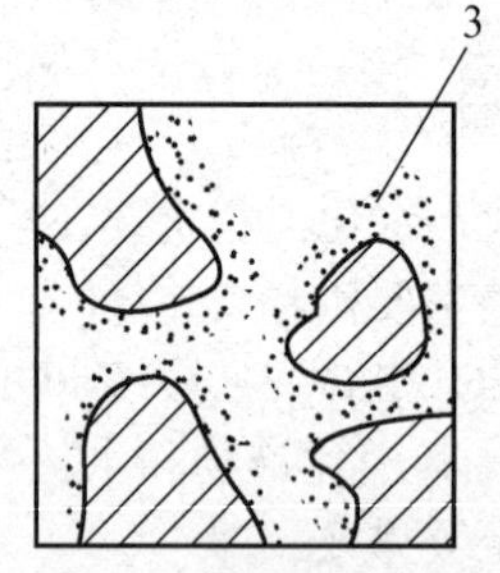

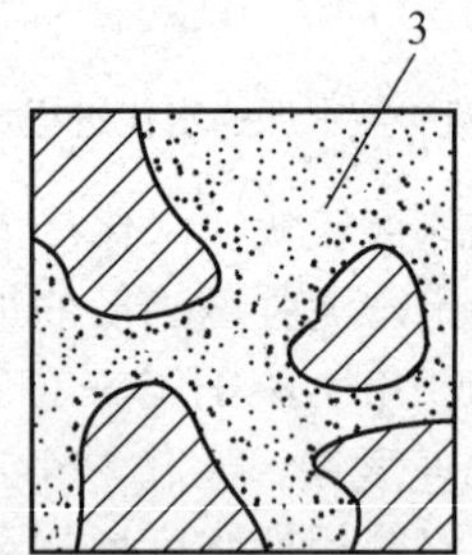

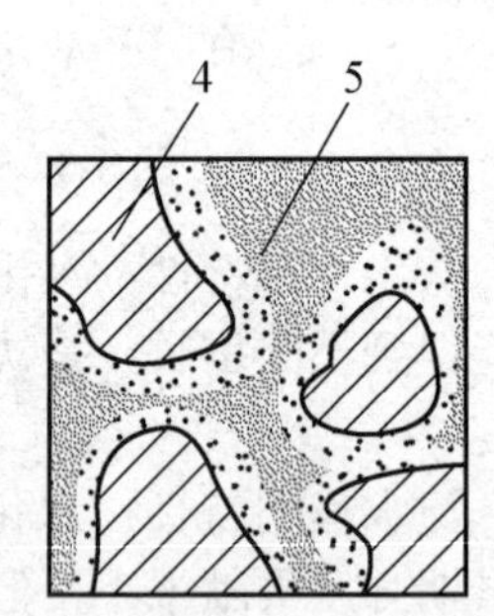

图 3-4　水泥凝结硬化示意图

1—水泥颗粒；2—水分；3—凝胶；4—水泥颗粒的未水化内核；5—毛细孔

水泥加水拌合后，水泥颗粒分散于水中，成为水泥浆体。水泥颗粒与水接触后，一些物质溶解于水中，并很快达到饱和状态，开始沉淀形成微小的颗粒；还有一些物质直接与水反应生成水化产物，并包裹于水泥颗粒表面。水分透过水化产物包裹层，将可溶的物质溶解并透过水化产物层带出并沉淀，渐渐长大成为晶体。由于水分渗入速度慢，水泥的水化速度减慢。

硅酸盐水泥的凝结硬化.mp4

随着水分渗入量增多，溶解物质溶液很难渗出，即产生了渗透压力。可溶物质在包裹层内沉淀形成微小晶体，以及直接与水反应生成的水化产物增多，包裹层发生了破裂。水分与新的水泥颗粒接触，发生了快速水化反应，水化产物增多，颗粒之间的水分减少，颗粒相互接触，水泥浆黏度增加，渐渐失去可塑性，水泥浆进入凝结过程。具体过程如下。

1) 初凝

水泥浆体开始失去流动性和部分可塑性，但不具有强度，这一过程称为初凝。

2) 终凝

水泥浆体完全失去可塑性，并开始具有一定强度，这一过程称为终凝。由初凝到终凝的过程称为水泥的凝结。

凝结.avi

3) 硬化

随着水化反应的继续进行，水泥浆体孔隙减少，密实度增加，产生了强度且不断增加，最终发展成具有一定强度的石状物(水泥石)，这一过程称为水泥的硬化。硬化的过程在开始时速度很快，28d以后硬化开始减慢。硬化过程可以持续几年甚至几十年。

水泥的硬化.mp4

水泥的水化和凝结、硬化是从水泥颗粒表面开始，逐渐往水泥颗粒的内核深入进行。开始时水化较快，但由于水化不断进行，堆积在水泥颗粒周围的水化产物不断增多，阻碍水和水泥未水化部分的接触，水化减慢，但无论时间多久，水泥颗粒的内核很难完全水化。因此，硬化后的水泥石是由水泥凝胶、未完全水化的水泥颗粒、毛细孔(含毛细孔水)组成的不匀质结构体。

2. 影响硅酸盐水泥凝结、硬化的因素

影响硅酸盐水泥硬化的因素.mp4

影响硅酸盐水泥凝结、硬化的因素主要有：水泥熟料的矿物组成、水泥细度、石膏掺量、拌合水量、养护湿度、养护温度、养护龄期、外加剂。

1) 水泥熟料的矿物组成

水泥的细度

水泥熟料的矿物组成是影响水泥水化速度、凝结和硬化过程及强度的主要因素。改变熟料中矿物组成的相对含量，可配制成具有不同特性的硅酸盐水泥。如提高 C_3S 的含量，可制得快硬硅酸盐水泥；减少 C_3S 和 C_3A 的含量，提高 C_2S 的含量，可制得水化热低的低热水泥；降低 C_3A 的含量，提高 C_4AF 的含量，可制得耐硫酸盐水泥。

2) 水泥细度

水泥的细度即水泥颗粒的粗细程度。水泥颗粒越细，颗粒表面与水的接触面积越大，水化反应越快，凝结、硬化速度越快，早期强度也就越高。但过细时，易与空气中的水分及二氧化碳反应而降低活性，并且硬化时收缩也越大，成本高，因此，水泥的细度应适当，硅酸盐水泥的比表面积应大于 $300m^2/kg$。

3) 石膏掺量

水泥中掺入少量石膏，可调节水泥凝结、硬化的速度。如果掺入过多的石膏，不仅缓凝作用不大，还会引起水泥安定性不良，一般情况下，掺量约占水泥重量的3%～5%，具体掺量需通过试验确定。

4) 拌合水量

拌合水量越多，水化后形成的胶体越稀，水泥的凝结、硬化就越慢。

5) 养护湿度

水泥石的强度只有在潮湿的环境中才能不断增长。若处于干燥环境中，当水分蒸发完毕后，水化作用无法继续进行，硬化即停止，强度也不再增长。因此，混凝土在浇筑后两

到三周必须加强洒水养护，如图 3-5 所示。

6) 养护温度

温度对水泥的水化以及凝结、硬化的影响很大。当温度高时，水泥的水化作用加快，凝结、硬化速度也就加快，所以采用蒸汽养护是加快凝结、硬化的方法之一；当温度低时，凝结、硬化速度减慢；当温度低于 0℃时，水化基本停止。因此，冬期施工时，须采用保温措施，以保证水泥正常凝结和强度的正常发展。

7) 养护龄期

水泥水化、硬化是一个较长的时期，也是一个不断进行的过程，随着龄期的增长，水泥石的强度逐渐提高，水泥在 3 至 14 天内强度增长较快，28 天后增长缓慢，水泥强度的增长可延续几年甚至几十年。

8) 外加剂

凡对硅酸三钙和铝酸三钙的水化能产生影响的外加剂，都能影响硅酸盐水泥的水化和凝结、硬化。如加入缓凝剂会延缓水泥的水化、硬化，影响水泥早期强度发展；掺入早强剂会促进水泥的凝结、硬化，提高其早期强度，如图 3-6 所示。

图 3-5　硅酸盐水泥养护示意图

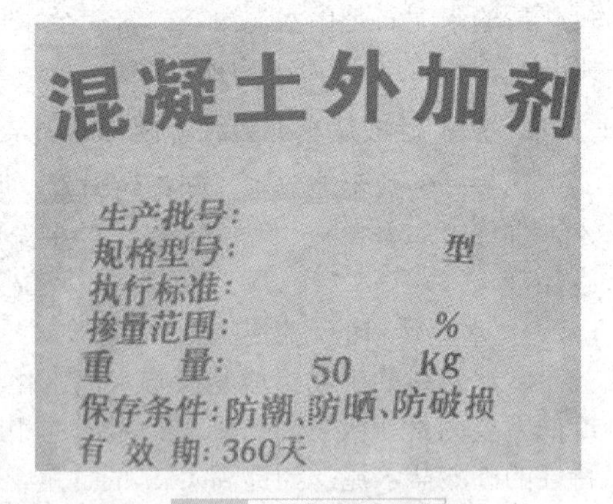

图 3-6　混凝土外加剂

3.2.5 硅酸盐水泥的技术性质

1. 硅酸盐水泥的化学指标

硅酸盐水泥的化学指标有：不溶物、烧失量、MgO/SO_3、碱含量、氯离子。

1) 不溶物

不溶物是水泥煅烧过程中存留的残渣，主要来自原料中的黏土和结晶二氧化硅，因煅烧不良、化学反应不充分而未能形成熟料产物，经酸或碱处理不能被溶解的残留物，是水泥的活性组分之一，含量高对水泥质量有不良影响。I 型硅酸盐水泥中不溶物不得超过 0.75%，II 型硅酸盐水泥中不溶物不得超过 1.50%。

2) 烧失量

烧失量是水泥煅烧不佳或受潮使得水泥在规定温度加热时产生的质量损失，常用来控制石膏和混合材料中的杂质，以保证水泥质量。I 型硅酸盐水泥中烧失量不得大于 3.0%，II 型硅酸盐水泥中烧失量不得大于 3.5%。

3) MgO/SO_3

水泥中游离的 MgO 和 SO_3 过高时，会引起水泥的体积安定性不良，氧化镁含量不宜超过 5.0%，如果水泥经压蒸安定性试验合格，则水泥中氧化镁的含量可放宽到 6.0%。三氧化硫含量不得超过 3.5%。

4) 碱含量

碱含量(选择性指标)按 $Na_2O+0.658K_2O$ 计算值来表示。水泥中含碱是引起混凝土产生碱骨料反应的条件。为避免碱骨料反应的发生，若使用活性骨料，且要求提供低碱水泥时，水泥中碱含量不得大于 0.60%。

5) 氯离子

水泥中的 Cl^- 是引起混凝土中钢筋锈蚀的因素之一，要求限制其含量(质量分数)在 0.06%以内。

以上五项，如检验结果不符合标准规定的任何一项技术要求，则该水泥为不合格产品。

2. 硅酸盐水泥的物理指标

硅酸盐水泥的物理指标有：细度(选择性指标)、凝结时间、体积安定性、强度、水化热。

1) 细度

水泥的细度表示水泥颗粒的粗细程度，即水泥磨细的程度。通常用比表面积法或筛分析法来测定，国家标准中规定，硅酸盐水泥比表面积应大于 $300m^2/kg$。水泥的细度对水泥的性能影响很大，水泥颗粒越细，与水接触面积越大，水化反应就越快，这对强度的发展，尤其是早期强度是非常有利的。但也不宜太细，水泥磨得太细，一方面在储存期间易吸潮而降低强度，另一方面也会大量增加粉磨的能耗。

水泥细度有两种表示方法：一种是比表面积，即用单位质量水泥粉末总表面积表示，用勃氏法检测；另一种是用 80μm 或 45μm 方孔筛的筛余百分数表示。用筛分析法《<通用硅酸盐水泥>国家标准第 1 号修改单》(GB 175—2007/XGL—2009)规定：硅酸盐水泥和普通硅酸盐水泥的细度以比表面积表示，其比表面积不小于 $300m^2/kg$；其他 4 种水泥的细度以筛余率表示，其 80 μm (0.08mm)方孔筛筛余率不大于 10%或 45 μm 方孔筛筛余率不大于 30%。

2) 凝结时间

水泥的凝结时间是影响混凝土施工难易程度和速度的主要指标，分为初凝时间和终凝时间两种。

水泥的凝结时间是指水泥从加水拌合开始，至水泥浆失去流动性，即水泥从可塑状态发展到固体状态所需的时间。

从水泥加水拌合开始至水泥浆体开始失去可塑性所需的时间称为初凝时间。

从水泥加水开始至水泥浆体完全失去可塑性所需的时间称为终凝时间。

水泥初凝时间不宜过早，以便施工时有足够的时间来完成混凝土或砂浆的搅拌、运输、浇筑、振捣和砌筑等操作；水泥终凝时间不宜过迟，以便使混凝土能尽快地硬化达到一定的强度，以利于下一道工序的进行。根据《<通用硅酸盐水泥>国家标准第 1 号修改单》(GB 175— 2007/XGL—2009)规定：6 种水泥的初凝时间不得早于 45min；硅酸盐水泥的终凝时间不得迟于 390min(6.5h)，其他 5 种水泥的终凝时间不得迟于 600min(10h)。实际上硅酸盐水泥的初凝时间一般为 1 至 3h，终凝时间一般为 5 至 8h。在实际工作中，常用维卡仪来测定凝结时间。

对于检验结果不符合凝结时间标准要求的水泥视为不合格品。

3) 体积安定性

水泥的体积安定性是指水泥在凝结、硬化过程中体积变化的均匀性，是水泥在施工中保证质量的一项重要技术性指标。

扩展资源 1.pdf

体积安定性是水泥浆体在硬化后体积变化的稳定性。若水泥浆体硬化后产生不均匀的体积变化，即所谓的安定性不良，会使混凝土产生膨胀性裂缝，降低工程质量，甚至引起严重事故。故体积安定性不良的水泥不能用于工程结构中。

引起水泥体积安定性不良的原因详见二维码。

4) 强度

水泥强度是指水泥抵抗外力破坏的能力，是表明水泥品质的重要指标，是评定水泥强度等级的依据。各种硅酸盐水泥的强度等级及抗压强度如表 3-1 所示。

表 3-1　通用硅酸盐水泥强度指标表

通用硅酸盐水泥各龄期的强度(MPa)						
品　种	代　号	强度等级	抗压强度		抗折强度	
			3d	28d	3d	28d
硅酸盐水泥	P.I P.II	42.5	≥17.0	≥42.5	≥3.5	≥6.5
		42.5R	≥22.0		≥4.0	
		52.5	≥23.0	≥52.5	≥4.0	≥7.0
		52.5R	≥27.0		≥5.0	
		62.5	≥28.0	≥62.5	≥5.0	≥8.0
		62.5R	≥32.0		≥5.5	
普通硅酸盐水泥	P.0	42.5	≥17.0	≥42.5	≥3.5	≥6.5
		42.5R	≥22.0		≥4.0	
		52.5	≥23.0	≥52.5	≥4.0	≥7.0
		52.5R	≥27.0		≥5.0	
矿渣硅酸盐水泥	P.S.A P.S.B	32.5	≥10.0	≥32.5	≥2.5	≥5.5
		32.5R	≥15.0		≥3.5	
火山硅酸盐水泥	P.P	42.5	≥15.0	≥42.5	≥3.5	≥6.5
		42.5R	≥19.0		≥4.0	
		52.5	≥21.0	≥52.5	≥4.0	≥7.0
粉煤灰硅酸盐水泥 复合硅酸盐水泥	P.F P.C	52.5R	≥23.0		≥4.5	

水泥的强度按《水泥胶砂强度检验方法》(GB/T 17671—1999)(ISO 法)中的规定进行。

其规定如下：将水泥、标准砂和水按规定比例(1∶3.0∶0.50)拌合一锅胶砂，制成三条 40mm×40mm×160mm 的标准试件，在标准养护条件下养护，测定其 3d 和 28d 的抗折强度和抗压强度，按照 3d 和 28d 的抗折强度和抗压强度将硅酸盐水泥的强度等级划分为 6 个：42.5、42.5R、52.5、52.5R、62.5、62.5R；普通硅酸盐水泥划分为 4 个：42.5、42.5R、52.5、52.5R；其他 4 种水泥的强度等级划分为 6 个：32.5、32.5R、42.5、42.5R、52.5、52.5R。其中：R 型水泥为早强型，主要是 3d 强度较同强度等级水泥高。例如：62.5R 表示水泥 28d 强度不低于 62.5MPa，属早强型水泥，检测仪器如图 3-7 所示。

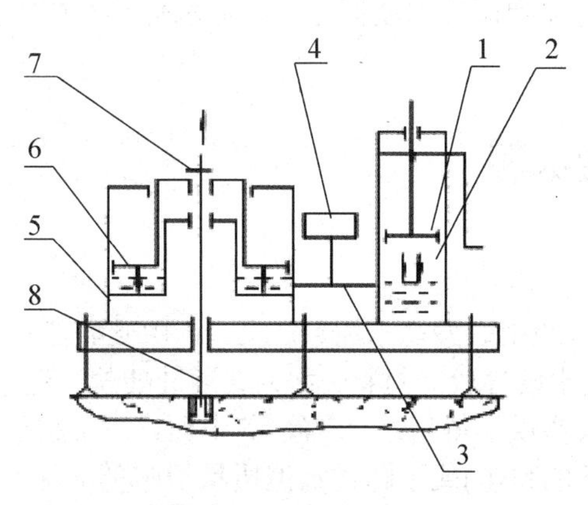

图 3-7　混凝土检测仪

1—活塞；2—泵体；3—油管；4—压力表；5—油缸；6—大活塞；7—螺母；8—拉杆及胀簧

检验结果不符合标准要求的水泥为不合格品。

5) 水化热

水泥与水发生水化反应所放出的热量称为水化热，通常用 J/kg 表示。水化热的大小主要与水泥的细度及矿物组成有关。颗粒越细，水化热越大；矿物中 C_3S、C_3A 含量越高，水化放出热越高。大部分的水化热集中在早期放出，3 至 7d 以后逐步减少。水化热放热对冬季施工的混凝土有利，但对大体积混凝土工程不利。因为水化热产生较大温差，会引起温度应力，使混凝土产生裂缝。对于大体积混凝土工程，应采用低热水泥，否则应采取必要的降温措施。

【案例 3-2】 去年老李施工的州县住宅楼，共 2 栋，设计均为 6 层砖混结构，建筑面积 $8000m^2$，主体完工后进行墙面抹灰，采用当地水泥厂生产的强度等级为 32.5 的早强型普通硅酸盐水泥。抹灰后在两个月内相继发现该工程墙面抹灰出现开裂，并迅速发展。开始由墙面一点产生膨胀变形，形成不规则的放射状裂缝，多点裂缝相继贯通，成为典型的龟状裂缝，并且空鼓，实际上此时抹灰与墙体已产生剥离。

结合上下文，分析本案例中出现问题的原因是什么？

3.3　掺混合材料的硅酸盐水泥

3.3.1　混合材料

为了改善硅酸盐水泥的某些性能或调节水泥强度等级，生产水泥时，可以在水泥熟料中掺入人工或天然矿物材料，这种矿物材料称为混合材料。混合材料分非活性混合材料和活性混合材料两种。

(1) 非活性混合材料是常温下不与氢氧化钙和水反应的混合材料。主要有石灰石、石英砂及矿渣等。作用是调节水泥标号，降低水化热，增加水泥的产量，降低水泥成本等。

混合材料.mp4

(2) 活性混合材料是常温与氢氧化钙和水发生反应的混合材料。主要有粒化高炉矿渣和火山灰质混合材料，主要作用是改善水泥的某种性能，此外也能起到调节水泥标号、降低水化热和成本、增加水泥产量的作用。

3.3.2 普通硅酸盐水泥

1. 定义

根据 GB 175—2007《通用硅酸盐水泥》定义：凡由硅酸盐水泥熟料、6%至 15%混合材料、适量石膏磨细制成的水硬性胶凝材料，称为普通硅酸盐水泥(简称普通水泥)，代号 P.O。掺活性混合材料时，最大掺量不得超过 15%，其中允许用不超过水泥质量 5%的窑灰(水泥回转窑窑尾废气中收集下的粉尘)或不超过水泥质量 10%的非活性混合材料来代替；掺非活性混合材料时，最大掺量不得超过水泥质量的 10%，如图 3-8 所示。

图 3-8 普通硅酸盐水泥示意图

2. 技术要求

普通硅酸盐水泥初凝时间不得早于 45min，终凝时间不得迟于 10h。强度和强度等级根据 3d 和 28d 龄期的抗折和抗压强度，将普通硅酸盐水泥划分为 32.5、32.5R，42.5、42.5R，52.5、52.5R 三个强度等级。普通硅酸盐水泥的体积安定性、氧化镁含量、二氧化硫含量等其他技术要求与硅酸盐水泥相同。

扩展资源 2.pdf

普通硅酸盐水泥的主要性能及应用的相关知识详见二维码。

3.3.3 矿渣硅酸盐水泥、火山灰硅酸盐水泥及粉煤灰硅酸盐水泥

1. 定义

矿渣硅酸盐水泥是凡由硅酸盐水泥熟料和粒化高炉矿渣、适量石膏磨细制成的水硬性胶凝材料，代号 P.S。水泥中粒化高炉矿渣掺加量按重量百分比计为 20%～70%。允许用石

灰石、窑灰、粉煤灰和火山灰质混合材料中的一种材料代替矿渣，代替数量不得超过水泥重量的 8%，替代后水泥中粒化高炉矿渣不得少于 20%。

火山灰硅酸盐水泥是在硅酸盐水泥熟料中，按水泥成品质量均匀地加入 20%～50%的火山灰质混合材料，再按需要加入适量石膏磨成细粉，所制成的水硬性胶凝材料。

粉煤灰硅酸盐水泥是由硅酸盐水泥熟料、粉煤灰和适量石膏磨细制成的水硬性胶凝材料，称为粉煤灰硅酸盐水泥，代号 P.F。水泥中粉煤灰的掺加量按质量百分比计为 20%～40%，其强度等级及各龄期强度要求同矿渣硅酸盐水泥。

2. 技术要求

这三种水泥的细度、凝结时间、体积安定性要求与普通水泥相同。这三种水泥根据 3d 和 28d 龄期的抗折和抗压强度划分为 32.5、32.5R，42.5、42.5R，52.5、52.5R 三个强度等级。各强度等级水泥的各龄期强度不得低于相应的数值。除上述技术要求外，国家标准还对这三种水泥的氧化镁含量、三氧化硫含量等作了明确规定。

3. 三种水泥主要性能及应用

矿渣水泥、火山灰水泥和粉煤灰水泥都是在硅酸盐水泥熟料的基础上加入大量活性混合材料磨细制成的。由于三者所用的活性混合材料的化学组成与化学活性基本相同，因而三种水泥的大多数性质和应用相同或接近，即这三种水泥在许多情况下可替代使用。但由于这三种水泥所用活性混合材料的物理性质和表面特征等有些差异，又使得这三种水泥各自有着一些独特的性能与用途。

1) 矿渣水泥

矿渣水泥的耐热性较好，可用于温度不高于 200℃的混凝土工程中，如热工窑炉基础等。粒化高炉矿渣玻璃体对水的吸附能力差，即矿渣水泥的保水性差，易产生泌水而造成较多连通孔隙，因此矿渣水泥的抗渗性差，且干燥收缩也较普通水泥大，不宜用于有抗渗性要求的混凝土工程，如图 3-9 所示。

2) 火山灰水泥

火山灰混合材料含有大量的微细孔隙，使其具有良好的保水性，并且在水化过程中形成的大量水化硅酸钙凝胶，使火山灰水泥的水泥石结构比较致密，从而具有较高的抗渗性和耐水性，可优先用于有抗渗要求的混凝土工程。但火山灰水泥长期处于干燥环境中时，水化反应就会中止，强度也会停止增长，尤其是已经形成的凝胶体还会脱水收缩并形成微细的裂纹，使水泥石结构破坏，因此火山灰水泥不宜用于长期处于干燥环境中的混凝土工程，如图 3-10 所示。

图 3-9　矿渣水泥

图 3-10　火山灰水泥

3) 粉煤灰水泥

粉煤灰水泥由于粉煤灰呈球形颗粒，比表面积小，对水的吸附能力差，因而粉煤灰水泥的干缩性小、抗裂性好。但由于它的泌水速度快，若施工处理不当易产生失水裂缝，因而不宜用于干燥环境。此外，泌水会造成较多的连通孔隙，故粉煤灰水泥的抗渗性较差，不宜用于抗渗要求高的混凝土工程。此外，与一般掺活性混合材的水泥相似，水化热低，抗腐蚀能力较强，如图 3-11 所示。

图 3-11　粉煤灰水泥

4. 三种水泥的共性

(1) 凝结硬化慢、早期强度低、后期强度发展较快。主要原因是水泥中熟料含量少、二次水化又比较慢，导致 3d、7d 强度较低；后期由于二次水化的不断进行及熟料的继续水化，水化产物不断增多，使得水泥强度发展较快，后期强度可赶上甚至超过同强度等级的硅酸盐水泥。这三种水泥不宜用于早期强度要求高的工程，如冬季施工、现浇工程等。

(2) 对温度敏感，适合高温养护。这三种水泥在低温下水化明显减慢，强度较低。采用高温养护时可大大加速活性混合材料的水化，并可加速熟料的水化，故可大大提高早期强度，且不影响常温下后期强度的发展。而硅酸盐水泥或普通硅酸盐水泥，利用高温养护虽可提高早期强度，但后期强度的发展受到影响，比一直在常温下养护的强度低。这是因为在高温下这两种水泥的水化速度很快，短时间内即生成大量的水化产物，这些水化产物对未水化水泥熟料颗粒的后期水化起到了阻碍作用。因此，硅酸盐水泥和普通硅酸盐水泥不适合高温养护。

扩展资源 3.pdf

三种水泥的其他共性详见二维码。

【案例 3-3】 某施工队在进行工程主体施工时，由于工作人员失误，把 42.5 的水泥当作 52.5 的水泥使用，导致工程在完工不久后，错用水泥的地方出现裂缝，并持续扩大。

请结合上下文，分析使用强度不够的水泥会造成哪些后果？如何避免出现这种情况？

3.3.4 复合硅酸盐水泥

复合硅酸盐水泥.mp4

由硅酸盐水泥熟料、两种或两种以上规定的混合材料、适量石膏磨细制成的水硬性胶凝材料，称为复合硅酸盐水泥(简称复合水泥)，代号 P.C。水泥中混合材料总掺加量按质量百分比应大于 20%，不超过 50%。

复合硅酸盐水泥的技术要求基本同普通水泥，六种通用水泥的特性、适用范围如表 3-2 所示。

表 3-2　六种通用水泥的特性、适用范围

硅酸盐水泥	普通水泥	矿渣水泥	火山灰水泥	粉煤灰水泥	复合水泥
①凝结硬化快，早期强度高 ②水化热大 ③抗冻性好 ④耐热性差 ⑤耐蚀性差 ⑥干缩性较小	①凝结硬化较快，早期强度较高 ②水化热较大 ③抗冻性较好 ④耐热性较差 ⑤耐蚀性较差 ⑥干缩性较小	①凝结硬化慢，早期强度低，后期强度增长较快 ②水化热较小 ③抗冻性差 ④耐热性好 ⑤耐蚀性较好 ⑥干缩性较大 ⑦泌水性大、抗渗性差	①凝结硬化慢，早期强度低，后期强度增长较快 ②水化热较小 ③抗冻性差 ④耐热性较差 ⑤耐蚀性较好 ⑥干缩性较大 ⑦抗渗性较好	①凝结硬化慢，早期强度低，后期强度增长较快 ②水化热较小 ③抗冻性差 ④耐热性较差 ⑤耐蚀性较好 ⑥干缩性较小 ⑦抗裂性较高	①凝结硬化慢，早期强度低，后期强度增长较快 ②水化热较小 ③抗冻性差 ④耐蚀性较好 ⑤其他性能与所掺入的两种或两种以上混合材料的种类、掺量有关

3.4　特 性 水 泥

3.4.1　快硬硅酸盐水泥

凡是由硅酸盐水泥熟料和适量石膏共同磨细制成的，以 3d 抗压强度表示标号的水硬性胶凝材料称为快硬硅酸盐水泥(简称快硬水泥)，如图 3-12 所示。

图 3-12　快硬硅酸盐水泥

快硬硅酸盐水泥.mp4

快硬硅酸盐水泥的制造方法与硅酸盐水泥基本相同，不同之处是水泥熟料中铝酸三钙和硅酸三钙的含量高，二者的总量不少于 65%。因此快硬水泥的早期强度增长快且强度高，水化热也大。为加快硬化速度，还可适当增加石膏的掺量(可达 8%)和提高水泥的细度。

快硬硅酸盐水泥的性质按国家标准的规定：熟料中氧化镁含量不得超过 5.0%，如水泥体积安定性试验合格，则氧化镁的含量可放宽到 6.0%；三氧化硫的含量不得超过 3.5%；细度为 80μm 方孔筛筛余量不得超过 10%；初凝时间不得早于 45min，终凝时间不得迟于 10h；按 1d 和 3d 的抗压强度、抗折强度划分为 32.5、37.5、42.5 三个强度等级。各龄期强度值不

得低于有关数值。

快硬硅酸盐水泥凝结硬化快，早期强度高，水化热高且集中。快硬硅酸盐水泥适用于配制早强、高强混凝土的工程，紧急抢修的工程和低温施工工程，但不宜用于大体积混凝土工程。

快硬水泥易受潮变质，故储存和运输时，应特别注意防潮，且储存时间不宜超过一个月。

3.4.2 铝酸盐水泥

铝酸盐水泥是以铝矾土和石灰石为主要原料，经高温煅烧所得的以铝酸钙为主要矿物的水泥熟料，经磨细制成的水硬性胶凝材料，代号为CA，如图3-13所示。

图3-13 铝酸盐水泥

国家标准《铝酸盐水泥》(GB 201—2015)根据 Al_2O_3 含量将铝酸盐水泥分为：CA-50、CA-60、CA-70和CA-80四类。

1. 铝酸盐水泥的技术指标

1) 细度

比表面积不小于300m^2/kg或45μm的方孔筛筛余量不大于20%。

2) 凝结时间

CA-50、CA-70、CA-80的初凝时间不得早于30min，终凝时间不得迟于6h；CA-60的初凝时间不得早于60min，终凝时间不得迟于18h。

3) 强度

各类型铝酸盐水泥各龄期的强度值不得低于表3-3中规定的数值。

表3-3 铝酸盐水泥的 Al_2O_3 含量和各龄期强度要求(GB 201—2015)

类型		抗压强度				抗折强度			
		6h	1d	3d	28d	6h	1d	3d	28d
CA50	CA50-I	≥20*	≥40	≥50	—	≥3*	≥5.5	≥6.5	—
	CA50-II		≥50	≥60	—		≥6.5	≥7.5	—
	CA50-III		≥60	≥70	—		≥7.5	≥8.5	—
	CA50-IV		≥70	≥80	—		≥8.5	≥9.5	—

续表

类　型		抗压强度				抗折强度			
		6h	1d	3d	28d	6h	1d	3d	28d
CA60	CA50-I	—	≥65	≥85	—	—	≥7.0	≥10.0	—
	CA50-II	—	≥22	≥45	≥85	—	≥2.5	≥5.0	≥10.0
CA70		—	≥30	≥40	—	—	≥5.0	≥6.0	—
CA80		—	≥25	≥30	—	—	≥4.0	≥5.0	—

* 用户要求时，生产厂家应提供试验结果。

2. 铝酸盐水泥的特性与应用

铝酸盐水泥具有快凝、早强、高强、低收缩、耐热性好和耐硫酸盐腐蚀性强等特点，适用于工期紧急的工程、抢修工程、冬季施工的工程和耐高温工程，还可以用来配制耐热混凝土、耐硫酸盐混凝土等。但铝酸盐水泥的水化热大、耐碱性差，不宜用于大体积混凝土，不宜采用蒸汽等湿热养护。长期强度会降低 40%～50%，不适用于长期承载的承重构件。

3.4.3 膨胀水泥

一般水泥在凝结硬化过程中会产生不同程度的收缩，使水泥混凝土构件内部产生微裂缝，影响混凝土的强度及其他许多性能。而膨胀水泥在硬化过程中能够产生一定的膨胀，消除由收缩带来的不利影响，如图 3-14 所示。

图 3-14　膨胀水泥

扩展资源 4.pdf

膨胀水泥主要是比一般水泥多了一种膨胀组分，在凝结硬化过程中，膨胀组分使水泥产生一定的膨胀值。目前常用的是以钙矾石为膨胀组分的各种膨胀水泥。

膨胀水泥的其他资料详见二维码。

3.4.4 装饰系列水泥

1. 白色硅酸盐水泥

由氧化铁含量少的硅酸盐水泥熟料加入适量石膏，磨细制成的水硬性凝胶材料称为白色硅酸盐水泥，简称白水泥，代号 P.W。

硅酸盐水泥呈暗灰色，主要原因是其含 Fe_2O_3 较多(3%～4%)。当 Fe_2O_3 含量在 0.5%以下时，则水泥接近白色。生产白水泥用的石灰石及黏土原料中的 Fe_2O_3 含量应分别低于 0.1%和 0.7%。在生产过程中还需采取以下措施：采用无灰分的气体燃料或液体燃料燃烧；在粉磨生料和熟料时，要严格避免带入铁质。

按照国家标准《白色硅酸盐水泥》(GB 2015—2005)的规定：白色硅酸盐水泥白度值不应低于 87；白色硅酸盐水泥各龄期的强度值不得低于表 3-4 中规定的数值；白水泥的初凝时间不得早于 45min，终凝时间不得迟于 10h；熟料中氧化镁的含量不得超过 3.5%。白色硅酸盐水泥的其他技术要求与普通硅酸盐水泥相同。

表 3-4　白水泥各龄期强度要求(GB/T 2015—2005)

水泥标号	抗压强度/MPa		抗折强度/MPa	
	3d	28d	3d	28d
32.5	12.0	32.5	3.0	6.0
42.5	17.0	42.5	3.5	6.5
52.5	22.0	52.5	4.0	7.0

白色硅酸盐水泥主要用于配制白色或彩色灰浆、砂浆及混凝土，来满足装饰装修工程的需要。

2. 彩色硅酸盐水泥

彩色硅酸盐水泥简称彩色水泥，根据其着色方法不同，有三种生产方式：一是直接烧成法，在水泥生料中加入着色原料而直接煅烧成彩色水泥熟料，再加入适量石膏共同磨细；二是染色法，将白色硅酸盐水泥熟料或硅酸盐水泥熟料、适量石膏和碱性着色物质共同磨细制得彩色水泥；三是将干燥状态的着色物质直接掺入白水泥或硅酸盐水泥中。当工程使用量较少时，常用第三种办法。

彩色水泥中加入的颜料，必须具有良好的大气稳定性及耐久性，不溶于水，分散性好，抗碱性强，不参与水泥水化反应，对水泥的组成和特性无破坏作用等特点。常用的颜料有氧化铁 (红或黑、褐、黄)、二氧化锰(黑褐色)、氧化铬(绿色)、钴蓝(蓝色)等。

白色和彩色硅酸盐水泥，主要用于建筑装饰工程中，常用于配制各种装饰混凝土和装饰砂浆，如水磨石、水刷石、人造大理石、干黏石等，也可配制彩色水泥浆，用于建筑物的墙面、柱面、天棚等处的粉刷，或用于陶瓷铺贴的勾缝等。

【案例 3-4】 中热硅酸盐水泥因具有低水化热、高后期强度、低干缩率、高抗硫酸盐侵蚀性、良好的耐磨性，因而被广泛用在大坝、桥梁等大体积混凝土及高气温条件下施工的混凝土等工程项目当中。但与普通硅酸盐水泥相比，中热硅酸盐水泥早期强度偏低，抗冻性较差，生产成本较高。因此施工过程中会采用通过控制普通硅酸盐水泥的关键指标，来满足大坝中热硅酸盐水泥关键指标要求的方法，用特性普通硅酸盐水泥替代大坝中热硅酸盐水泥。试结合本书分析特性硅酸盐水泥在工程中的重要性及使用其的主要原因。

3.5　水泥的验收及保存

3.5.1　水泥的验收

水泥可以袋装或散装，袋装水泥每袋净含量50kg，且不得少于标志质量的98%；随机抽取20袋总质量不得少于1000kg。水泥袋上应标明产品名称、代号、净含量、强度等级、生产许可证编号、生产者名称和地址、出厂编号、执行标准号，包装年、月、日。散装水泥交货时也应提交与袋装水泥标志相同内容的卡片。

水泥出厂前，生产厂家应按国家标准规定的取样规则和检验方法对水泥进行检验，并向用户提供试验报告。试验报告内容应包括国家标准规定的各项技术要求及其试验结果。

交货时水泥的质量验收可抽取实物试样以其检验结果为依据，也可以水泥厂同编号水泥的检验报告为依据。采用前者验收方法，当买方检验认为产品质量不符合国家标准要求，而卖方又有异议时，则双方应将卖方保存的另一份试样送省级或省级以上国家认可的水泥质量监督检验机构进行仲裁；采用后者验收方法时，异议期为三个月。

3.5.2　水泥的保存

水泥在运输与贮存时，不得受潮和混入杂物，不同品种和强度等级(或标号)的水泥应分别贮存，不得混杂。

水泥存放过久，强度会有所降低，因此国家标准规定：水泥出厂超过三个月(快硬水泥超过一个月)时，应对水泥进行复验，并按其实测强度结果使用。

水泥保存.mp4

本 章 小 结

本章内容是整本书的重点章节，通过本章学习，学生可以掌握水泥的特点、性质及其生产方式等内容。水泥是建筑行业的基础材料，通过对其系统的学习，可以让学生更好地了解建筑行业。

实训练习

一、单选题

1. 硅酸盐水泥凝结时间在施工中有重要意义，其正确的范围是(　　)。
   A. 初凝时间≥45min，终凝时间≤600min
   B. 初凝时间≥45min，终凝时间≤390min
   C. 初凝时间≤45min，终凝时间≥150min
   D. 初凝时间≥45min，终凝时间≥150min
2. 有耐热要求的混凝土工程，应优先选择(　　)水泥。
   A. 硅酸盐　　B. 矿渣　　C. 火山灰　　D. 粉煤灰
3. 有抗渗要求的混凝土工程，应优先选择(　　)水泥。
   A. 硅酸盐　　B. 矿渣　　C. 火山灰　　D. 粉煤灰
4. 下列材料中，属于非活性混合材料的是(　　)。
   A. 石灰石粉　　B. 矿渣　　C. 火山灰　　D. 粉煤灰
5. 为了延缓水泥的凝结时间，在生产水泥时必须掺入适量(　　)。
   A. 石灰　　B. 石膏　　C. 助磨剂　　D. 水玻璃
6. 对于通用水泥，下列性能中(　　)不符合标准规定为废品。
   A. 终凝时间　　B. 混合材料掺量　　C. 体积安定性　　D. 包装标志
7. 通用水泥的储存期不宜过长，一般不超过(　　)。
   A. 一年　　B. 六个月　　C. 一个月　　D. 三个月

二、多选题

1. 普通硅酸盐水泥的特点有(　　)。
   A. 早期强度高　　B. 凝结硬化快　　C. 水化热大
   D. 耐腐蚀性好　　E. 抗冻性好
2. 导致硅酸盐水泥安定性不良的可能原因有(　　)。
   A. 过量 f-CaO　　B. 碱含量　　C. 过量 SO_3
   D. 过量 MgO　　E. 过量 CaO
3. 硅酸盐水泥中的非活性材料不包括(　　)。
   A. 石膏　　B. 砂岩　　C. 石灰石(其中 Al_2O_3 含量≤3.0%)
   D. 窑灰　　E. 中粗砂
4. 硅酸盐水泥水化后的水泥石中容易被侵蚀的成分是下列中的(　　)。
   A. $Ca(OH)_2$　　B. $C_3S_2H_3$　　C. C_FH　　D. C_3AH_6　　E. CaO
5. 硅酸盐水泥熟料中矿物水化反应后后期强度增长较少的矿物是下列中的(　　)。
   A. C_3S　　B. C_2S　　C. C_3A　　D. C_4AF　　E. CS

三、填空题

1. 通用水泥包括________、________、________、________、________和________。

2. 水泥的凝结时间是指水泥从加水拌合开始，至水泥浆失去流动性，即水泥从________发展到________所需的时间。

3. 普通硅酸盐水泥初凝时间不得早于______，终凝时间不得迟于_____。

4. 凡是由硅酸盐水泥熟料和适量石膏共同磨细制成的，以_____抗压强度表示标号的水硬性胶凝材料称为快硬硅酸盐水泥(简称快硬水泥)。

5. 按膨胀值大小可将膨胀水泥分为________和________两大类。

6. 冬期施工时，须采用_________，以保证水泥正常凝结和强度的正常发展。

四、简答题

1. 通用硅酸盐水泥按混合材料的品种和掺量分为哪几种？代号分别为什么？

2. 普通硅酸盐水泥的强度分为哪几个等级？

3. 普通硅酸盐水泥初凝、终凝时间分别为多少？

习题答案.pdf

实训工作单一

<table>
<tr><td>班级</td><td></td><td>姓名</td><td></td><td>日期</td><td></td></tr>
<tr><td colspan="2">教学项目</td><td colspan="4">硅酸盐水泥技术性质试验</td></tr>
<tr><td>任务</td><td colspan="2">掌握试验过程及其原理</td><td>试验项目</td><td colspan="2">凝结时间、体积安定性、强度、细度(选择性指标)、水化热、凝结硬化</td></tr>
<tr><td colspan="3">相关知识</td><td colspan="3">硅酸盐水泥的生产及其他特性</td></tr>
<tr><td colspan="3">其他项目</td><td colspan="3">矿渣硅酸盐水泥、火山灰硅酸盐水泥及粉煤灰硅酸盐水泥</td></tr>
<tr><td colspan="6">试验过程记录</td></tr>
<tr><td>评语</td><td colspan="3"></td><td>指导老师</td><td></td></tr>
</table>

实训工作单二

<table>
<tr><td>班级</td><td></td><td>姓名</td><td></td><td>日期</td><td></td></tr>
<tr><td colspan="2">教学项目</td><td colspan="4">特性水泥技术性质试验</td></tr>
<tr><td>任务</td><td colspan="2">掌握试验过程及其原理</td><td>试验项目</td><td colspan="2">快硬硅酸盐水泥、铝酸盐水泥、膨胀水泥及装饰系列水泥</td></tr>
<tr><td colspan="3">相关知识</td><td colspan="3">水泥的保存</td></tr>
<tr><td colspan="3">其他项目</td><td colspan="3"></td></tr>
<tr><td colspan="6">试验过程记录</td></tr>
<tr><td>评语</td><td colspan="3"></td><td>指导老师</td><td></td></tr>
</table>

第4章 混 凝 土

04

【学习目标】

1. 了解混凝土概述;
2. 掌握混凝土组成;
3. 掌握混凝土技术性质;
4. 掌握混凝土配比设计。

【教学要求】

本章要点	掌握层次	相关知识点
混凝土的定义、分类与特点	1. 了解混凝土的定义 2. 掌握混凝土的分类及特点	混凝土
普通混凝土的构成	1. 了解混凝土的强度等级及水泥用量确定 2. 理解骨料的分类及组成 3. 水量的确定 4. 外加剂的种类及选择	混凝土的基本组成
混凝土的和易性	理解混凝土的和易性及和易性的影响因素和改善措施	影响混凝土和易性的因素
混凝土的力学性能	1. 理解混凝土的强度及强度等级划分 2. 掌握影响混凝土强度的因素	混凝土的抗拉强度和抗压强度
混凝土的耐久性	掌握耐久性的几个指标及提高耐久性的措施	混凝土的抗渗性和抗侵蚀性
混凝土的配合比设计	1. 熟悉混凝土配合比的含义及配合比计算 2. 掌握混凝土配合比的试配、调整与确定	混凝土配合比的计算和确定

【项目案例导入】

某混凝土公司同宏宇城签订了3#、7#住宅楼混凝土供应合同。设计要求规定3#住宅楼地下一层墙体和顶板混凝土强度等级为C35,为赶工期施工企业把墙和顶板处的混凝土同时浇筑。一个月后，施工企业来电话，反映混凝土墙体回弹强度偏低，未通过质检部门验收，向混凝土生产企业索赔。混凝土生产企业立即派技术人员到现场进行查验：发现混凝土墙体表面泛白，用手一抹有粉末脱落，初步判断为养护不到位。根据进一步了解，发现工人在墙体浇筑后不到48小时就脱模了，还认为施工部位属于地下，不受阳光照射，风的影响很小，墙体养护又很麻烦，就没有采取养护措施。

【项目问题导入】

试分析此次混凝土墙体回弹强度偏低的主要原因，墙体表面泛白及脱落的原因。

4.1 混凝土概述

4.1.1 混凝土的定义

混凝土.avi

混凝土，简称砼，是由胶凝材料将集料胶结成整体的工程复合材料的统称。通常讲的“混凝土”一词是指用水泥作胶凝材料，砂、石作集料；与水(可含外加剂和掺合料)按一定比例配合，经搅拌、成型、养护而得的水泥混凝土，也称普通混凝土，如图4-1所示。它广泛应用于土木工程。

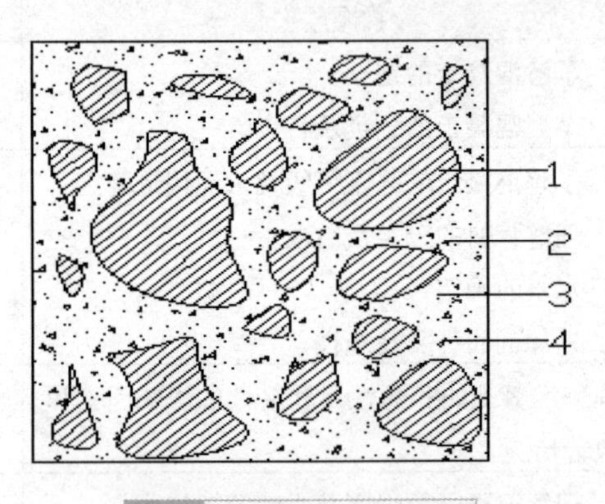

图4-1 混凝土组成示意图

1—石子；2—砂子；3—水泥浆；4—气孔

混凝土是当代最主要的土木工程材料之一。混凝土具有原料丰富、价格低廉、生产工艺简单的优点，因此在实际工程中得到广泛应用。此外，混凝土还具有抗压强度高、耐久性好、强度等级范围宽等特点，使其使用范围十分广泛。

4.1.2 混凝土的分类

1. 按表观密度分类

混凝土按表观密度大小不同可分为三类。

(1) 重混凝土。它是指干表观密度大于 2600kg/m³ 的混凝土，通常是采用高密度集料(如重晶石、铁矿石、钢屑等)或同时采用重水泥(如钡水泥、锶水泥等)制成的混凝土。因为它主要用作核能工程的辐射屏蔽结构材料，又称为防辐射混凝土。

(2) 普通混凝土。它是指干表观密度为 2000kg/m³～2600kg/m³ 的混凝土，通常是以常用水泥为胶凝材料，且以天然砂、石为集料配制而成的混凝土。它是目前土木工程中最常用的水泥混凝土。

(3) 轻混凝土。它是指干表观密度小于 1950kg/m³ 的混凝土，通常是采用陶粒等轻质多孔的集料，或者不用集料而掺入加气剂或泡沫剂等而形成多孔结构的混凝土。根据其性能与用途的不同又可分为结构用轻混凝土、保温用轻混凝土和结构保温轻混凝土等。

2. 按用途分类

按混凝土在工程中的用途不同可分为结构混凝土、水工混凝土、海洋混凝土、道路混凝土、防水混凝土、补偿收缩混凝土、装饰混凝土、耐热混凝土、耐酸混凝土、防辐射混凝土等。

3. 按强度等级分类

按混凝土的抗压强度可分为低强混凝土、中强混凝土、高强混凝土以及超高强混凝土等。

4. 按生产和施工方法分类

按混凝土的生产和施工方法不同可分为预拌(商品)混凝土、泵送混凝土、喷射混凝土、压力灌浆混凝土(预填骨料混凝土)、挤压混凝土、离心混凝土、真空吸水混凝土、碾压混凝土等。

此外，按每立方米混凝土中水泥用量(C)分为贫混凝土(C≤170 kg/m³)和富混凝土(C≥230kg/m³)。另外，还有掺加其他辅助材料的特种混凝土，如粉煤灰混凝土、纤维混凝土、硅灰混凝土、磨细高炉矿渣混凝土、硅酸盐混凝土等。

4.1.3 混凝土的特点

1. 混凝土的优缺点

1) 混凝土的优点

混凝土在使用中还具有以下优点：

(1) 可根据不同要求，改变组成成分及其数量比例，配制出具有不同物理力学性能的产品；

(2) 可浇筑成不同形状和大小的制品或构件；

(3) 热膨胀系数与钢筋相近，且与钢筋有牢固的黏结力，两者可结合在一起共同工作，制成钢筋混凝土；

(4) 表面可做成各种花饰，具有一定的装饰效果；

(5) 经久耐用，维修费用低；

(6) 可浇筑成整体建筑物以提高抗震性，也可预制成各种构件再进行装配。

2) 混凝土的缺点

混凝土的缺点是自重大，抗拉强度低，易开裂，脆性大。

2. 对混凝土的要求

建筑工程中使用的混凝土，一般要满足以下四项要求：

(1) 混凝土应在规定龄期达到设计要求的强度；

(2) 各组成材料经拌合后形成的拌合物应具有与施工条件相适应的和易性，便于施工；

(3) 硬化后的混凝土应具有与其所处环境相适应的耐久性；

(4) 在保证质量的前提下，经济合理，节约造价。

4.2 普通混凝土的构成

4.2.1 水泥

水泥作为制备混凝土中最重要的活性材料，其种类、性能和用量的选用对混凝土的性能影响十分显著。在为一个混凝土工程选择水泥时，应对不同类型水泥的适用性进行确认。在选择水泥时应具有灵活性，若将工程用水泥限定为一个型号、一个品牌或一个标准水泥可能会导致工程延误，且对当地的材料也不能物尽其用。除非有特殊性能要求，否则不应使用特殊性质的水泥。此外，掺合料的使用也不能妨碍任何硅酸盐水泥或混合水泥的使用。

1. 水泥品种的选择

配制混凝土一般可采用硅酸盐水泥、普通硅酸盐水泥、矿渣硅酸盐水泥、火山灰硅酸盐水泥和粉煤灰硅酸盐水泥，必要时也可采用快硬硅酸盐水泥或其他水泥。配制混凝土时，采用何种水泥应根据工程特点和所处环境条件，参考表 4-1 进行选择。在满足工程要求的前提下，可选用价格较低的水泥品种，以节约造价。

硅酸盐水泥、普通水泥、矿渣水泥、火山灰水泥和粉煤灰水泥是我国生产量最多的通用水泥，其产量占水泥总产量的 90%以上，其特性与适用范围对比见表 4-1。复合硅酸盐水泥的特性取决于所掺两种掺合材料的种类、掺量及相对比例，与矿渣硅酸盐水泥、火山灰硅酸盐水泥、粉煤灰硅酸盐水泥有不同程度的相似，其使用应根据所掺入的掺合材料种类，参照其他掺有掺合材料的水泥适用范围和工程实践经验选用。

【案例 4-1】 某大体积的混凝土工程，浇筑两周后拆模，发现挡墙有多道贯穿型的纵向裂缝，该工程使用的某立窑水泥生产的 42.5 I 型硅酸盐水泥，其熟料组成 C_3S 占 61%，C_2S 占 14%，C_3A 占 14%，C_4AF 占 11%，试从材料组成及水化热方面分析裂缝产生的原因。

表 4-1　各常用水泥特性与适用范围对比表

	硅酸盐水泥	普通水泥	矿渣水泥	火山灰水泥	粉煤灰水泥
特性	早期强度高；水化热较大；抗冻性较好；耐蚀性差；干缩较小	与硅酸盐水泥基本相同	早期强度较低，后期强度增长较快；水化热较低；耐热性好；耐蚀性较强；抗冻性差；干缩性较大	早期强度较低，后期强度增长较快；水化热较低；耐蚀性较强；抗渗性好；抗冻性差；干缩性大	早期强度较低，后期强度增长较快；水化热较低；耐蚀性较强；干缩性较小；抗裂性较高；抗冻性差
适用范围	一般土建工程中钢筋混凝土及预应力钢筋混凝土结构；受反复冰冻作用的结构；配制高强混凝土	与硅酸盐水泥基本相同	高温车间和有耐热、耐火要求的混凝土结构；大体积混凝土结构；蒸汽养护的构件；有抗硫酸盐侵蚀要求的工程	地下、水中大体积混凝土结构和有抗渗要求的混凝土结构；蒸汽养护的构件；有抗硫酸盐侵蚀要求的工程	地上、地下及水中大体积混凝土结构；蒸汽养护的构件；抗裂性要求较高的构件；有抗硫酸盐侵蚀要求的工程
不适用范围	大体积混凝土结构；受化学及海水侵蚀的工程	与硅酸盐水泥基本相同	早期强度要求高的工程；有抗冻要求的混凝土工程	处在干燥环境中的混凝土工程；其他同矿渣水泥	有抗碳化要求的工程；其他同矿渣水泥

2. 水泥强度等级的选择

水泥强度等级的选择，应与混凝土的设计强度等级相适应。经验证明，不掺加减水剂和掺合材料的混凝土，一般水泥强度等级 28d 抗压强度指标值为混凝土强度等级的 1.5～2.0 倍为宜；若采取某些措施(如掺减水剂和掺合材料)，情况则大为不同，用 42.5 级的水泥也能配制出 C60～C80 的混凝土，其规律主要受水灰比定则控制。

如必须用高强度等级水泥配制低强度等级的混凝土时，会使水泥用量偏少，影响和易性及密实度，所以应掺入一定数量的掺合材料。如必须用低强度等级水泥配制高强度等级的混凝土时，会使水泥用量过多，可能会不经济，而且还会影响混凝土的其他技术性质。

【案例 4-2】某立窑水泥厂生产的普通水泥游离 CaO 含量较高，加水拌合后，初凝时间仅为 40min，本属于废品，但放置一段时间后，凝结时间又恢复正常，而强度下降，请结合本节知识分析原因。

3. 水泥用量的确定

水泥用量的确定.mp4

为保证混凝土的耐久性，水泥用量要满足有关技术标准规定的最小和最大水泥用量的要求。如水泥用量少于规定的最小水泥用量，则应取规定的最小水泥用量值；如果水泥用量大于规定的最大水泥用量，应选择更高强度等级的水泥或采用其他措施使水泥用量满足规定要求。水泥的具体用量由混凝土的配合比设计确定，水泥最佳用量确定如图 4-2 所示。

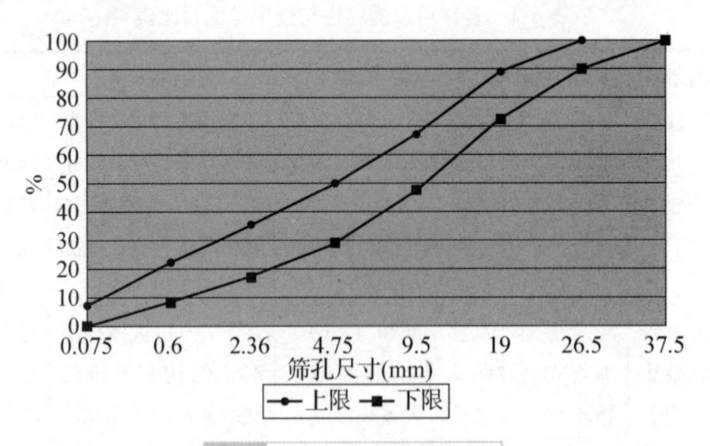

图 4-2 最佳水泥用量的确定

4.2.2 骨料

1. 细骨料

砂按产源分为天然砂和机制砂两类。天然砂是指自然生成的，经人工开采和筛分的粒径小于 4.75mm 的岩石颗粒，包括河砂、湖砂、山砂、淡化海砂，但不包括软质、风化的岩石颗粒。机制砂是指经除土处理，由机械破碎、筛分制成的粒径小于 4.75mm 的岩石、矿山尾矿或工业废渣颗粒，但不包括软质、风化的颗粒，俗称人工砂。

建筑用砂的质量要求主要有以下几个方面。

1) 砂的粗细程度与颗粒级配(见表 4-2)

砂的粗细程度是指不同粒径的砂粒混合在一起的平均粗细程度。在砂用量相同的条件下，若砂子过细，则砂的总表面积就较大，需要包裹砂粒表面的水泥浆的数量多，水泥用量就多；若砂子过粗，虽能少用水泥，但混凝土拌合物黏聚性较差，容易发生分层离析现象。所以，用于混凝土的砂粗细应适中。

砂的颗粒级配是指大小不同粒径的砂粒相互之间的搭配情况。在混凝土中，砂粒之间的空隙是由水泥浆所填充，为了节约水泥和提高混凝土强度，就应尽量减小砂粒之间的空隙。从图 4-3 可以看出：如果是相同粒径的砂，空隙就比较大，如图 4-3(a)所示；用两种不同粒径的砂搭配起来，空隙就减小了，如图 4-3(b)所示；用三种不同粒径的砂搭配，空隙就更小了，如图 4-3(c)所示。因此，要减小砂粒间的空隙，就必须用粒径不同的颗粒搭配。

综上所述，混凝土用砂应同时考虑砂的粗细程度和颗粒级配。当砂的颗粒较粗且级配良好时，砂的空隙率和总表面积均较小，这样不仅节约水泥，还可以提高混凝土的强度和密实性。

表 4-2　砂的颗粒级配表

累计筛余(%) / 级配区 / 方孔筛	1 区	2 区	3 区
9.5	0	0	0
4.75	10～0	10～0	10～0
2.36	35～5	25～0(0～35)	15～0
1.18	65～35	50～10(5～55)	25～0
600	85～71	70～41	40～16
300	95～80	92～70(65～97)	85～55
150	100～90	100～90(85～100)	100～90

(1) 砂的实际颗粒级配与表中所列数字相比，除 4.75mm 和 600um 筛档外，可以略有超出，但超出总量应小于 5%。

(2) 1 区人工砂中 150μm 筛孔的累计筛余可以放宽到 100～85，2 区人工砂中 150μm 筛孔的累计筛余可以放宽到 100～80，3 区人工砂中 150μm 筛孔的累计筛余可以放宽到 100～75。

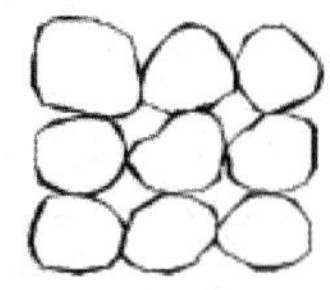
(a) 相同粒径的砂

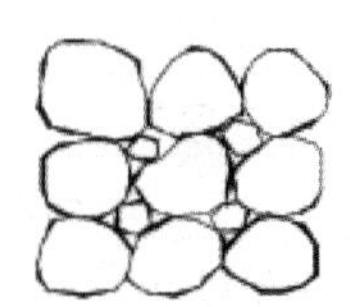
(b) 两种不同粒径的砂

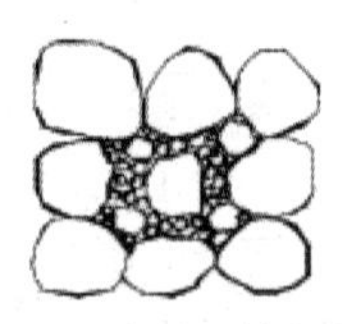
(c) 三种不同粒径的砂

图 4-3　砂的颗粒级配示意图

砂的粗细程度和颗粒级配常用筛分析法进行评定。筛分析法是用一套公称直径分别为 4.75mm、2.36mm、1.18mm、600μm、300μm、150μm 的标准方孔筛各一只，并附有筛底和筛盖；将 500g 干砂试样倒入按筛孔尺寸大小从上到下组合的套筛上进行筛分，分别称取各号筛上筛余量 m_1、m_2、m_3、m_4、m_5、m_6，并计算出各筛上的分计筛余百分率 a_1、a_2、a_3、a_4、a_5、a_6(各筛上的筛余量除以试样总量的百分率)及累计筛余百分率 A_1、A_2、A_3、A_4、A_5、A_6(该筛的分计筛余与筛孔大于该筛的各筛的分计筛余之和)。砂的筛余量、分计筛余百分率、累计筛余百分率的关系见表 4-3。根据累计筛余百分率可计算出砂的细度模数和划分砂的级配区，以评定砂子的粗细程度和颗粒级配。

表 4-3　筛余量、分计筛余百分率、累计筛余百分率的关系

筛孔尺寸	筛余量 m_i/g	分计筛余 a_i	累计筛余 A_i
4.75mm	m_1	$a_1=(m_1/500)\times100\%$	$A_1=a_1$
2.36mm	m_2	$a_2=(m_2/500)\times100\%$	$A_2=a_1+a_2$
1.18mm	m_3	$a_3=(m_3/500)\times100\%$	$A_3=a_1+a_2+a_3$
600μm	m_4	$a_4=(m_4/500)\times100\%$	$A_4=a_1+a_2+a_3+a_4$

续表

筛孔尺寸	筛余量 m_i/g	分计筛余 a_i	累计筛余 A_i
300μm	m_5	$a_5=(m_5/500)\times100\%$	$A_5=a_1+a_2+a_3+a_4+a_5$
150μm	m_6	$a_6=(m_6/500)\times100\%$	$A_6=a_1+a_2+a_3+a_4+a_5+a_6$

砂的细度模数计算公式为：

$$M_x=\frac{(A_2+A_3+A_4+A_5+A_6)-5A_1}{100-A_1} \tag{4-1}$$

式中：A_1，…，A_6——依次为公称直径4.75mm，…，150μm筛上的累计筛余百分率；

M_x——砂的细度模数。

细度模数越大，表示砂越粗。砂按细度模数分为粗、中、细三种规格，3.7～3.1为粗砂，3.0～2.3为中砂，2.2～1.6为细砂。

砂的颗粒级配应符合表4-4的规定。对于砂浆用砂，4.75mm筛孔的累计筛余量应为0，配制混凝土时宜优先选用2区砂。当采用1区砂时，应提高砂率，并保证足够的水泥用量，满足混凝土的和易性。当采用3区砂时，宜适当降低砂率。天然砂的级配范围曲线如图4-4所示。

表4-4　砂的颗粒级配(GB/T 14684—2011)

砂的分类	天然砂			机制砂		
级配区	1区	2区	3区	1区	2区	3区
方筛孔	累计筛余					
4.75mm	10%~0	10%~0	10%~0	10%~0	10%~0	10%~0
2.36mm	35%~5%	25%~0	15%~0	35%~5%	25%~0	15%~0
1.18mm	65%~35%	50%~10%	25%~0	65%~35%	50%~10%	25%~0
600μm	85%~71%	70%~41%	40%~16%	85%~71%	70%~41%	40%~16%
300μm	95%~80%	92%~70%	85%~55%	95%~80%	92%~70%	85%~55%
150μm	100%~90%	100%~90%	100%~90%	97%~85%	94%~80%	94%~75%

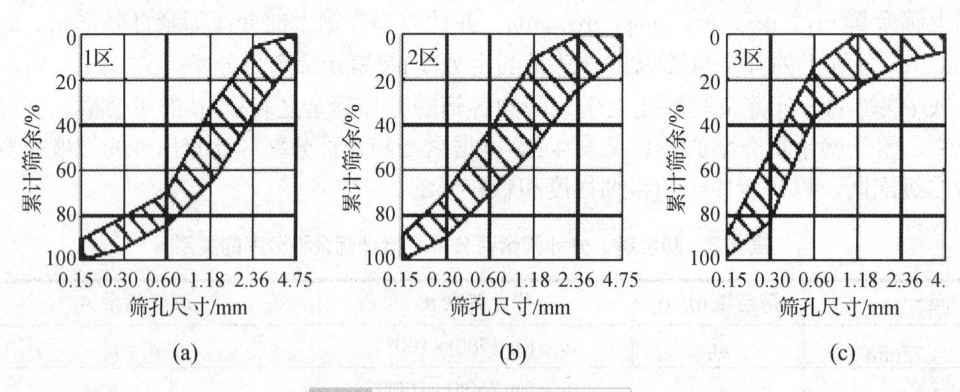

图4-4　天然砂的级配范围曲线

注：砂的实际颗粒级配与表中累计筛余相比，除4.75mm和600μm筛外，可以略有超出，但各级累计筛余超出值总和不应大于5%。

砂按技术要求分为Ⅰ类、Ⅱ类和Ⅲ类，砂的级配类别见表4-5。

表4-5　砂的级配类别(GB/T 14684—2011)

类别	Ⅰ	Ⅱ	Ⅲ
级配区	2区	1区、2区、3区	

2) 砂的含水状态

砂在实际使用时，一般是露天堆放的，受到环境温湿度的影响，往往处于不同的含水状态。在混凝土的配合比计算中，需要考虑骨料的含水状态对用水量和骨料用量的影响。实际工程中，砂的含水状态有4种，如图4-5所示。

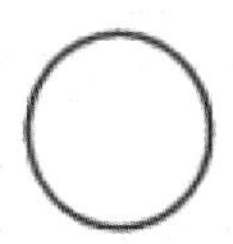

(a) 绝干状态

(b) 气干状态

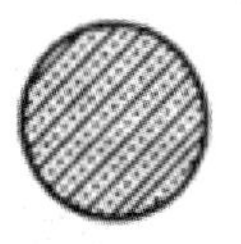

(c) 饱和面干状态

(d) 湿润状态

图4-5　砂含水状态的示意图(阴影为含水部分)

(1) 绝干状态(烘干状态)。砂粒内外不含任何水，通常在(105±5)℃条件下烘干而得。混凝土配合比设计时计算砂用量的基准为干燥状态。

(2) 气干状态。砂粒表面干燥，内部孔隙中部分含水。气干状态指与室内或室外(晴天)空气平衡的含水状态，其含水量的大小与空气相对湿度和温度密切相关。

(3) 饱和面干状态。砂粒内部孔隙含水达到饱和状态，而表面的开口孔隙及面层却处于无水状态。拌合混凝土的砂处于这种状态时，与周围水的交换最少，对混凝土配合比中水的用量最小。水利工程上通常采用饱和面干状态计量砂的用量。

(4) 湿润状态。砂粒内部吸水饱和，其表面还被一层水膜覆盖，颗粒间被水充盈。施工现场，特别是雨后常出现此种状况。搅拌混凝土中计量砂用量时，要扣除砂中的含水量；同样，计量水用量时，要扣除砂中带入的水量。

3) 砂的含泥量、石粉含量和泥块含量

天然砂的含泥量和泥块含量应符合表4-6的规定。

表4-6　含泥量和泥块含量(GB/T 14684—2011)

类别	Ⅰ	Ⅱ	Ⅲ
含泥量(按质量计)	≤1.0%	≤3.0%	≤5.0%
泥块含量	0	≤1.0	≤2.0

机制砂MB值≤1.4或快速法试验合格时，石粉含量和泥块含量应符合表4-7的规定。MB值，又称亚甲蓝值，是用于判定机制砂中粒径小于75μm颗粒的吸附性能的指标。当MB值≤1.4，则判断以石粉为主；当MB值>1.4，则以泥粉为主。

表 4-7　石粉含量和泥块含量(GB/T 14684—2011)

类别	I	II	III
MB 值	≤0.5	≤1.0	≤1.4 或合格
石粉含量(按质量计)①	≤10.0%		
泥块含量(按质量计)	0	≤1.0%	≤2.0%

①此指标根据使用地区和用途，经试验验证，可由供需双方协商确定。

4) 有害物质

用来配制混凝土的砂要求清洁不含杂质，以保证混凝土的质量。但实际上砂中常含有云母、硫酸盐、黏土、淤泥等有害杂质，这些杂质黏附在砂的表面，妨碍水泥与砂的黏结，降低混凝土的强度，同时还增加混凝土的用水量，从而加大混凝土的收缩，降低混凝土的耐久性。一些硫酸盐和硫化物还对水泥石有腐蚀作用。氯化物容易加剧钢筋混凝土中钢筋的锈蚀，也应进行限制。《建设用砂》(GB/T 14684—2011)对砂中有害物质含量做了具体规定，见表 4-8。

表 4-8　砂中有害物质限量(GB/T 14684—2011)

类别	I	II	III
云母(按质量计)	≤1.0%	≤2.0%	
轻物质(按质量计)	≤1.0%		
硫化物计硫酸盐(按 SO_3 质量计)	≤1.0%		
有机物	合格		
氯化物(以氯离子质量计)	≤0.01%	≤0.02%	≤0.06%
贝壳	≤3.0%	≤5.0%	≤8.0%

※该指标仅适用于海砂，其他砂种不做要求。

注：对于有抗冻、抗渗或其他特殊要求的小于等于 C25 混凝土用砂，其含泥量不应大于 3.0%，泥块含量不应大于 1.0%。

5) 坚固性

砂子的坚固性是指砂在自然风化和其他外界物理化学因素作用下抵抗破裂的能力。通常用硫酸钠溶液干湿循环 5 次后的质量损失来表示砂子坚固性的好坏，对砂子的坚固性要求见表 4-9。

表 4-9　砂的坚固性指标(GB/T 14684—2011)

类别	I	II	III
质量损失	≤8%		≤10%

2. 粗骨料

建筑工程中使用的粗骨料分为卵石和碎石两类。卵石是指由自然风化、水流搬运和分

选、堆积形成的粒径大于 4.75mm 的岩石颗粒，按产源可分为河卵石、海卵石、山卵石等；碎石是由天然岩石、卵石经机械破碎、筛分制成的粒径大于 4.75mm 的岩石颗粒。

石子按技术要求分为 I 类、II 类和III类 3 种类别。

1) 颗粒级配和最大粒径

石子级配分为连续粒级和单粒粒级两种。连续粒级是指颗粒从小到大连续分级，每级的颗粒都占有一定的比例。连续粒级的大小颗粒搭配合理，使得混凝土拌合物和易性较好，且不易发生分层、离析现象，工程中应用得比较广泛。单粒粒级的石子一般不单独使用，主要用以改善级配或配制成连续级配使用。此外还有一种间断级配，是指人为去除某些中间粒级的颗粒，形成不连续级配，大颗粒之间的空隙直接由粒径小很多的小颗粒填充，空隙率小，能充分发挥骨料的骨架作用。间断级配石子拌制混凝土时可节约水泥，但混凝土拌合物易发生离析现象，增加施工难度。间断级配适用于机械拌合、振捣的低塑性及干硬性混凝土。

石子的级配原理和要求与砂基本相同。石子的颗粒级配也用筛分试验来测定，采用孔径为 2.36mm、4.75mm、9.50mm、16.0mm、19.0mm、26.5mm、31.5mm、37.5mm、53.0mm、63.0mm、75.0mm 和 90mm 的方孔筛共 12 个进行筛分，计算出各筛的分计筛余百分率和累计筛余百分率。

石子公称粒级的上限称为该粒级的最大粒径，用 D_{max} 表示。石子粒径越大，表面积越小，包裹其表面所需的胶凝材料浆越少，可节约水泥，降低造价；而在和易性和胶凝材料用量一定的情况下，则可以减少混凝土拌合用水量，从而提高强度。

根据《混凝土结构工程施工质量验收规范》(GB 50204—2015)规定，混凝土用粗骨料的最大粒径不得超过构件截面最小尺寸的 1/4，且不得超过钢筋最小净间距的 3/4；对于混凝土实心板，最大粒径不宜超过板厚的 1/3，且不得超过 40mm；对于泵送混凝土，最大粒径与输送管内径之比，碎石宜不大于 1∶3，卵石宜不大于 1∶2.5。

2) 含泥量和泥块含量

含泥量是指卵石、碎石中粒径小于 0.075mm 的颗粒含量。泥块含量是指卵石、碎石中原粒径大于 4.75mm，经水浸洗，手捏后小于 2.36mm 的颗粒含量。混凝土中卵石、碎石的含泥量和泥块含量应符合表 4-10 的规定。

表 4-10 卵石、碎石的含泥量和泥块含量(GB/T 14685—2011)

类别	I	II
含泥量(按质量计/%)	≤0.5	≤1.0
泥块含量(按质量计/%)	0	≤0.2

3) 针、片状颗粒含量

卵石、碎石颗粒的长度大于该颗粒所属粒级平均粒径 2.4 倍的为针状颗粒；厚度小于平均粒径 0.4 倍的为片状颗粒。平均粒径为该颗粒所属粒级上、下限粒径的平均值。针、片状颗粒由于三维尺寸相差悬殊，受力时易折断，而且增加了石子的空隙率，对混凝土的和易性及强度均有不良影响。针、片状颗粒应用针状规准仪和片状规准仪逐粒测定，其含量应符合表 4-11 的规定。

表 4-11　卵石、碎石的针、片状颗粒含量(GB/T 14685—2011)

类别	I	II
针、片状颗粒总含量(按质量计/%)	≤5	≤10

最佳的石子形状是三维尺寸相近的立方体或球形颗粒，有助于降低石子的空隙率，提高混凝土的强度。

4) 有害物质

卵石、碎石中不应混有草根、树叶、树枝、塑料、煤块等杂物，其有害物质含量应符合表 4-12 的规定。

表 4-12　卵石、碎石的有害物质含量(GB/T 14685—2011)

类别	I	II
有机物	合格	
硫化物及硫酸盐(按 SO_3 质量计/%)	≤0.5	≤1.0

5) 坚固性

卵石、碎石在自然风化和其他外界物理化学因素作用下抵抗破裂的能力称为坚固性。用硫酸钠溶液法进行实验，卵石、碎石经 5 次浸泡、烘干循环过程后，质量损失应符合表 4-13 的规定。

表 4-13　卵石、碎石的坚固性指标(GB/T 14685—2011)

类别	I	II
质量损失(%)	≤5	≤8

6) 强度

粗骨料应具有良好的强度，以保证混凝土能够达到设计的强度和耐久性。卵石、碎石的强度有岩石抗压强度和压碎指标两种表示方法。

岩石抗压强度.mp4

(1) 岩石抗压强度。

将母岩制成 50mm×50mm×50mm 的立方体或直径与高均为 50mm 的圆柱体试件，6 个为一组，水中浸泡 48h 后，在压力机上按 0.5～1MPa/s 的速度均匀加荷至试件破坏，测得其吸水饱和后的极限抗压强度。国家标准规定岩石抗压强度：火成岩应不小于 80MPa，变质岩应不小于 60MPa，水成岩应不小于 30MPa。仲裁检验时，以圆柱体试件的抗压强度为准。

(2) 压碎指标。

将一定质量风干状态下粒径为 9.50～19.0mm 的石子(剔除针、片状颗粒)装入标准圆模内，在压力机上按 1kN/s 速度均匀加荷至 200kN 并稳荷 5s，卸载后称取试样质量 G_1，然后过孔径为 2.36mm 的筛，筛除被压碎的颗粒，称出剩余在筛上的试样质量 G_2(筛余质量)，按下式计算压碎指标值 Q_C：

$$Q_c = \frac{G_1 - G_2}{G_1} \times 100\% \tag{4-2}$$

压碎指标值越小，则表示石子抵抗压碎的能力越强。卵石、碎石的压碎指标值应符合表4-14的规定。

表4-14　卵石、碎石的压碎指标(GB/T 14685—2011)

类别	Ⅰ	Ⅱ
卵石压碎指标(%)	≤10	≤20
碎石压碎指标(%)	≤12	≤14

7) 表观密度、连续级配松散堆积空隙率

卵石、碎石的表观密度应不小于2600kg/m³，连续级配松散堆积空隙率应符合表4-15的规定。

表4-15　卵石、碎石连续级配松散堆积空隙率(GB/T 14685—2011)

类别	Ⅰ	Ⅱ
空隙率(%)	≤43	≤45

8) 吸水率

卵石、碎石的吸水率应符合表4-16的规定。

表4-16　卵石、碎石的吸水率(GB/T 14685—2011)

类别	Ⅰ	Ⅱ
吸水率(%)	≤1.0	≤2.0

9) 碱集料反应(碱骨料反应)

水泥、外加剂等混凝土组成物及环境中的碱与骨料中的碱活性物质在潮湿环境下会缓慢发生导致混凝土开裂的膨胀性化学反应，即碱集料反应。因此，卵石、碎石应进行碱集料反应实验，实验后，制备的砂试件应无裂缝、酥裂、胶体外溢等现象，并在规定的试验龄期内膨胀率应小于0.10%。混凝土碱骨料反应试验曲线如图4-6所示。

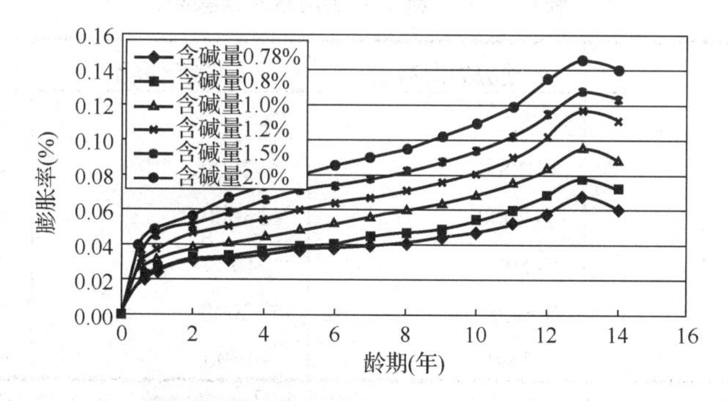

图4-6　混凝土碱骨料反应试验曲线图

10) 骨料的含水状态

骨料的含水状态可分为干燥状态、气干(风干)状态、饱和面干状态和湿润状态四种，如图4-7所示。含水率接近或等于零的为干燥状态；含水率与大气湿度相平衡，但未达到饱和的为气干状态；骨料吸水达到饱和且表面干燥的为饱和面干状态；骨料吸水饱和且表面吸附一层自由水的为湿润状态。在进行混凝土配合比设计时，建筑工程中以干燥状态骨料为基础，大型水利工程常以饱和面干状态骨料为基准。

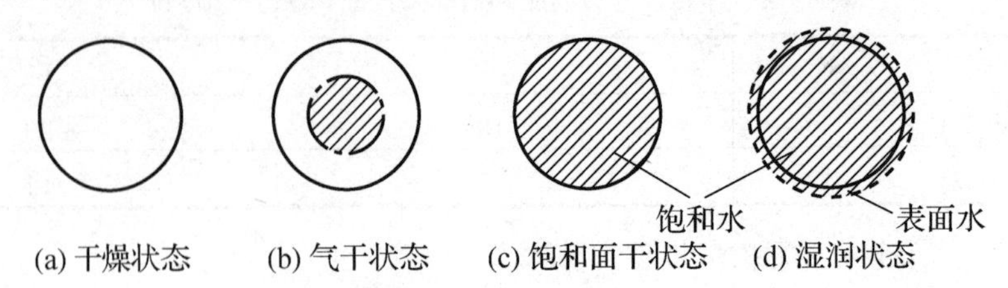

图 4-7 骨料的含水状态

【案例 4-3】 某混凝土搅拌站原混凝土配方均可产出性能良好的泵送混凝土，后因供应问题进了一批针片状多的碎石，当班技术人员未引起重视仍按原配方配置混凝土，后发觉混凝土坍落度明显下降，难以泵送，只能临时现场加水泵送。结合本节内容对此过程进行分析。

4.2.3 拌合用水

混凝土拌合用水按水源可分为饮用水、地表水、地下水、海水以及经适当处理或处置后的工业废水。

凡是可以饮用的水，无论是自来水或是洁净的天然水，都可以用来拌制混凝土。水的 pH 要求不低于 4，硫酸盐含量不得超过水量的 1%。含有油类、糖、酸或其他污浊物质的水，会影响水泥的正常凝结与硬化，甚至造成质量事故，均不得使用。海水可用于拌制素混凝土，但不得用于拌制钢筋混凝土和预应力混凝土，因其中所含硫酸盐、氯化物对钢筋有腐蚀作用，对混凝土拌合用水的要求见表 4-17。

表 4-17 混凝土拌合用水水质要求

项 目	预应力混凝土	钢筋混凝土	素混凝土
pH	≥5.0	≥4.5	≥4.5
不溶值(mg/L)	≤2000	≤2000	≤5000
可溶物(mg/L)	≤2000	≤5000	≤10000
氯化物(以 Cl^- 计)(mg/L)	≤500	≤1000	≤3500
硫酸盐(以 SO_4^{2-} 计)(mg/L)	≤600	≤2000	≤2700
碱含量(mg/L)	≤1500	≤1500	≤1500

注：① 碱含量按 $Na_2O+0.658K_2O$ 计算值来表示。采用非碱活性骨料时，可不检验碱含量。

② 摘自《混凝土用水标准(附条文说明)》JGJ 63—2006。

如对水质有疑问，可将该水与洁净水分别制成混凝土或砂浆试块，然后进行强度对比试验，如果该水制成试块的 28d 抗压强度不低于洁净水制成试块强度的 90%，则该水可用于拌制混凝土。另外，还应该按有关标准对混凝土拌合用水对凝结时间的影响进行检测，以确保拌合水里的杂质不会对水泥的凝结时间产生不利影响。

4.2.4 外加剂

1. 外加剂的分类

通常将在混凝土拌合时或拌合前掺入的而且掺量不大于水泥质量 5%(特殊情况下除外)，并能将混凝土性能按要求改善的物质，称为混凝土外加剂。外加剂有时也称化学外加剂，以区别粉煤灰等矿物外加剂，是现代混凝土的重要组分之一。特殊情况下，其用量可以达水泥质量的 10%以上。当然，为调节混凝土的性能，也有将外加剂在拌合物运至浇筑现场时再加入搅拌的掺加方式。混凝土外加剂的其他资料详见二维码。

混凝土中使用的外加剂，应满足相应的技术规范要求。试验用的拌合物由外加剂和试验所需材料在试验预期的温度和湿度下配制，这样才能够观察到外加剂与其他外加剂以及其他材料的兼容性，以及外加剂对新拌、硬化混凝土性质的影响。通常外加剂的推荐掺量由生产厂家提供，而最佳掺量则需通过实验获得。虽然外加剂的掺入能使混凝土的某些性能改善，但有时通过适当调整混凝土配合比，也能达到同样的效果。这就需要施工人员进行成本分析，以选择最佳的配合比方案。成本分析不仅包括外加剂成本，还要考虑外加剂的掺入对浇筑施工工程各阶段的影响。

扩展资源 2.pdf

外加剂的品种繁多，如英国仅 1980 年就生产了九大类 129 种产品。对混凝土外加剂的分类方法，各国不尽相同，有的按外加剂的化学成分和性质分类，也有的按外加剂功能分类。1980 年 9 月，国际标准化组织技术委员会在挪威举行的国际会议(ISO/TC 71/SC 3)上，24 个国家共同拟定的国际标准将混凝土外加剂按其主要功能大致分为以下五类：

(1) 改变新拌混凝土、砂浆或净浆流变性能的外加剂，如塑化剂、超塑化剂，统称减水剂；

(2) 改变砂浆、混凝土空气(或其他气体)含量的外加剂，如引气剂、消泡剂、发泡剂等；

(3) 调节混凝土、砂浆或净浆凝结硬化速度的外加剂，如缓凝剂、调凝剂等；

(4) 改变混凝土或砂浆耐久性的外加剂，如防水剂、碱集料反应抑制剂等；

(5) 为混凝土提供特殊性能的外加剂，如着色剂、膨胀剂、防冻剂、阻锈剂等。

2. 工程中常用的外加剂

工程中常用的外加剂主要有减水剂、早强剂、引气剂、缓凝剂、防冻剂等。

减水剂.mp4

1) 减水剂

减水剂是指在混凝土坍落度基本相同的条件下，能减少混凝土拌合用水量的外加剂，如图 4-8 所示。

图 4-8　减水剂示意图

(1) 减水剂的作用机理。

水泥加水拌合后，由于水泥颗粒比较细小，易吸附在一起而形成内部包裹部分拌合水(游离水)的絮凝结构，使得混凝土因拌合用水不足而导致流动性降低。常用的减水剂属于离子型表面活性剂，其分子由亲水基团和憎水基团组成。在水泥浆中，憎水基团定向吸附于水泥颗粒表面，亲水基团则指向水溶液，使得水泥颗粒表面带有相同的电荷；水泥颗粒在电斥力的作用下分散开来，破坏了絮凝结构，释放出内部包裹的游离水，使得混凝土拌合物的流动性得到明显改善。

(2) 减水剂的作用效果。

混凝土中掺入减水剂后，通常具有以下几项技术经济效果：

① 提高流动性。当混凝土各组成材料用量不变时，加入减水剂能明显提高混凝土拌合物的流动性，坍落度可增加 100～200mm，而不影响混凝土强度。

扩展资源 3.pdf

② 提高混凝土强度。在保证混凝土拌合物流动性和水泥用量不变的条件下，可减少混凝土拌合用水量 10%～15%，从而降低混凝土的水胶比，使混凝土强度提高 15%～20%。

③ 节约水泥。在保证混凝土拌合物流动性和强度(水胶比)不变的条件下，可减少胶凝材料的用量，进而减少拌合用水量和水泥用量。

早强剂.mp4

④ 改善混凝土拌合物的其他性能。掺入减水剂，可改善混凝土拌合物的泌水、离析现象；延缓混凝土拌合物的凝结时间；减缓水泥水化放热速度；增加混凝土密实度，显著提高硬化混凝土的抗渗性、抗冻性和抗腐蚀能力，改善混凝土的耐久性。

减水剂的分类详见二维码。

2) 早强剂

早强剂是指能加速混凝土早期强度发展的外加剂。适用于早拆模、抢修及低温施工的工程，而且可缩短工期。工程中常用的早强剂主要有无机盐类(氯盐类、硫酸盐类)、有机胺类和复合早强剂。

三种早强剂的介绍详见二维码。

扩展资源 4.pdf

3) 引气剂

引气剂是指在混凝土搅拌过程中能引入大量均匀分布、稳定而封闭的微小气泡，而且气泡能保留在硬化混凝土中的外加剂，如图 4-9 所示。常用的引气剂有松香热聚物、松香皂、烷基苯磺酸盐等。松香热聚物适宜掺量为水泥质量的 0.005%～0.02%，混凝土含气量为 3%～5%，减水率约为 8%。

引气剂属憎水性表面活性剂，能显著降低水的表面张力和界面能，使水溶液在搅拌过程中极易生成大量微小的封闭气泡。由于这些均匀分布的微小气泡的存在，明显改善了混凝土的某些性能。

(1) 改善混凝土拌合物的和易性。大量微小的封闭气泡在混凝土拌合物内如同滚珠一样，起到润滑的作用，能够削弱骨料之间的摩擦阻力，从而改善混凝土拌合物的流动性；水分子均匀分布在气泡的表面，降低了浆体中的自由水量，减少了混凝土拌合物的泌水、离析现象，使混凝土拌合物的保水性和黏聚性也得到改善。

扩展资源 5.pdf

(2) 显著提高混凝土的耐久性。大量均匀分布的微小封闭气泡隔断了混凝土中毛细管渗水通道，改变了混凝土的孔隙特征，使混凝土的抗渗性明显提高；封闭气泡具有较强的弹性变形能力，可缓解水变冰时产生的膨胀应力，可显著改善混凝土的抗冻性。

缓凝剂.mp4

(3) 降低混凝土强度。大量气泡的存在，导致混凝土有效受力面积减小，削弱了混凝土的强度。在保持混凝土配合比不变的情况下，含气量每增加 1%，混凝土抗压强度损失 4%～6%。由于掺入引气剂可改善混凝土拌合物的和易性，为保证和易性不变，可降低水胶比而使混凝土的强度得到部分补偿或不降低。

引气剂的适用范围详见二维码。

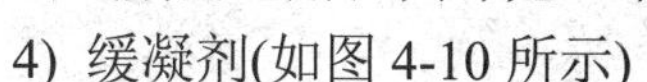

4) 缓凝剂(如图 4-10 所示)

图 4-9　引气剂

图 4-10　缓凝剂

缓凝剂是指能延长混凝土凝结时间，并对混凝土后期强度发展无不利影响的外加剂。缓凝剂主要分为四类：糖类(如糖蜜)、木质素磺酸盐类(如木钙、木钠)、羟基羧酸及其盐类(如柠檬酸、酒石酸钾钠)、无机盐类(如锌盐、硼酸盐)等，其中常用的缓凝剂是木钙和糖蜜，而糖蜜的缓凝效果最好。

缓凝剂可延缓混凝土凝结时间，使拌合物保持较长时间的塑性状态，以便于浇筑成型；而且能延长水化放热时间，适用于长时间或长距离运输的混凝土、气温较高时施工的混凝土和大体积混凝土等。但不适用于日最低气温在 5℃以下的混凝土、有早强要求的混凝土及蒸养混凝土。

5) 防冻剂(如图 4-11 所示)

防冻剂是能使混凝土在负温下硬化，并在规定养护条件下达到预期性能的外加剂。常用的防冻剂有氯盐类(氯盐或以氯盐为主与早强剂、引气剂、减水剂复合而成)、氯盐阻锈类(氯盐与亚硝酸钠阻锈剂复合而成)、无氯盐类(以硝酸盐、亚硝酸盐、碳酸盐、乙酸钠或尿素为主复合而成)。

防冻剂能够降低混凝土拌合物液相的冰点，使混凝土液相不冻结或部分冻结，以保证水泥水化能够持续进行，并在一定时间内获得预期强度。防冻剂基本都是复合的，由防冻组分、早强组分、引气组分、减水组分复合而成。防冻组分能够降低水的冰点，使水泥在负温下能够继续水化；早强组分能提高混凝土的早期强度，以抵抗水变冰而产生的膨胀力；引气组分向混凝土中引入适量的封闭气泡，可以缓和冰胀应力；减水组分可减少混凝土拌合用水量，降低负温时混凝土中冰的含量，使冰粒细小分散，减轻对混凝土的破坏作用。防冻剂广泛应用于房屋、道路、桥梁及水工建筑的冬季施工；在钢筋混凝土结构中，要严格控制防冻剂中氯离子的掺入，防止钢筋锈蚀或预应力钢筋脆断。

6) 泵送剂(如图 4-12 所示)

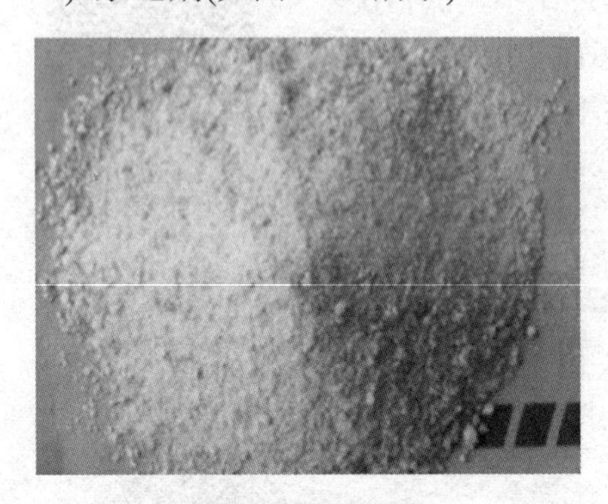

图 4-11　防冻剂

图 4-12　泵送剂

泵送剂是指能改善混凝土拌合物泵送性能的外加剂，常用掺量为水泥质量的 1.5%～2%。所谓泵送性能，就是混凝土拌合物具有能顺利通过输送管道、不阻塞、不离析、黏塑性良好的性能。泵送剂由减水剂、调凝剂、引气剂、润滑剂等多组分复合而成。

泵送剂塑化作用好，在保持水胶比和胶凝材料用量不变的情况下，坍落度可由 50mm～70mm 提高到 150mm～220mm，3d、7d、28d 龄期强度可提高 30%～50%，而且混凝土不易发生离析现象，黏聚性能好。泵送剂具有良好的减水效果，减水率为 10%～25%，在保持混凝土坍落度和强度不变的情况下，可节约水泥约 10%。

泵送剂能润滑骨料，改善混凝土拌合物的和易性，减少泌水、离析现象发生；还能提高混凝土抗压、抗折、抗拉强度，延缓水化放热速度，避免温度裂缝的出现，增加混凝土的密实度以改善其耐久性。泵送剂适用于配制泵送混凝土、商品混凝土、大体积混凝土、大流动性混凝土及夏季施工、滑模施工、大模板施工等。

7) 速凝剂

速凝剂是指能使混凝土迅速凝结硬化的外加剂。速凝剂主要有无机盐类和有机物类两类。我国常用的速凝剂是无机盐类，主要型号有红星Ⅰ型、711 型、728 型、8604 型等。

速凝剂.mp4

速凝剂掺入混凝土后，能使混凝土在 5min 内初凝，10min 内终凝，1h 即可产生强度，1d 强度提高 2～3 倍，但后期强度会有所下降，28d 强度约为不掺时的 80%～90%。速凝剂的速凝早强作用机理是使水泥中的石膏变成 Na_2SO_4 而失去缓凝作用，从而促使 C_3A 迅速水化，促使混凝土迅速凝固。

速凝剂主要用于矿山井巷、铁路隧道、引水涵洞、地下工程以及喷锚支护时的喷射混凝土或喷射砂浆中。

外加剂.mp4

8) 外加剂的掺法

外加剂掺量很少，需均匀地分散于混凝土中，通常不直接放入搅拌机内与混凝土同拌。可溶性的外加剂应与水配制成一定浓度的溶液，随水加入搅拌机内；不溶性的外加剂应与适量的水泥或砂混合均匀后加入搅拌机内。

外加剂的掺入时间会影响其使用效果，例如减水剂就有以下几种方法：先掺法是将粉状减水剂与水泥先混合后，再与骨料和水一起搅拌；同掺法是先将减水剂溶解于水中，再以此溶液拌制混凝土；后掺法是指拌合混凝土时先不掺入减水剂，在运输途中或运至施工现场再分一次或几次掺入，经两次或多次搅拌成均匀的混凝土拌合物，此方法特别适用于远距离、长时间运输的商品混凝土。

4.3　混凝土的技术性质

4.3.1　和易性

和易性是指混凝土易于各工序施工操作并能获得质量均匀，成型密实的混凝土的性能。

和易性.mp4

1. 性质

和易性是一项综合的技术性质，它与施工工艺密切相关。通常包括流动性、黏聚性和保水性等三个方面，如图 4-13 所示。

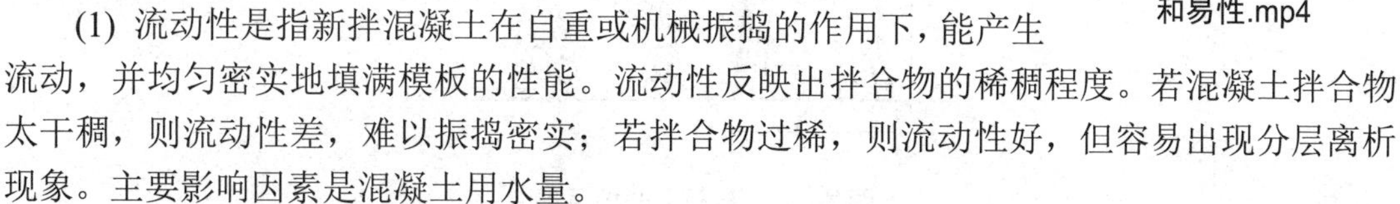

(1) 流动性是指新拌混凝土在自重或机械振捣的作用下，能产生流动，并均匀密实地填满模板的性能。流动性反映出拌合物的稀稠程度。若混凝土拌合物太干稠，则流动性差，难以振捣密实；若拌合物过稀，则流动性好，但容易出现分层离析现象。主要影响因素是混凝土用水量。

(2) 黏聚性是指新拌混凝土的组成材料之间有一定的黏聚力，在施工过程中，不致发生分层和离析现象的性能。黏聚性反映混凝土拌合物的均匀性。若混凝土拌合物黏聚性不好，则混凝土中集料与水泥浆容易分离，造成混凝土不均匀，振捣后会出现蜂窝和空洞等现象。主要影响因素是胶砂比，如图 4-14 所示。

图 4-13　和易性较好的混凝土

图 4-14　黏聚性和流动性较好的混凝土

(3) 保水性是指新拌混凝土具有一定的保水能力，在施工过程中，不致产生严重泌水现象的性能。保水性反映混凝土拌合物的稳定性。保水性差的混凝土内部易形成透水通道，影响混凝土的密实性，并降低混凝土的强度和耐久性。主要影响因素是水泥品种、用量和细度。

扩展资源 6.pdf

新拌混凝土的和易性是流动性、黏聚性和保水性的综合体现，新拌混凝土的流动性、黏聚性和保水性之间既互相联系，又常存在矛盾。因此，在一定施工工艺的条件下，新拌混凝土的和易性是以上三方面性质的矛盾统一。

和易性的测定指标和级别分类详见二维码。

2. 坍落度

混凝土拌合物流动性的选择原则，是在满足施工操作及混凝土成型密实的条件下，尽可能选用较小的坍落度，以节约水泥并获得较高质量的混凝土。工程中具体选用时，流动性的大小主要取决于构件截面尺寸、钢筋疏密程度及捣实方法。若构件截面尺寸小、钢筋密列或采用人工捣实时，应选择流动性大一些；反之，应选择流动性小一些。混凝土的坍落度试验如图 4-15 所示，混凝土浇筑时坍落度见表 4-18。

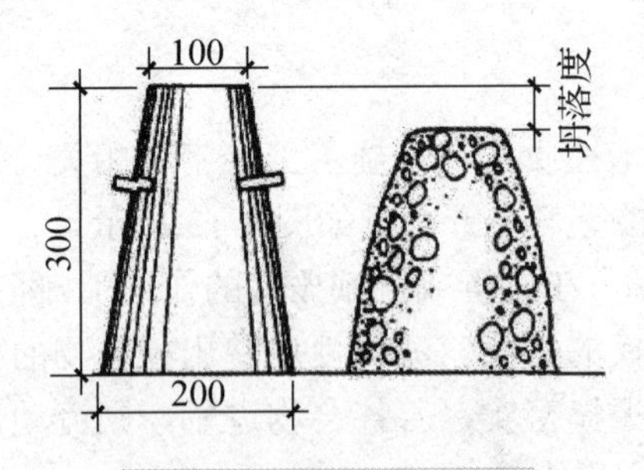

图 4-15　混凝土的坍落度

表 4-18　混凝土坍落度

结构种类	坍落度/mm
基础或地面等的垫层、无配筋的大体积结构或配筋稀疏的结构	10～30
板、梁或大型及中型截面的柱子等	30～50
配筋密列的结构(薄壁、斗仓、筒仓、细柱等)	50～70
配筋特密的结构	70～90

3. 影响因素

(1) 水泥浆的数量与稠度：单位体积用水量决定水泥浆的数量和稠度，它是影响混凝土和易性的最主要因素；

(2) 砂率：指混凝土中砂的质量占砂石总质量的百分率；

(3) 水泥品种和骨料性质：包括水泥的需水量和泌水性及骨料的性质；

(4) 外加剂改善混凝土或砂浆拌合物施工时的和易性；

(5) 环境条件包括时间、温度、湿度和风速。

4. 改善措施

(1) 当混凝土拌合物坍落度太小时，可保持水灰比不变，适当增加水泥浆的用量；当坍落度太大时，或保持砂率不变，调整砂石用量；

(2) 通过实验，采用合理砂率；

(3) 改善砂石的级配，一般情况下尽可能采用连续级配；

(4) 掺加外加剂，采用减水剂、引气剂、缓凝剂都可有效地改善混凝土拌合物的和易性；

(5) 根据具体环境条件，尽可能缩短新拌混凝土的运输时间，若不允许，可掺缓凝剂，减少坍落度损失。

4.3.2 力学性能

1. 混凝土的强度

强度是硬化混凝土最重要的性能之一，混凝土的其他性能均与强度有密切关系。混凝土的强度主要有抗压强度、抗折强度、抗拉强度和抗剪强度等。其中抗压强度值最大，抗拉强度值最小，因此在结构工程中混凝土主要用于承受压力。混凝土的抗压强度也是配合比设计、施工控制和工程质量检验评定的主要技术指标。工程中提到的混凝土强度一般指的是混凝土的抗压强度。

2. 混凝土的强度及强度等级

1) 立方体抗压强度

按照标准制作方法制成边长为 150mm 的立方体试件，在标准条件[温度(20±2)℃，相对湿度 95%以上]下养护至 28d 龄期，按照标准试验方法测得的抗压强度值，称为混凝土立方体抗压强度，以 f_{cu} 表示。

混凝土的强度及强度等级.mp4

测定混凝土立方体抗压强度时，也可根据粗骨料的最大粒径选用不同的试件尺寸，然后将测定结果换算成相当于标准试件的强度值。边长为100mm的立方体试件，换算系数为0.95；边长为200mm的立方体试件，换算系数为1.05。当混凝土强度等级≥C60时，宜采用标准试件。

2) 立方体抗压强度标准值和强度等级

混凝土强度等级是混凝土工程结构设计、混凝土材料配合比设计、混凝土施工质量检验及验收的重要依据。《混凝土结构设计规范(2015版)》(GB 50010—2010)规定，混凝土的强度等级应按混凝土立方体抗压强度标准值确定。立方体抗压强度标准值(f_{cu}，k)是指按标准方法制作养护的边长为150mm的立方体试件，在28d或设计规定龄期用标准试验方法测得的具有95%保证率的抗压强度值。混凝土的强度等级可以划分为C15、C20、C25、C30、C35、C40、C45、C50、C55、C60、C65、C70、C75、C80共14个强度等级。其中C表示混凝土，C后面的数字表示混凝土立方体抗压强度标准值。如C30表示混凝土立方体抗压强度标准值为30N/mm^2。

3) 混凝土轴心抗压强度

混凝土的强度等级是采用立方体试件来确定的，但在实际工程中，混凝土结构构件极少是立方体，大部分是棱柱体或圆柱体。同样的混凝土，试件形状不同，测出的强度值会有较大差别。为能更好地反映混凝土的实际抗压性能，结构设计中采用混凝土的轴心抗压强度作为设计依据。混凝土的抗压强度与龄期增加关系如图4-16所示。

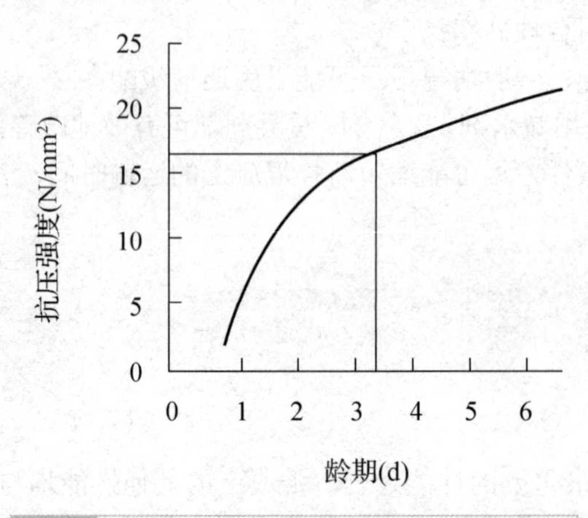

图4-16 混凝土的抗压强度与龄期增加关系曲线

根据《普通混凝土力学性能试验方法标准》(GB/T 50081—2002)规定，混凝土轴心抗压强度是采用150mm×150mm×300mm的棱柱体作为标准试件，在标准条件[温度(20±2)℃，相对湿度95%以上]下养护至28d龄期，按照标准试验方法测得的抗压强度，用f_c表示。混凝土轴心抗压强度f_c约为立方体抗压强度f_{cu}(f_{cu} ≤40N/mm^{2}时)的70%～80%。

4) 混凝土的抗拉强度

混凝土的抗拉强度很低，只有抗压强度的1/10～1/20，且混凝土强度等级越高，其比值越小。因此，在钢筋混凝土结构设计中，一般不考虑混凝土承受的拉力。但抗拉强度对混凝土的抗裂性具有重要意义，是结构设计中确定混凝土抗裂度的重要指标。

测定混凝土抗拉强度的试验方法有直接轴心受拉试验和劈裂试验，直接轴心受拉试验比较困难，因此我国目前常采用劈裂试验方法测定。劈裂试验方法是采用边长为 150mm 的立方体标准试件，在试件的两个相对表面中线上加垫条，施加均匀分布的压力，则在外力作用的竖向平面内产生均匀分布的拉力，如图 4-17 所示，该应力可以根据弹性理论计算得出。劈裂抗拉强度可按下式计算：

$$f_{ts} = \frac{2F}{\pi A} = 0.637\frac{F}{A} \tag{4-3}$$

式中：f_{ts}——混凝土劈裂抗拉强度，MPa；

F——破坏荷载，N；

A——试件劈裂面积，mm^2。

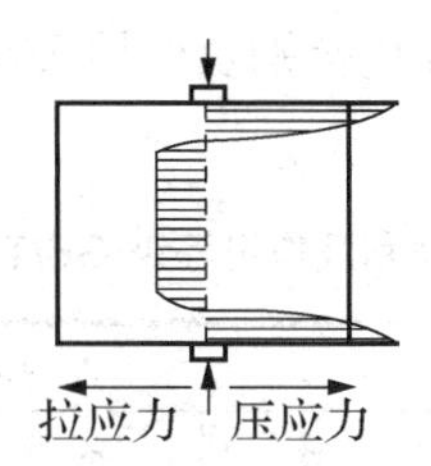

图 4-17　劈裂试验时垂直于受力面的应力分布

3. 影响混凝土强度的因素

1) 水泥强度和水灰比

水泥强度越高，水灰比越小，配制的混凝土强度越高；反之，混凝土的强度越低。

影响混凝土强度的因素.mp4

2) 骨料的影响

混凝土的强度还与骨料(尤其是粗骨料)的表面状况有关。碎石表面粗糙，黏结力比较大，卵石表面光滑，黏结力比较小。因而在水泥强度等级和水灰比相同的条件下，碎石混凝土的强度往往高于卵石混凝土。

3) 龄期

龄期是指混凝土在正常养护条件下所经历的时间。在正常养护条件下，混凝土强度将随着龄期的增长而增长。最初 7～14d 内，强度增长较快，以后逐渐缓慢。普通水泥制成的混凝土，在标准条件养护下，龄期不小于 3d 的混凝土强度发展大致与其龄期的对数成正比关系。

4) 养护条件

混凝土的养护条件主要指所处的环境温度和湿度。养护环境温度高，水泥水化速度加快，混凝土早期强度高；反之亦然。为加快水泥的水化速度，可采用湿热养护的方法，即蒸汽养护或蒸压养护。湿度通常指的是空气相对湿度。相对湿度低，混凝土中的水分挥发快，混凝土因缺水而停止水化，强度发展受阻，一般在混凝土浇筑完毕后 12h 内应开始对混凝土加以覆盖或浇水。

【案例 4-4】 某工程为三层砖混结构，现浇钢筋混凝土楼盖，纵墙承重、灰土基础。

施工后于当年10月浇灌二层楼盖混凝土。全部主体结构于第二年1月完工。在4月间进行装修工程时，发现各层大梁均有斜裂缝，裂隙多具倾向性，倾角多为50°～60°，且多发生在300mm的钢箍间距内，近梁中部为竖向裂缝。试结合本章内容分析裂缝产生的原因。

4.3.3 耐久性

高耐久性的混凝土是现代高性能混凝土发展的主要方向，它不但可以保证建筑物、构筑物安全、长期的使用，同时对节约资源、保护环境、实现可持续发展都具有重要意义。

《混凝土结构耐久性设计规范》(GB/T 50476—2008)规定，混凝土结构的耐久性应根据结构的设计使用年限、结构所处的环境类别及作用等级进行设计。环境类别及作用等级见表4-19。

表4-19 环境类别及作用等级(GB/T 50476—2008)

环境类别	环境作用等级					
	A 轻微	B 轻度	C 中度	D 严重	E 非常严重	F 极度严重
Ⅰ一般环境	I-A	I-B	I-C	—	—	—
Ⅱ冻融环境	—	—	Ⅱ-C	Ⅱ-D	Ⅱ-E	—
Ⅲ海洋氯化物环境	—	—	Ⅲ-C	Ⅲ-D	Ⅲ-E	Ⅲ-F
Ⅳ除冰盐等其他氯化物环境	—	—	Ⅳ-C	Ⅳ-D	Ⅳ-E	—
Ⅴ化学腐蚀环境	—	—	Ⅴ-C	Ⅴ-D	Ⅴ-E	—

混凝土的耐久性是一项综合技术指标，包括抗渗性、抗冻性、抗侵蚀性及抗碳化性等。

1. 抗渗性

抗渗性是指混凝土抵抗压力水渗透的性能。它不但关系到混凝土本身的防渗性能，还直接影响到混凝土的抗冻性、抗侵蚀性等其他耐久性指标，因而，抗渗性是决定混凝土耐久性最主要的技术指标。当混凝土的抗渗性较差时，不但容易透水，而且由于水分渗入内部，当有冰冻作用或水中含侵蚀性介质时，混凝土就容易受到冰冻或侵蚀作用而被破坏。对钢筋混凝土还可能引起钢筋的锈蚀、混凝土保护层的开裂和剥落。混凝土内部连通的孔隙、毛细管和混凝土浇筑中形成的孔洞、蜂窝等，都会引起混凝土渗水。因此提高混凝土密实度，改变孔隙结构、减少连通孔隙是提高抗渗性的重要措施。

混凝土的抗渗性用抗渗等级表示。抗渗等级是以28d龄期的标准混凝土抗渗试件，按规定试验方法，以不渗水时所能承受的最大水压(MPa)来确定。混凝土的抗渗等级用代号P表示，如P2、P4、P6、P8、P10、P12等不同的抗渗等级，它们分别表示能抵抗0.2MPa、0.4MPa、0.6MPa、0.8MPa、1.0MPa、1.2MPa的液体压力而不被渗透。

2. 抗冻性

混凝土在低温受潮状态下，尤其是经常与水接触、容易受冻的外部混凝土工程，经长

期冻融循环作用，容易受到破坏，影响使用，因此要有较高的抗冻性。一般来说，密实的、具有封闭孔隙的混凝土，抗冻性较好；水灰比越小，混凝土的密实度越高，抗冻性也越好；在混凝土中加入引气剂或减水剂，能有效提高混凝土的抗冻性。

混凝土的抗冻性用抗冻等级表示。抗冻等级是以 28d 龄期的混凝土标准试件，在浸水饱和状态下，进行冻融循环试验，以同时满足强度损失率不超过 25%，质量损失率不超过 5%时的最大循环次数来表示。混凝土的抗冻等级分为 F25、F50、F100、F150、F200、F250、F300 七个等级。如 F100 表示混凝土能够承受反复冻融循环次数为 100 次，强度下降不超过 25%，质量损失不超过 5%。

3. 抗侵蚀性

混凝土抗侵蚀性是指混凝土抵抗外界侵蚀性介质破坏作用的能力。当工程所处的环境有侵蚀介质时，对混凝土必须提出抗侵蚀性要求。混凝土的抗侵蚀性与所用水泥的品种、混凝土的密实程度、孔隙特征等有关。密实性好、具有封闭孔隙的混凝土，抗侵蚀性好。提高混凝土的抗侵蚀性还应根据工程所处环境，合理选择水泥品种，如图 4-18 所示。

图 4-18 混凝土的抗侵蚀性

4. 抗碳化性

混凝土的碳化作用是指混凝土中的 $Ca(OH)_2$ 在湿度适宜的条件下与空气中的 CO_2 作用生成 $CaCO_3$ 和水，使混凝土碱度降低的过程，混凝土的碳化如图 4-19 所示。

图 4-19 混凝土的碳化示意图

碳化造成的碱度降低，减弱了混凝土对钢筋的保护作用，可能导致钢筋锈蚀；碳化还会引起混凝土的收缩，并可能导致产生微细裂缝。碳化速度随空气中二氧化碳浓度的增高而加快。在相对湿度 50%～75%的环境中，碳化速度最快；当相对湿度小于 25%或达到饱和时，碳化作用停止。采用水化后 $Ca(OH)_2$ 含量高的硅酸盐水泥比采用掺混合材料的硅酸盐水泥碱度要高，碳化速度慢，抗碳化能力强。低水灰比的混凝土孔隙率低，二氧化碳不易侵入，故抗碳化能力强。

5. 提高混凝土耐久性的主要措施

混凝土的耐久性主要取决于组成材料的品种与质量、混凝土本身的密实度、施工质量、孔隙率和孔隙特征等，其中最关键的是混凝土的密实度。提高混凝土耐久性的主要措施有：

提高混凝土耐久性的主要措施.mp4

(1) 合理选择水泥品种。

(2) 控制混凝土的最大水胶比及胶凝材料用量。胶凝材料是混凝土中水泥与活性矿物掺合料的总称。混凝土拌合物中用水量与胶凝材料总量的质量比称为水胶比。在一定的施工工艺条件下，混凝土的密实度与水胶比有直接关系，与胶凝材料用量有间接关系。混凝土中的胶凝材料用量和水胶比，不仅要满足混凝土对强度的要求，还必须满足耐久性要求。混凝土的最大水胶比应符合《混凝土结构设计规范(2015 年版)》(GB 50010—2010)的规定。

(3) 选用质量好的砂、石集料。质量良好、技术条件合格的砂、石集料，是保证混凝土耐久性的重要条件。《混凝土结构耐久性设计规范》(GB/T 50476—2008)规定，混凝土骨料应满足骨料级配和粒形的要求，配筋混凝土中的骨料最大粒径应满足相关规定。

(4) 掺入引气剂或减水剂，提高混凝土抗冻性、抗渗性。

(5) 严格控制混凝土施工质量，做到搅拌均匀、振捣密实、加强养护。

4.4 混凝土的配合比设计

4.4.1 混凝土配合比概述

混凝土的配合比是指混凝土中水泥、粗细骨料和水等各组成材料用量之间的比例关系。常用的混凝土配合比表示方法有两种：一种是以 $1m^3$ 混凝土中各项材料的质量来表示，如 $1m^3$ 混凝土中水泥 300kg、水 186kg、砂 693kg、石子 1236kg；另一种是以水泥质量为 1，砂、石依次以相对质量比表达，水以水灰比表达，如上例可写成 m 水泥：m 砂子：m 石子=1：2.31：4.12，水灰比 0.62。

混凝土的配合比设计.mp4

1. 配合比设计的基本要求

混凝土配合比设计就是要确定 $1m^3$ 混凝土中各组成材料的用量，使得按此用量拌制出的混凝土能够满足工程所需的各项性能要求。混凝土配合比设计应满足以下四项基本要求：

(1) 满足施工要求的和易性；

(2) 满足结构设计的强度等级；

(3) 满足工程所处环境和设计规定的耐久性；

(4) 在保证混凝土质量的前提下，尽可能节约水泥，降低混凝土成本。

2. 配合比设计的资料准备

在设计混凝土配合比之前，必须要通过调查研究，预先掌握下列基本资料：

(1) 混凝土设计强度等级和强度的标准差；

(2) 施工方面要求的混凝土拌合物和易性；

(3) 工程所处环境对混凝土耐久性的要求；

(4) 结构构件的截面尺寸及钢筋配置情况；

(5) 混凝土原材料基本情况，包括：水泥的品种、强度等级、实际强度、密度，砂、石骨料的种类、级配、最大粒径、表观密度、含水率等，拌合用水的水质情况，是否掺外加剂，外加剂的品种、性能、掺量等。

3. 混凝土配合比设计的三个重要参数

普通混凝土配合比设计，实质是确定水泥、水、砂子、石子用量间的三个比例关系。即水与水泥之间的比例关系——水灰比；砂子与石子之间比例关系——砂率；水泥浆与骨料之间的比例关系——单位用水量(1m³ 混凝土的用水量)。水灰比、砂率、单位用水量是混凝土配合比设计的三个重要参数。这三个参数的确定原则如下。

1) 水灰比确定原则

根据混凝土强度和耐久性确定水灰比。在满足混凝土设计强度和耐久性的前提下，选用较大水灰比，以节约水泥，降低混凝土成本。

2) 单位用水量确定原则

根据坍落度要求和粗集料品种、最大粒径确定单位用水量。在满足施工和易性的基础上，尽量选用较小的单位用水量，以节约水泥。因为当水灰比(W/C)一定时，用水量越大，所需水泥用量也越大。

3) 砂率确定原则

砂率对混凝土和易性、强度和耐久性影响很大，也直接影响水泥用量，故应尽可能选用最优砂率，并根据砂的细度模数、混凝土坍落度要求等加以调整，有条件时宜通过试验确定。

4.4.2 混凝土配合比计算

按选用的原材料性能及对混凝土的技术要求进行初步配合比的计算，以得出供试配用的配合比。

混凝土配合比计算.mp4

1. 配制强度($f_{cu,0}$)的确定

当设计要求的混凝土强度等级已知，混凝土的配制强度则可按下式确定：

$$f_{cu,0}=f_{cu,k}-t_{\sigma} \tag{4-4}$$

式中：$f_{cu,0}$——混凝土的配制强度，MPa；

$f_{cu,k}$——设计的混凝土立方体抗压强度标准值，MPa；

σ——混凝土强度标准差，MPa。

根据《混凝土结构工程施工质量验收规范》(GB 50204—2015)的规定：

$$f_{cu,0} = f_{cu,k} + 1.645\sigma \tag{4-5}$$

即混凝土强度的保证率为95%，对应$t=-1.645$。混凝土强度标准差σ应根据施工单位统计资料，按下列规定确定。

当施工单位具有近期的同一品种混凝土强度资料时，其混凝土强度标准差σ应按下式计算：

$$\sigma = \sqrt{\frac{\sum_{t=1}^{n} f_{cu,i}^2 - \overline{f}_{cu}^2}{n-1}} \tag{4-6}$$

式中：$f_{cu,i}$——统计周期内同一品种混凝土第i组试件的强度值，MPa；

f_{cu}——统计周期内同一品种混凝土n组强度的平均值，MPa；

n——统计周期内同一品种混凝土试件的总组数，$n \geqslant 25$。

当混凝土强度等级为C20、C25，其强度标准差计算值低于2.5MPa时，计算配制强度用的标准差应取2.5MPa；当强度等级等于或大于C30级，其强度标准差计算值低于3.0MPa时，计算配制强度用的标准差应取3.0MPa。

注意：“同一品种混凝土”系指混凝土强度等级相同且生产工艺和配合比基本相同的混凝土。

当施工单位不具有近期的同一品种混凝土强度资料时，其混凝土强度标准差σ可按表4-20取用。

表4-20　σ的取值　　单位：MPa

混凝土强度等级	低于C20	C20～C35	高于C35
σ	4.0	5.0	6.0

注：本表摘自《混凝土结构工程施工质量验收规范》(GB 50204—2015)。

2. 初步确定水灰比值

根据已测定的水泥实际强度f_{ce}粗骨料种类及所要求的混凝土配制强度($f_{cu,0}$)，按混凝土强度公式计算出所要求的水灰比值：

$$\frac{W}{C} = \frac{Af_{ce}}{f_{cu,0} + ABf_{ce}} \tag{4-7}$$

为了保证混凝土必要的耐久性，水灰比还不得大于表4-21中规定的最大水灰比值，如计算所得的水灰比大于规定的最大水灰比值时，应取规定的最大水灰比值。

表4-21　混凝土的最大水灰比和最小水泥用量

环境条件	结构物类别	最大水灰比			最小水泥用量(kg)		
		素混凝土	钢筋混凝土	预应力混凝土	素混凝土	钢筋混凝土	预应力混凝土
干燥环境	正常的居住或办公用房屋内部件	不作规定	0.65	0.60	200	260	300

续表

环境条件		结构物类别	最大水灰比			最小水泥用量(kg)		
			素混凝土	钢筋混凝土	预应力混凝土	素混凝土	钢筋混凝土	预应力混凝土
潮湿环境	无冻害	● 高温度的室内部件 ● 室外部件 ● 在非侵蚀性土和(或)水中的部件	0.70	0.60	0.60	225	280	300
	有冻害	● 经受冻害的室外部件 ● 在非侵蚀性土和(或)水中且经受冻害的部件 ● 高温度且经受冻害的室内部件	0.55	0.55	0.55	250	280	300
有冻害和除冰剂的潮湿环境		经受冻害和除冰剂作用的室内和室外部件	0.50	0.50	0.50	300	300	300

3. 选取每 $1m^3$ 混凝土的用水量(W_0)

用水量的多少，主要根据要求的混凝土坍落度值及所用骨料的种类、规格来选择。所以根据工程种类与施工条件要求的坍落度值，再参考表 4-22 定出每 $1m^3$ 混凝土的用水量。

表 4-22　混凝土单位用水量选用表　　单位：kg

项　目	指　标	卵石最大粒径(mm)				碎石最大粒径(mm)			
		10	20	31.5	40	16	20	31.5	40
坍落度(mm)	10～30	190	170	160	150	200	185	175	165
	35～50	200	180	170	160	210	195	185	175
	55～70	210	190	180	170	220	205	195	185
	75～90	215	195	185	175	230	215	205	195
维勃稠度(s)	16～20	175	160	—	145	180	170	—	155
	11～15	180	165	—	150	185	175	—	160
	5～10	185	170	—	155	190	180	—	165

另外，单位用水量也可按下式大致估算：

$$W_0 = \frac{10}{3}(T + K) \tag{4-8}$$

式中：W_0——每 $1m^3$ 混凝土用水量，kg；

T——混凝土拌合物的坍落度，cm；

K——系数，取决于粗骨料种类与最大粒径，可参考表 4-23 取用。

表 4-23 混凝土单位用水量计算公式中的 *K* 值

系 数	碎 石				卵 石			
	最大粒径(mm)							
	10	20	40	80	10	20	40	80
K	57.5	53.0	48.5	44.0	54.5	50.0	45.5	41.0

注：① 采用火山灰硅酸盐水泥时，增加 4.5～6.0。

② 采用细砂时，增加 3.0。

4. 计算混凝土的单位水泥用量(C_0)

根据已选定的每 1m³ 混凝土用水量(W_0)和得出的水灰比，可求出水泥用量(C_0)：

$$C_0 = \frac{C}{W} \times W_0 \tag{4-9}$$

为保证混凝土的耐久性，由上式计算得出的水泥用量还要满足相关规定的最小水泥用量的要求，如算得的水泥用量小于规定的最小水泥用量，则应取规定的最小水泥用量值。

5. 选取合理的砂率(S_p)

合理的砂率值主要应根据混凝土拌合物的坍落度、黏聚性及保水性等特征来确定。一般应通过试验找出合理砂率。如无使用经验，则可按骨料种类、规格及混凝土的水灰比，参考表 4-24 选用合理砂率。实际选用时可采用内插法，并根据附加说明进行修正。

表 4-24 混凝土的砂率

单位：%

水灰比(*W*/*C*)	卵石最大粒径(mm)			碎石最大粒径(mm)		
	10	20	40	16	20	40
0.40	26～32	25～31	24～30	30～35	29～34	27～32
0.50	30～35	29～34	28～33	33～38	32～37	30～35
0.60	33～38	32～37	31～36	36～41	35～40	33～38
0.70	36～41	35～40	34～39	39～44	38～43	36～41

注：① 表中数值系中砂的选用砂率。对细砂或粗砂，可相应地减少或增大砂率。

② 本砂率适用于坍落度为 10～60mm 的混凝土。坍落度如大于 60mm 或小于 10mm 时，应相应增大或减小砂率；按每增大 20mm，砂率增大 1%的幅度予以调整。

③ 只用一个单粒级粗骨料配制混凝土时，砂率值应适当增大。

④ 掺有各种外加剂或掺合料时，其合理砂率值应经试验或参照其他有关规定选用。

⑤ 对薄壁构件其砂率取偏大值。

另外，砂率也可根据以砂填充石子空隙并稍有富余，以拨开石子的原则来确定。根据此原则可列出砂率计算公式如下：

设

$$V_{os} = V_{og} \cdot P' \tag{4-10}$$

$$S_p = \beta \frac{S}{S+G} = \beta \frac{\rho'_{os} \cdot V_{os}}{\rho'_{os} \cdot V_{os} + \rho'_{og} \cdot V_{og}} \tag{4-11}$$

$$= \beta \frac{\rho'_{os} \cdot V_{og} \cdot P'}{\rho'_{os} \cdot V_{og} \cdot P' + \rho'_{og} \cdot V_{og}} = \beta \frac{\rho'_{os} P'}{\rho'_{os} \cdot P' + \rho'_{og}}$$

式中：S_p——砂率，%；

S、G——分别为每 1m³ 混凝土中砂及石子用量，kg；

V_{os}、V_{og}——分别为每 1m³ 混凝土中砂及石子的松散体积，m³；

ρ'_{os}、ρ'_{og}——分别为砂和石子的堆积密度，kg/m³；

P'——石子空隙率，%；

β——砂浆剩余系数，又称拨开系数，一般取 1.1～1.4。

6. 计算粗、细骨料的用量

粗、细骨料的用量可用体积法或假定表观密度法求得。

1) 体积法

假定混凝土拌合物的体积等于各组成材料绝对体积和混凝土拌合物中所含空气的体积之总和。因此在计算 1m³ 混凝土拌合物的各材料用量时，可列出下式：

$$\frac{C_0}{\rho_c} + \frac{G_0}{\rho_{ag}} + \frac{S_0}{\rho_{as}} + \frac{W_0}{\rho_w} + 10\alpha = 1000\text{L}$$

又根据已知的砂率可列出下式：

$$\frac{S_0}{S_0 + G_0} \times 100\% = S_p \tag{4-12}$$

式中：C_0——1m³ 混凝土的水泥用量，kg；

G_0——1m³ 混凝土的粗骨料用量，kg；

S_0——1m³ 混凝土的细骨料用量，kg；

W_0——1m³ 混凝土的用水量，kg；

ρ_c——水泥密度，g/cm³；

ρ_{ag}——粗骨料近似密度，g/cm³；

ρ_{as}——细骨料近似密度，g/cm³；

ρ_w——水的密度，g/cm³；

α——混凝土含气量百分数(%)，在不使用引气型外加剂时，α 可取为 1；

S_p——砂率，%。

由以上两个关系式可求出粗、细骨料的用量。

2) 假定表观密度法(质量法)

根据经验，如果原材料比较稳定，所配制的混凝土拌合物的表观密度将接近一个固定值，这就可先假设(即估计)一个混凝土拌合物表观密度 ρ_{oh} (kg/m³)，因此可列出下式：

$$C_0 + G_0 + S_0 + W_0 = \rho_{oh} \tag{4-13}$$

同样根据已知砂率可列出下式：

$$\frac{S_0}{S_0+G_0}\times 100\% = S_p \tag{4-14}$$

由以上两个关系式可求出粗、细骨料的用量。

在上述关系式中，ρ_c 取 2.9～3.1，$\rho_w=1.0$；ρ_{ag} 及 ρ_{as} 应由试验测得，ρ_{oh} 可根据累积的试验资料确定，在无资料时可根据骨料的近似密度、粒径以及混凝土强度等级，在 2400～2450kg/m³ 的范围内选取。

通过以上六个步骤便可将水、水泥、砂和石子的用量全部求出，得到初步配合比，供试配用。

注意：以上混凝土配合比计算公式和表格，均以干燥状态骨料为基准(干燥状态骨料系指含水率小于 0.5%的细骨料或含水率小于 0.2%的粗骨料)，如以饱和面干骨料为基准进行计算时，则应作相应的修改。

【案例 4-5】 某施工现场，在进行过道屋面施工时，选用现浇混凝土的方法进行施工。该工程竣工后不久发现屋面出现不规则的小裂缝，经过一年多，裂缝增大，并出现渗漏，此后该混凝土部分又开始剥落并露出整齐的石子和锈蚀的钢筋，试结合本书内容从混凝土配比方面分析为什么该混凝土寿命如此之短？

4.4.3 混凝土配合比的试配、调整与确定

初步计算配合比是根据经验公式和经验图表估算而得，因此不一定符合实际情况，必须通过试拌验证。当不符合设计要求时，需调整配合比使和易性满足施工要求，使 *W/C* 满足强度和耐久性要求。

1. 和易性的检验和调整——获得基准配合比

前面求出的各材料的用量，是借助于一些经验公式和数据计算出来的，或是利用经验资料查得的，因而不一定符合实际情况，必须通过试拌调整，直到混凝土拌合物的和易性符合要求为止，然后提出供检验混凝土强度用的基准配合比。以下介绍和易性的调整方法。

和易性的检验和调整.mp4

首先按初步配合比称取材料进行试拌。混凝土拌合物搅拌均匀后应测定坍落度，并检查其黏聚性和保水性能的好坏。如坍落度不满足要求，或黏聚性和保水性不好时，则应在保持水灰比不变的条件下相应调整用水量或砂率。当坍落度低于设计要求时，可保持水灰比不变，增加适量水泥浆。如坍落度太大，可在保持砂率不变的条件下增加骨料。如出现含砂不足，黏聚性和保水性不良时，可适当增大砂率；反之应减小砂率。每次调整后再试拌，直到符合要求为止。

经过和易性调整试验得出的混凝土基准配合比，其水灰比值不一定选用恰当，其结果是强度不一定符合要求，所以应检验混凝土的强度。

和易性调整试验一般采用三个不同的配合比，其中一个为基准配合比，另外两个配合比的水灰比值，应较基准配合比分别增加及减少 0.05，其用水量应该与基准配合比相同，砂率可分别增加或减少 1%。每种配合比制作一组(三块)试块，标准养护 28d 后试压(在制作

混凝土强度试块时，尚需检验混凝土拌合物的和易性及测定表观密度，并以此结果作为代表这一配合比的混凝土拌合物的性能)。

在混凝土和易性满足要求后，测定拌合物的实际表观密度($\rho_{oh实}$)，并按下式计算每 $1m^3$ 混凝土的各材料用量——基准配合比：

令：$A = C_{拌} + W_{拌} + S_{拌} + G_{拌}$

则有：$C_{基} = \dfrac{C_{拌}}{A} \times \rho_{ob实}$

$$W_{基} = \frac{W_{拌}}{A} \times \rho_{ob实}$$

$$S_{基} = \frac{S_{拌}}{A} \times \rho_{ob实}$$

$$G_{基} = \frac{G_{拌}}{A} \times \rho_{ob实}$$

注意：有条件的单位可同时制作一组或几组试块，供快速检验或较早龄期时试压，以便提前定出混凝土配合比供施工使用，但以后仍必须以标准养护 28d 的检验结果为准，调整配合比。

2. 强度的检验和调整——获得实验室配合比

由试验得出的各水灰比值的混凝土强度，用作图法或计算求出与 $f_{cu,0}$ 相对应的水灰比值。并按下列原则确定每立方米混凝土的材料用量：

用水量(W)——取基准配合比中的用水量值，并根据制作强度试块时测得的坍落度(或维勃稠度)值，加以适当调整；

水泥用量(C)——取用水量乘以经试验定出的、为达到 $f_{cu,0}$ 所必需的灰水比值；

粗(G)、细(S)骨料用量——取基准配合比中的粗、细骨料用量，并按定出的水灰比值作适当调整。

3. 混凝土表观密度的校正——获得设计配合比

配合比经试配、调整确定后，还需根据实测的混凝土表观密度($\rho_{oh实}$)作必要的校正。其步骤为：

计算出混凝土的表观密度值($\rho_{oh计}$)

$$\rho_{oh计} = C + W + S + G$$

将混凝土的实测表观密度值($\rho_{oh实}$)除以 $\rho_{oh计}$ 得出校正系数 δ，即：

$$\delta = \frac{\rho_{oh实}}{\rho_{oh计}} \tag{4-15}$$

当 $\rho_{oh实}$ 与 $\rho_{oh计}$ 之差的绝对值不超过 $\rho_{oh计}$ 的 2%时，由以上定出的配合比，即为确定的设计配合比；若二者之差超过 2%时，则须将已定出的混凝土配合比中每项材料用量均乘以校正系数 δ，即为最终定出的设计配合比。

另外，通常简易的做法是通过试压，选出既满足混凝土强度要求，水泥用量又较少的配合比为所需的配合比，再做混凝土表观密度的校正。

若对混凝土还有其他技术性能要求，如抗渗等级不低于 S6 级、抗冻等级不低于 D50 级等要求，混凝土的配合比设计应按《普通混凝土配合比设计规程》(JGJ 55—2011)有关规定进行。

4. 施工配合比

设计配合比，是以干燥材料为基准的，而工地存放的砂、石材料都含有一定的水分。所以现场材料的实际称量应按工地砂、石的含水情况进行修正，修正后的配合比称为施工配合比。工地存放的砂、石的含水情况常有变化，应按变化情况，随时加以修正。

现假定工地测出砂的含水率为W_s、石子的含水率为W_g，则将上述设计配合比换算为施工配合比，其材料的称量应为：

$$C' = C$$
$$S' = S(1+W_s)$$
$$G' = G(1+W_g)$$
$$W' = W - S \cdot W_s - G \cdot W_g$$

4.4.4 计算实例

某框架结构钢筋混凝土，混凝土设计强度等级为 C30，现场机械搅拌，机械振捣成型，混凝土坍落度要求为 50～70mm，根据施工单位的管理水平和历史统计资料，混凝土强度标准差σ取 4.0MPa。所用原材料如下。

水泥：普通硅酸盐水泥 32.5 级，密度$\rho_c = 3.1$，水泥强度富余系数$\gamma_c = 1.12$；

砂：河砂，$M_x = 2.4$，Ⅱ级配区，$\rho_{as} = 2.65\text{g}/\text{cm}^3$；

石子：碎石，D_{max}=40mm，连续级配，级配良好，ρ_{ag}=2.70g/cm³；

水：自来水。

求：混凝土初步计算配合比。

【解】(1)确定混凝土配制强度($f_{cu,0}$)。

$$f_{cu,0} = f_{cu,k} - t_\sigma = 30 + 1.645 \times 4.0 = 36.58(\text{N}/\text{mm}^2)$$

(2) 确定水灰比(W/C)。

① 根据强度要求计算水灰比(W/C)：

$$\frac{W}{C} = \frac{Af_{ce}}{f_{cu,0} + ABf_{ce}} = \frac{0.46 \times 32.5 \times 1.12}{36.58 + 0.46 \times 0.03 \times 32.5 \times 1.12} = 0.45$$

② 根据耐久性要求确定水灰比(W/C)：

由于框架结构混凝土梁处于干燥环境，对水灰比无限制，故取满足强度要求的水灰比即可。

(3) 确定用水量(W_0)。

坍落度 55～70mm 时，用水量为 185kg。

(4) 计算水泥用量(C_0)。

$$C_0 = W_0 \times \frac{C}{W} = 185 \times \frac{1}{0.45} = 411(\text{kg})$$

满足耐久性对水泥用量的最小要求。

(5) 确定砂率(S_p)。

通过插值(内插法)计算，取砂率 S_p=32.5%。

(6) 计算砂、石用量(S_0、G_0)。

$$\begin{cases} \dfrac{411}{3.1}+\dfrac{185}{1}+\dfrac{S_0}{2.65}+\dfrac{G_0}{2.70}+10\times 1=1000 \\ \dfrac{S_0}{S_0+G_0}=32.5\% \end{cases}$$

采用体积法计算，因无引气剂，取 $\alpha=1$。

解上述联立方程得：$S_0=577\text{kg}$；$G_0=1227\text{kg}$。

因此，该混凝土初步计算配合比为：C_0=411kg，W_0=185kg，S_0=577kg，G_0=1227kg。或者，C∶S∶G=1∶1.40∶2.99，W/C=0.45。

本 章 小 结

通过本章的学习，学生可以了解普通混凝土组成材料的技术性质，掌握普通混凝土拌合物及硬化混凝土的技术指标、影响因素及检测方法，还能掌握普通混凝土的配合比设计方法，为以后从事相关工作打下一个坚实的基础。

实 训 练 习

一、单选题

1. 混凝土配合比设计中，水灰比的值是根据混凝土的(　　)要求来确定的。

　　A. 强度及耐久性　B. 强度　　C. 耐久性　　D. 和易性与强度

2. 混凝土的(　　)强度最大。

　　A. 抗拉　　B. 抗压　　C. 抗弯　　D. 抗剪

3. 通常情况下，混凝土的水灰比越大，其强度(　　)。

　　A. 越大　　B. 越小　　C. 不变　　D. 不一定

4. 既满足强度要求又满足工作性要求的配合比设计是(　　)。

　　A. 初步配合比　　B. 基准配合比

　　C. 试验室配合比　　D. 工地配合比

5. 混凝土砂率是指混凝土中砂的质量占(　　)的百分率。

　　A. 混凝土总质量　B. 砂质量　　C. 砂石质量　　D. 水泥浆质量

6. 划分混凝土强度等级的依据是(　　)。

　　A. 立方体抗压强度　　B. 立方体抗压强度标准值

　　C. 轴心抗压强度　　D. 抗拉强度

7. 确定混凝土配合比的水灰比，必须从混凝土的(　　)考虑。

A. 和易性与强度　　　　　　　　B. 强度与耐久性
C. 和易性和耐久性　　　　　　　D. 耐久性与经济性

二、多选题

1. 按混凝土强度分类，以下说法正确的是(　　)。
   A. 普通混凝土，强度等级为 C10～C55 的混凝土
   B. 高强混凝土，强度等级为 C55 及其以上的混凝土
   C. 高强混凝土，强度等级为 C60 及其以上的混凝土
   D. 超高强混凝土，强度等级为 C100 及其以上的混凝土
   E. 普通混凝土，强度等级为 C10～C35 的混凝土
2. 配制 C15 级以上强度等级普通混凝土的最小水泥用量，以下说法正确的是(　　)。
   A. 干燥环境，正常的居住或办公用房内部件，素混凝土为 200kg
   B. 干燥环境，正常的居住或办公用房内部件，钢筋混凝土为 300kg
   C. 干燥环境，正常的居住或办公用房内部件，预应力混凝土为 260kg
   D. 干燥环境，正常的居住或办公用房内部件，预应力混凝土为 300kg
   E. 干燥环境，正常的居住或办公用房内部件，钢筋混凝土为 500kg
3. 抗渗混凝土所用原材料应符合(　　)规定。
   A. 粗骨料宜采用连续级配，其最大粒径不宜大于 40mm，含泥量不得大于 1.0%，泥块含量不得大于 0.5%
   B. 细骨料的含泥量不得大于 3.0%，泥块含量不得大于 1.0%
   C. 外加剂宜采用防水剂、膨胀剂、引气剂、减水剂或引气减水剂
   D. 抗渗混凝土宜掺用矿物掺合料
   E. 抗渗混凝土不应掺用矿物掺合料
4. 见证取样检测机构应满足的基本条件有(　　)。
   A. 所申请检测资质对应的项目应通过计量认证
   B. 有足够的持有上岗证的专业技术人员
   C. 有符合开展检测工作所需的仪器、设备和工作场所
   D. 有健全的技术管理和质量保证体系
   E. 企业资金应达到要求
5. 下列试块、试件，必须实施见证取样和送检的是(　　)。
   A. 用于承重结构的混凝土试块　　　B. 用于非承重结构的混凝土试块
   C. 用于承重墙体的砌筑砂浆试块　　D. 用于非承重墙体的砌筑砂浆试块
   E. 用于基础的混凝土试块

三、简答题

1. 混凝土的强度等级是根据什么确定的？我国新《混凝土结构设计规范》规定的混凝土强度等级有哪些？

2. 单向受力状态下，混凝土的强度与哪些因素有关？混凝土轴心受压应力—应变曲线

有何特点？常用的表示应力—应变关系的数学模型有哪几种？

3. 什么是混凝土的疲劳破坏？疲劳破坏时应力—应变曲线有何特点？

4. 钢筋混凝土结构对钢筋的性能有哪些要求？

习题答案.pdf

实训工作单一

<table>
<tr><td>班级</td><td></td><td>姓名</td><td></td><td>日期</td><td></td></tr>
<tr><td colspan="2">教学项目</td><td colspan="4">现场试验混凝土的技术性质</td></tr>
<tr><td>任务</td><td colspan="2">掌握混凝土技术特性</td><td>试验项目</td><td colspan="2">混凝土的和易性(坍落度)、力学性能(强度)、耐久性(抗渗、抗冻、抗侵蚀、抗碳化)</td></tr>
<tr><td colspan="3">相关知识</td><td colspan="3">混凝土其他的性质</td></tr>
<tr><td colspan="3">其他项目</td><td colspan="3"></td></tr>
<tr><td colspan="6">试验过程记录</td></tr>
<tr><td>评语</td><td colspan="3"></td><td>指导老师</td><td></td></tr>
</table>

实训工作单二

<table>
<tr><td>班级</td><td></td><td>姓名</td><td colspan="2"></td><td colspan="2">日期</td><td></td></tr>
<tr><td colspan="2">教学项目</td><td colspan="6">现场学习混凝土配合比</td></tr>
<tr><td>任务</td><td colspan="3">掌握混凝土的配比原则及注意事项</td><td colspan="2">所用材料</td><td colspan="2">水泥、粗细骨料、拌合用水、外加剂</td></tr>
<tr><td colspan="3">相关知识</td><td colspan="5">混凝土的组成</td></tr>
<tr><td colspan="3">其他项目</td><td colspan="5">配合比计算及调整</td></tr>
<tr><td colspan="8">试验过程记录</td></tr>
<tr><td>评语</td><td colspan="4"></td><td colspan="2">指导老师</td><td></td></tr>
</table>

第5章　建筑砂浆

05

【学习目标】

1. 掌握砌筑砂浆的和易性、强度、耐久性；
2. 掌握砂浆的配合比设计方法；
3. 了解其他品种砂浆。

【教学要求】

本章要点	掌握层次	相关知识点
砌筑砂浆的配合比	1. 了解砂浆的构成 2. 掌握如何配置砂浆	砌筑砂浆
抹面砂浆的配合比	1. 了解投资回收期概念 2. 掌握投资收益率的计算	抹面砂浆
功能性砂浆	了解各种功能性砂浆的相关知识	其他砂浆

【项目案例导入】

某工程砂浆使用情况：±0.000以下为MU15实心混凝土砌块，M7.5水泥砂浆砌筑；外墙使用MU7.5混凝土空心砌块，Mb5混合砂浆砌筑；防爆墙采用MU10实心混凝土配筋砌块，M7.5混合砂浆砌筑，后发现墙体出现裂缝等问题，试结合本节内容分析原因并给出处理建议。

【项目问题导入】

根据工程特点、所处环境及设计、施工要求，选用适当品种和标号的水泥砂浆，对工程项目来说至关重要。在本工程中墙体出现裂缝的原因是否和砂浆配比及材料等有关，建筑砂浆有哪些性质，配比如何进行，请结合案例学习本节知识。

5.1 砌筑砂浆

5.1.1 砂浆的构成

建筑砂浆是将砌筑块体材料(砖、石、砌块)黏结为整体的砂浆。建筑砂浆是由无机胶凝材料、细骨料和水以及根据性能确定的各种成分按照一定比例配制而成的材料，常以抗压强度作为最主要的技术性能指标，多以薄层铺抹在多孔、吸水及不平的基底上。砂浆又称细骨料混凝土。建筑砂浆在建筑工程中是一项用量大、用途广泛的建筑材料，如图 5-1 所示。在建筑工程中起黏结、衬垫和传递应力的作用，主要用于以下几个方面：

砂浆的组成.mp3

(1) 砌筑——把砖、石、砌块等胶结起来构成砌体；

(2) 接头、接缝——用于结构构件、墙板和管道等的接头和接缝；

(3) 抹面——室内外的基础、墙面、地面、顶棚及梁柱结构等表面的抹面；

(4) 粘贴——大理石板材、瓷砖、马赛克等饰面材料的粘贴；

(5) 特殊用途——绝热、吸音、防水、防腐、装饰等。

图 5-1　建筑砂浆示意图

根据用途，建筑砂浆分为砌筑砂浆、抹面砂浆、装饰砂浆及特种砂浆。根据胶结材料的不同可分为水泥砂浆、石灰砂浆、混合砂浆和聚合物水泥砂浆等。

砂浆与混凝土的区别仅在于不含粗集料，所以砂浆的许多性质与混凝土类似，有微混凝土之称。但由于组成材料的差异和完全不同的用途，砂浆又有其自身的一些特点。

1. 胶凝材料

胶凝材料，又称胶结料，是一种在物理、化学作用下，能从浆体变成坚固的石状体，并能胶结其他物料，制成有一定机械强度的复合固体物质。在土木工程材料中，凡是经过一系列物理、化学变化能将散粒状或块状材料黏结成整体的材料，统称为胶凝材料。用于砌筑砂浆的胶凝材料有水泥和石灰。

胶凝材料.mp3

水泥是砂浆的主要胶凝材料，常用的水泥品种有普通水泥、矿渣水泥、火山灰水泥、粉煤灰水泥和复合水泥等，具体可根据设计要求、砌筑部位及所处的环境条件选择适宜的水泥品种。水泥砂浆采用的水泥，其强度等级不宜大于 32.5 级；水泥混合砂浆采用的水泥，其强度等级不宜大于 42.5 级。如果水泥强度等级过高，则可加些混合材料。对于一些特殊用途，如配置构件的接头、接缝或用于结构加固、修补裂缝，应采用膨胀水泥。水泥品种的选择与混凝土相同。水泥标号应为砂浆强度等级的 4～5 倍，水泥标号过高，会使水泥用量不足而导致保水性不良。

石灰膏和熟石灰(如图 5-2 所示)不仅用作胶凝材料，更主要的是能使砂浆具有良好的保水性。生石灰熟化成石灰膏时，应用孔径不大于 3mm×3mm 的网过滤，熟化时间不得少于 7d；磨细生石灰粉的熟化时间不得少于 2d。沉淀池中储存的石灰膏，应采取措施防止干燥、冻结和污染，脱水硬化的石灰膏不但起不到塑化作用，还会影响砂浆强度，因此严禁使用脱水硬化的石灰膏。磨细生石灰粉必须熟化成石灰膏才可使用。在严寒地区，磨细生石灰粉直接加入到砌筑砂浆中，是利用其熟化热量保证砂浆在低温时仍能处于流态而便于施工，属冬季施工措施。

图 5-2　熟石灰示意图

2. 骨料

骨料是在混凝土中起骨架或填充作用的粒状松散材料。骨料作为混凝土中的主要原料，在建筑物中起骨架和支撑作用。按粒径大小可以分为细骨料和粗骨料。

骨料.mp3

粗骨料是指在混凝土中粒径大于 4.75mm 的岩石颗粒，普通混凝土中常用的粗骨料有碎石和卵石两种。碎石是天然岩石、卵石或矿山废石经机械破碎、筛分制成的，粒径大于 4.75mm 的岩石颗粒。卵石是由自然风化、水流搬运和分选、堆积而成的，粒径大于4.75mm的岩石颗粒。卵石和碎石颗粒的长度大于该颗粒所属相应粒级平均粒径的2.4倍者为针状颗粒；厚度小于平均粒径的0.4倍者为片状颗粒(平均粒径指该粒级上、下限粒径的平均值)。

细骨料是与粗骨料相对的建筑材料，粒径在4.75mm以下的岩石颗粒称为细骨料，细骨料也叫机制砂，一般可以用冲击式破碎机或新型高效制砂机来生产，从而代替天然砂。细骨料的颗粒形状和表面特征会影响其与水泥的黏合性以及混凝土拌合物的流动性。山砂的颗粒具有棱角、表面粗糙但含泥量和有机物杂质较多，与水泥的结合性差。河砂、湖砂因长期受到水流作用，颗粒多呈现圆形，比较洁净且使用广泛，一般工程都采用这种砂。

瓜子片(见图5-3)也属于粗骨料的一种，是由青石用破碎机打碎而成，学名为青石子。粒径一般为5～10mm，广泛使用于装修基础工程中。

图5-3 瓜子片示意图

3. 拌合用水

砂浆拌合用水与混凝土拌合用水的要求相同，应选用无有害杂质的洁净水来拌制砂浆。

4. 掺加料

为了改善砂浆的和易性，节约水泥，降低成本，可在砂浆中掺入适量掺加料。常用的掺加料有电石膏、粉煤灰、粒化高炉矿渣粉、硅灰、沸石粉等。

电石膏的具体资料详见二维码。

扩展资源1.pdf

5. 外加剂

为了改善砂浆的某些性能，可在砂浆中掺入外加剂，如防水剂、增塑剂、早强剂等。外加剂的品种与掺量应通过试验确定。

5.1.2 砂浆的性质

1. 新拌砂浆的和易性

砂浆的和易性.mp3

砂浆的和易性是指砂浆是否容易在砖石等表面铺成均匀、连续的薄层，且与基层紧密黏结的性质，如图 5-4 所示。和易性良好的砂浆在运输及施工过程中不易发生分层、离析、泌水等现象，并且易于在砖石表面涂铺成均匀、连续、饱满的薄层，与基层黏结性好，使砌体具有较高的强度和良好的整体性。砂浆的和易性包括流动性和保水性。

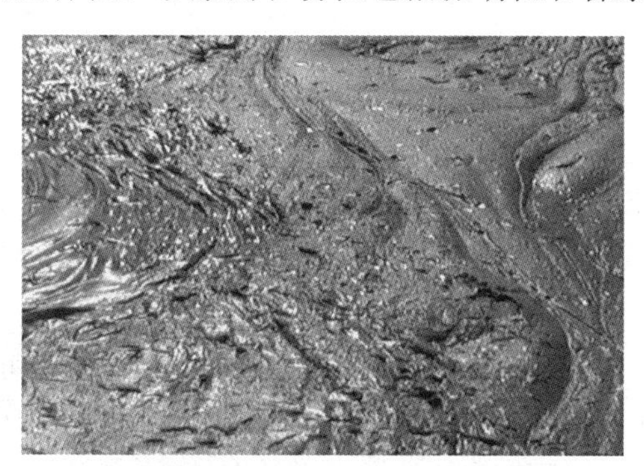

图 5-4　普通砂浆和易性示意图

1) 流动性

新拌砂浆的流动性，又称为稠度，表示新拌砂浆在自重或外力作用下，易于产生流动的性质，通常用沉入度表示，单位为 mm，如图 5-5 所示。用砂浆稠度仪的圆锥体标准试锥在砂浆内自由沉入 10s 时的沉入深度(mm)表示，沉入度越大，砂浆的流动性越大。若流动性过大，砂浆易分层、析水；若流动性过小，则不方便施工操作，灰缝不易填充，因此，新拌砂浆应具有适宜的稠度。影响砂浆流动性的因素，主要有胶凝材料的种类和用量、用水量以及细骨料的种类、颗粒、形状、粗细程度与级配；除此之外，也与掺入的混合材料及外加剂的品种、用量有关。

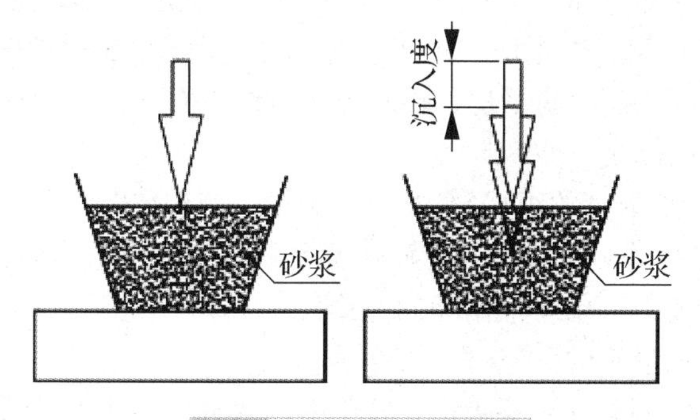

图 5-5　沉入度试验示意图

砂浆稠度的选择要考虑砌体材料的种类、气候条件等因素。一般基底为多孔吸水材料或在干热条件下施工时，砂浆的流动性应大一些；而对于密实的、吸水较少的基底材料，或在湿冷条件下施工时，砂浆的流动性应小一些，具体砂浆稠度的选择如表 5-1 所示。

表 5-1　砌体施工稠度

砌体种类	施工稠度(mm)
烧结普通砖砌体、粉煤灰砖砌体	70～90
混凝土砖砌体、普通混凝土小型空心砌块砌体、灰砂砖砌体	50～70
烧结多孔砖砌体、烧结空心砖砌体、轻集料混凝土小型空心砌块砌体、蒸压加气混凝土砌块砌体	60～80
石砌体	30～50

2) 保水性

保水性是指砂浆保持水分的能力。保水性不良的砂浆，在使用过程中会出现泌水、流浆的情况，使砂浆与基底黏结不牢，且由于失水影响砂浆正常的黏结硬化，使砂浆的强度降低。

影响砂浆保水性的主要因素是胶凝材料的种类和用量，砂的品种、细度和用水量。在砂浆中掺入石灰膏、粉煤灰等粉状混合材料，可提高砂浆的保水性。

砂浆分层度试验和保水性试验具体资料详见二维码。

扩展资源 2.pdf

2. 硬化后砂浆的技术性质

1) 强度

砌筑砂浆的强度用强度等级来表示。根据住建部《砌筑砂浆配合比设计规程》(JGJ/T 98—2010)，水泥砂浆及预拌砌筑砂浆的强度等级可分为 M5、M7.5、M10、M15、M20、M25、M30；水泥混合砂浆的强度等级可分为 M5、M7.5、M10、M15。

砂浆强度等级是以边长为 70.7mm 的立方体试块，在标准养护条件下(温度 20±2℃、相对湿度为 95%以上)，用标准试验方法测得 28d 龄期的抗压强度值(单位为 MPa)确定。一般情况下，多层建筑物墙体选用 M2.5～M15 的砌筑砂浆；砖石基础、检查井、雨水井等砌体，常采用 M5 砂浆；工业厂房、变电所、地下室等砌体选用 M2.5～M10 的砌筑砂浆；二层以下建筑常用 M2.5 以下砂浆；简易平房、临时建筑可选用石灰砂浆；一般高速公路修建排水沟使用 M7.5 强度等级的砌筑砂浆。

砂浆的强度除受砂浆本身的组成材料、配合比、施工工艺、施工及硬化时的条件等因素影响外，还与砌体材料的吸水率有关。砂中泥及其他杂质含量多时，砂浆强度也受影响。用途不同的砂浆，砂浆强度的影响因素也不相同。

(1) 用于密实不吸水基底的砂浆。

密实基底(如致密的石材)几乎不吸水，砂浆中的水分保持不变，这时砂浆强度主要受水泥的强度和水灰比影响，砂浆强度可用经验公式表示为：

$$f_m = Af_{ce}(C/W - \mathrm{B}) \tag{5-1}$$

式中：f_m——砂浆 28d 抗压强度值，MPa；

f_{ce}——水泥 28d 实测强度值，MPa；

C/W——砂浆的灰水比；

A、B——统计常数，无统计资料时，可取 0.29 和 0.4。

(2) 用于多孔吸水基底的砂浆。

多孔基底(如烧结黏土砖)有较大的吸水性，砂浆摊铺后，其中的水分会被基底所吸收。吸水后，砂浆中保留水分的多少主要取决于其本身的保水性，而与初始水灰比关系不大。砂浆强度与水泥强度和水泥用量有如下关系：

$$f_m = \frac{\alpha f_{ce} Q_c}{1000} - \beta \tag{5-2}$$

式中：f_m——砂浆的 28d 抗压强度值，MPa；

f_{ce}——水泥 28d 实测强度值，MPa；

Q_c——每立方米砂浆的水泥用量，kg/m³；

α、β——统计常数，通常可取 3.03 和−15.09。

2) 凝结时间

建筑砂浆的凝结时间，以贯入阻力达到 0.5MPa 为评定依据。水泥砂浆不宜超过 8h，水泥混合砂浆不宜超过 10h，加入外加剂后应满足设计和施工的要求。

3) 黏结性

砌石砌体是靠砂浆把块状材料黏结成为坚固的整体。因此，为保证砌体的强度、耐久性及抗震性等，要求砂浆与基层材料之间应有足够的黏结力。一般情况下，砂浆的抗压强度越高，它与基层的黏结力越大。另外，砖石表面状态、清洁程度、湿润状况及施工养护条件等，都直接影响砂浆的黏结力。

扩展资源 3.pdf

黏结性的其他知识详见二维码。

4) 变形性

砌筑砂浆在承受荷载或温度变化时会产生变形，如果变形过大或不均匀，容易使砌体的整体性下降，产生沉陷或裂缝。抹灰砂浆变形过大也会使面层产生裂纹或剥离等质量问题。

影响砂浆变形性的因素很多，如胶凝材料的种类和用量，用水量，细骨料的种类、级配和质量，以及外部环境条件等。工程中要求砂浆具有较小的变形性。

5.1.3 砌筑砂浆的配合比

砌筑砂浆应根据工程类别及砌体部位的设计要求来选择砂浆的强度等级，再按所选择的砂浆强度等级确定其配合比。常用砌筑砂浆配合比如表 5-2 所示。

表 5-2 常用砌筑砂浆配合比

常用砌筑水泥石灰混合砂浆参考配合比

砂浆强度等级	水泥强度等级	每立方米材料用量								
		粗砂			中砂			细砂		
		水泥(kg)	石灰(kg)	砂(kg)	水泥(kg)	石灰(kg)	砂(kg)	水泥(kg)	石灰(kg)	砂(kg)
M5	32.5	212	118	1510	221	124	1450	229	131	1390
	42.5	162	168	1510	169	176	1450	175	185	1390
M7.5	32.5	242	88	1510	251	94	1450	261	99	1390
	42.5	185	145	1510	192	153	1450	200	160	1390
M10	32.5	271	59	1510	282	63	1450	293	67	1390
	42.5	207	123	1510	216	129	1450	224	136	1390

常用砌筑水泥砂浆参考配合比

砂浆强度等级	水泥强度等级	每立方米材料用量					
		粗砂		中砂		细砂	
		水泥(kg)	砂(kg)	水泥(kg)	砂(kg)	水泥(kg)	砂(kg)
M5	32.5	276	1585	284	1522	292	1459
	42.5	227	1585	234	1522	240	1459
M7.5	32.5	299	1585	308	1522	317	1459
	42.5	248	1585	255	1522	262	1459
M10	32.5	322	1585	332	1522	341	1459
	42.5	268	1585	276	1522	284	1459

注：① 表中给出的配合比仅供参考，施工配合比应由工地试验后提供。

② 本表摘自《简明建筑工程施工手册》(第二版)机械工业出版社。

③ 表中给出的砌筑水泥石灰混合砂浆配合比按施工水平一般等级考虑；石灰膏稠度为120mm；砂子含水量为5%。

在确定砂浆配合比时，一般情况下可参考有关资料和手册选用，再经过试配、调整来确定施工配合比；也可按《砌筑砂浆配合比设计规程》(JGJ/T 98—2010)中的设计方法进行配合比设计。

1. 设计步骤

(1) 计算砂浆的试配强度($f_{m,0}$)应按下式计算：

$$f_{m,0} = \mathrm{k} f_2 \tag{5-3}$$

式中：$f_{m,0}$——砂浆的试配强度，精确至 0.1MPa；

f_2——砂浆强度等级值，精确至 0.1MPa；

k——系数。施工水平优良时，k 取 1.15；施工水平一般时，k 取 1.20；施工水平较差时，k 取 1.25。

(2) 计算每立方米砂浆中的水泥用量 Q_c 计算公式如下：

$$Q_c = \frac{1000(f_{m,0} - \beta)}{\alpha f_{ce}} \tag{5-4}$$

式中：Q_c——每立方米砂浆的水泥用量，精确至 1kg；

$f_{m,0}$——砂浆的试配强度，精确至 0.1MPa；

f_{ce}——水泥的实测强度，精确至 0.1MPa；

α、β——砂浆的特征系数，其中α取 3.03，β取-15.09。

在无法取得水泥的实测强度值时，可按下式计算：

$$f_{ce} = \gamma_c f_{ce,k} \tag{5-5}$$

式中，$f_{ce,k}$——水泥强度等级值，MPa；

γ_c——水泥强度等级值的富余系数，宜按实际统计资料确定，无统计资料时可取 1.0。

(3) 计算每立方米砂浆中的石灰膏用量 Q_D 计算公式如下：

$$Q_D = Q_A - Q_C \tag{5-6}$$

式中：Q_D——每立方米砂浆的石灰膏用量，精确至 1kg；石灰膏使用时的稠度宜为(120±5)mm；稠度不在规定范围时，其用量应按表 5-3 进行换算。

Q_A——每立方米砂浆中水泥和石灰膏总量，精确至 1kg；可为 350kg。

表 5-3　石灰膏不同稠度的换算系数

稠度/mm	120	110	100	90	80	70	60	50	40	30
换算系数	1.00	0.99	0.97	0.95	0.93	0.92	0.90	0.88	0.87	0.86

(4) 确定每立方米砂浆中的砂用量 Q_s。每立方米砂浆中的砂用量 Q_s，应按砂干燥状态(含水率小于 0.5%)的堆积密度值作为计算值，单位以 kg 计。

(5) 按砂浆稠度选用每立方米砂浆中的用水量 Q_w。每立方米砂浆中的用水量，可根据砂浆稠度等要求选用，一般为 210～310kg。

注意：混合砂浆中的用水量，不包括石灰膏或黏土膏中的水；当采用细砂或粗砂时，用水量分别取上限或下限；稠度小于 70mm 时，用水量可小于下限；施工现场气候炎热或干燥季节，可酌量增加用水量。

(6) 配合比的试配、调整与确定。

① 按计算或查表所得配合比进行试拌时，应按《建筑砂浆基本性能试验方法标准》(JGJ/T 70—2009)测定其拌合物的稠度和保水率。当不能满足要求时，应调整材料用量，直到符合要求为止。

② 试配时至少应采用三个不同的配合比，其中一个为基准配合比，其余两个配合比的水泥用量应按基准配合比分别增加和减少 10%。在保证稠度、保水率合格的条件下，可将用水量、石灰膏、保水增稠材料或粉煤灰等活性掺合料用量做相应调整。

③ 选定符合试配强度及和易性要求且水泥用量最低的配合比作为砂浆的试配配合比。

(7) 配合比的校正。

① 应根据上述确定的砂浆配合比材料用量，按下式计算砂浆的理论表观密度值：

$$\rho_t = Q_C + Q_D + Q_S + Q_W \tag{5-7}$$

式中：ρ_t——砂浆的理论表观密度值，精确至 10kg/m³。

② 应按下式计算砂浆配合比校正系数δ：

$$\delta = \frac{\rho_c}{\rho_t} \tag{5-8}$$

式中：ρ_c——砂浆的实测表观密度值，精确至 10kg/m³。

③ 当砂浆的实测表观密度值与理论表观密度值之差的绝对值不超过理论值的 2%时，可将得出的试配配合比确定为砂浆设计配合比；当超过 2%时，应将试配配合比中每项材料用量均乘以校正系数后，确定为砂浆设计配合比。

2. 现场配制水泥砂浆配合比的选用

(1) 水泥砂浆的材料用量可按表 5-4 选用。

表 5-4　每立方米水泥砂浆材料用量(JGJ/T 98—2010)

强度等级	水泥/kg	砂/kg	用水量/kg
M5	200～230	砂的堆积密度值	270～330
M7.5	230～260		
M10	260～290		
M15	290～330		
M20	340～400		
M25	360～410		
M30	430～480		

注：① M15 及以下强度等级的水泥砂浆，水泥强度等级为 32.5 级，M15 以上强度等级的水泥砂浆，水泥强度等级为 42.5 级；
② 当采用细砂或粗砂时，用水量分别取上限或下限；
③ 稠度小于 70mm 时，用水量可小于下限；
④ 施工现场气候炎热或干燥季节，可酌量增加用水量；
⑤ 试配强度应按式(5-3)计算。

(2) 水泥粉煤灰砂浆的材料用量可按表 5-5 选用。

表 5-5　每立方米水泥粉煤灰砂浆材料用量(JGJ/T 98—2010)

强度等级	水泥和粉煤灰总量/kg	粉煤灰/kg	砂/kg	用水量/kg
M5.0	210～240	粉煤灰掺量可占胶凝材料总量的 15%～25%	砂子的堆积密度值	270～330
M7.5	240～270			
M10	270～300			
M15	300～330			

注：① 表中水泥强度等级为 32.5 级；
② 当采用细砂或粗砂时，用水量分别取上限或下限；
③ 稠度小于 70mm 时，用水量可小于下限；
④ 施工现场气候炎热或干燥季节，可酌量增加用水量；
⑤ 试配强度应按式(5-3)计算。

【案例 5-1】 2010 年 7 月，某工程同一轴线上 120m 长的承重墙体，其中前一天砌筑的 1.2m 高的一段，到了第二天早上向一边倾斜，砖墙内的砂浆被挤出并呈干粉状。技术人员立即对整个墙体进行检查，发现唯有某班组砌筑的这段墙出了问题，而其他班组砌筑的墙体却没有出现这种现象。所有班组所用砌筑砂浆均为 M7.5 混合砂浆。试结合本节内容对出现该现象的原因进行分析。

5.2 抹面砂浆

凡涂抹在建筑物和构件表面以及基底材料的表面，兼有保护基层和满足使用要求作用的砂浆，可统称为抹面砂浆(也称抹灰砂浆)。

抹面砂浆.mp3

抹面砂浆主要用于苯板薄抹灰保温系统中保温层外的抗裂保护层，亦被称为聚合物抹面抗裂砂浆。抹面砂浆不但可以起到保护基层免受大气环境侵蚀的作用，提高其耐久性，还可以牢固地黏结于基层之上，使建筑物表面光滑、平整、美观，具有一定的装饰效果。

为便于施工和保证抹灰质量，要求抹面砂浆有较好的和易性和黏结能力。因此抹面砂浆胶凝材料(包括掺合料)的用量要比砌筑砂浆胶凝材料的用量多。为保证抹灰质量表面平整，避免干缩裂缝、脱落，施工时一般分两层或三层抹灰，根据各层抹灰要求的不同，所用的砂浆和材料也不相同。

抹面砂浆.avi

抹灰砂浆常分成底层、中层和面层三层涂抹，水泥抹灰砂浆每层厚度宜为 5～7mm，水泥石灰抹灰砂浆每层厚度宜为 7～9mm，并应待前一层达到六七成干后再涂抹后一层。

底层砂浆主要起到与基层的黏结作用，因此砂浆应具有良好的和易性和黏结力，并且要求基层表面比较粗糙，以增加与砂浆的黏结面积，增强黏结效果，施工稠度宜为 90～110mm；中层砂浆主要起找平作用，可省去不做，施工稠度宜为 70～90mm；面层砂浆主要起到保护和装饰作用，可以适当加入麻刀、纸筋等纤维增强材料，以提高其抗裂性，施工稠度宜为 70～80mm。聚合物水泥抹灰砂浆的施工稠度宜为 50～60mm，石膏抹灰砂浆的施工稠度宜为 50～70mm。

根据《抹灰砂浆技术规程》(JGJ/T 220—2010)的规定，抹灰层的厚度应符合以下要求：内墙普通抹灰的平均厚度不宜大于 20mm，内墙高级抹灰的平均厚度不宜大于 25mm；外墙墙面抹灰的平均厚度不宜大于 20mm，勒脚抹灰的平均厚度不宜大于 25mm；现浇混凝土顶棚抹灰的平均厚度不宜大于 5mm，条板、预制混凝土顶棚抹灰的平均厚度不宜大于 10mm；蒸压加气混凝土砌块基层抹灰的平均厚度宜控制在 15mm 以内，当采用聚合物水泥砂浆抹灰时，平均厚度宜控制在 5mm 以内，当采用石膏砂浆抹灰时，平均厚度宜控制在 10mm 以内。

抹面砂浆的特点.mp3

与砌筑砂浆相比，抹面砂浆具有以下特点：

(1) 抹面层不承受荷载；

(2) 抹面层与基底层要有足够的黏结强度，使其在施工中或长期自重的环境作用下不脱落、不开裂；

(3) 抹面层多为薄层，并分层涂抹，面层要求平整、光洁、细致、美观；

(4) 多用于干燥环境，可大面积暴露在空气中。

1. 抹面砂浆的组成

(1) 胶凝材料。硅酸盐水泥、普通硅酸盐水泥、矿渣硅酸盐水泥、粉煤灰硅酸盐水泥等可作为抹面砂浆的胶凝材料。底层石灰膏需陈伏两周以上，罩面用需陈伏一个月以上。

(2) 砂子。宜用中砂或中砂与粗砂混合使用。在缺乏中砂、粗砂的地区，可以使用细砂，但不能单独使用粉砂。一般抹灰分三层(或两层)进行，即底层、中层和面层。

(3) 加筋材料。加筋材料包括麻刀、纸筋、玻璃纤维等。麻刀是絮状短麻纤维，长约 30mm。石灰膏麻刀灰由 100 份石灰膏加 1 份(质量比)麻刀拌合而成。纸筋灰由 100 份石灰膏掺加 3 份(质量比)纸筋拌合而成。玻璃纤维由 100 份石灰膏掺加 0.25 份(质量比)玻纤丝制成。

(4) 胶料。为提高砂浆黏结力，拌制的砂浆有时掺加白乳胶或 107 胶，增加砂浆的黏着力。

2. 抹灰砂浆的品种选用

抹灰砂浆的品种及用途详见表 5-6。

表 5-6　抹灰砂浆的品种及用途

使用部位或基体种类	抹灰砂浆品种
内墙	水泥抹灰砂浆、水泥石灰抹灰砂浆、水泥粉煤灰抹灰砂浆、掺塑化剂水泥抹灰砂浆、聚合物水泥抹灰砂浆、石膏抹灰砂浆
外墙、门窗洞口外侧壁	水泥抹灰砂浆、水泥粉煤灰抹灰砂浆
温(湿)度较高的车间和房屋、地下室、屋檐、勒脚等	水泥抹灰砂浆、水泥粉煤灰抹灰砂浆
混凝土板和墙	水泥抹灰砂浆、水泥石灰抹灰砂浆、聚合物水泥抹灰砂浆、石膏抹灰砂浆
混凝土顶棚、条板	聚合物水泥抹灰砂浆、石膏抹灰砂浆
加气混凝土砌块(板)	水泥石灰抹灰砂浆、水泥粉煤灰抹灰砂浆、掺塑化剂水泥抹灰砂浆、聚合物水泥抹灰砂浆、石膏抹灰砂浆

3. 抹面砂浆的配合比

根据《抹灰砂浆技术规程》(JGJ/T 220—2010)规定，抹灰砂浆的试配抗压强度和配合比如下。

1) 抹灰砂浆的试配抗压强度

$$f_{m,0} = kf_2 \tag{5-9}$$

式中：$f_{m,0}$——砂浆的试配抗压强度，MPa，精确至 0.1MPa；

f_2——砂浆抗压强度等级值，MPa，精确至 0.1MPa；

k——砂浆生产(拌制)质量水平系数，取 1.15～1.25，砂浆生产(拌制)质量水平为优良、一般、较差时，k 值分别取 1.15、1.20、1.25。

2) 抹灰砂浆的配合比

抹灰砂浆的配合比应以质量计量。

(1) 水泥抹灰砂浆(如图 5-6 所示)。

图 5-6　水泥抹灰砂浆现场示意图

水泥抹灰砂浆的强度等级分为 M15、M20、M25、M30 四级，拌合物的表观密度不宜小于 1900kg/m³，保水率不宜小于 82%。水泥抹灰砂浆配合比按表 5-7 选用。

表 5-7　水泥抹灰砂浆配合比的材料用量(JGJ/T 220—2010)　　单位：kg/m³

<table>
<tr><th>强度等级</th><th>水泥</th><th>砂</th><th>水</th></tr>
<tr><td>M15</td><td>330～380</td><td rowspan="4">1m³ 砂的堆积密度值</td><td rowspan="4">250～300</td></tr>
<tr><td>M20</td><td>380～450</td></tr>
<tr><td>M25</td><td>400～450</td></tr>
<tr><td>M80</td><td>460～530</td></tr>
</table>

(2) 水泥粉煤灰抹灰砂浆。

水泥粉煤灰抹灰砂浆的强度等级分为 M5、M10、M15 三个级别。配制水泥粉煤灰抹灰砂浆不应使用砌筑水泥，拌合物的表观密度不宜小于 1900kg/m³，保水率不宜小于 82%；粉煤灰取代水泥的用量不宜超过 30%；用于外墙抹灰时，水泥用量不宜少于 250kg/m³。水泥粉煤灰抹灰砂浆配合比按表 5-8 选用。

表 5-8　水泥粉煤灰抹灰砂浆配合比的材料用量(JGJ/T 220—2010)　　单位：kg/m³

<table>
<tr><th>强度等级</th><th>水　泥</th><th>粉煤灰</th><th>砂</th><th>水</th></tr>
<tr><td>M5</td><td>250～290</td><td rowspan="3">内掺、等量取代水泥量的 10%～30%</td><td rowspan="3">1m³ 砂的堆积密度值</td><td rowspan="3">270～320</td></tr>
<tr><td>M10</td><td>320～350</td></tr>
<tr><td>M15</td><td>350～400</td></tr>
</table>

(3) 水泥石灰抹灰砂浆(如图 5-7 所示)。

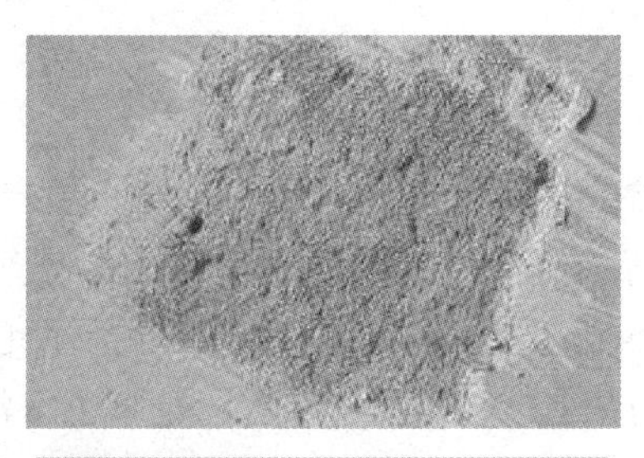

图 5-7　水泥石灰抹灰砂浆示意图

水泥石灰抹灰砂浆的强度等级分为M2.5、M5、M7.5、M10，拌合物的表观密度不宜小于1800 kg/m³，保水率不宜小于88%。水泥石灰抹灰砂浆配合比按表5-9选用。

表5-9 水泥石灰抹灰砂浆配合比的材料用量(JGJ/T 220—2010) 单位：kg/m³

强度等级	水 泥	石灰膏	砂	水
M2.5	200～230	(350～400)—Q_c	1m³ 砂的堆积密度值	180～280
M5	230～280			
M7.5	280～330			
M10	330～380			

注：Q_C 表示水泥用量。

(4) 掺塑化剂水泥抹灰砂浆。

掺塑化剂水泥抹灰砂浆的强度等级分为M5、M10、M15三个级别，拌合物的表观密度不宜小于1800kg/m³，保水率不宜小于88%，且使用时间不应大于2.0h。掺塑化剂水泥抹灰砂浆配合比按表5-10选用。

表5-10 掺塑化剂水泥抹灰砂浆配合比的材料用量(JGJ/T 220—2010) 单位：kg/m³

强度等级	水 泥	砂	水
M5	260～300	1m³ 砂的堆积密度值	270～320
M10	330～360		
M15	360～410		

5.3 其他砂浆

5.3.1 装饰砂浆

装饰砂浆是直接用于建筑物内外表面，以提高建筑物装饰艺术性为主要目的砂浆，是常用的装饰手段之一。装饰砂浆的底层和中层抹灰与普通抹面砂浆基本相同，主要是装饰砂浆的面层，要选用具有一定颜色的胶凝材料、骨料以及采用某种特殊的操作工艺，使表面呈现出各种不同的色彩、线条与花纹等装饰效果。装饰砂浆的主要组成材料有以下几种。

装饰砂浆.mp3

1. 水泥

常使用的水泥品种有：普通硅酸盐水泥、白色水泥、彩色水泥和铝酸盐水泥。在干黏石、水刷石、水磨石、剁斧石、拉毛、划槽及塑型砂浆饰件等做法中，都使用普通硅酸盐水泥。其常用水泥等级是32.5级、42.5级。白水泥可配制白色或彩色灰浆砂浆及混凝土。彩色水泥是由工厂专门生产的带色(灰色之外)的水泥。彩色水泥主要用作工程内外粉刷、艺术雕塑和制景，所配的彩色灰浆、砂浆可制作彩色水磨石、水刷石及水泥铺地花砖等。

铝酸盐水泥的水化产物中的氢氧化铝凝胶是细腻、光泽的膜层，又不易被水溶。铝酸盐水泥可提高制品表面装饰效果。

2. 合成树脂

合成树脂可作为有机胶凝材料(俗称“胶料”)在灰浆、砂浆、混凝土中使用。合成树脂既可以单独使用，也可以与水泥等无机胶凝材料混合使用，达到互补、强化的效果。

建筑砂浆中常用的合成树脂品种有：环氧树脂(如图 5-8 所示)、不饱和聚酯树脂、聚醋酸烯(白乳胶)和聚乙烯醇缩甲醛(107 胶)等。

图 5-8　环氧树脂修补砂浆

使用“胶料”时应注意其固化条件。有的在常温下不易固化(如环氧)，需加入胺类、酸酐类硬化剂和催化剂，必要时使用二甲苯、丙酮、酒精类溶剂以及其他辅料。一般是将“胶料”加热，加入溶剂或加水，调配成易流动的黏液状态，然后同粉料、集料混匀，成型固化。

3. 砂、小粒石

装饰砂浆，特别是在外露集料的做法中，对砂和小粒石及粉状料是有要求的。首先是品种选择，对色调要求稍灰暗时，用天然砂、石的本色；要求形成天然色的混合效果时，由有色差的小豆石掺配而成；要求色艳、明快和质感效果时采用天然或人造的黑、白和彩色砂、石。

人工彩砂，其粒径多为 5mm，是近十多年出现的人造着色细集料。它适宜作干黏石、水刷石、彩砂喷施涂料，对内、外墙及屋面进行装修。人工彩砂按其生产工艺不同，划分为有机颜料染色砂、着色树脂涂层砂以及彩釉砂三种。彩砂色调有许多，如咖啡、赤红、肉红、橘黄、深黄、浅黄、牙黄、玉绿、浅绿、草绿、海蓝、天蓝、钴蓝等，如图 5-9～图 5-11 所示。

图 5-9　咖啡色人工彩砂

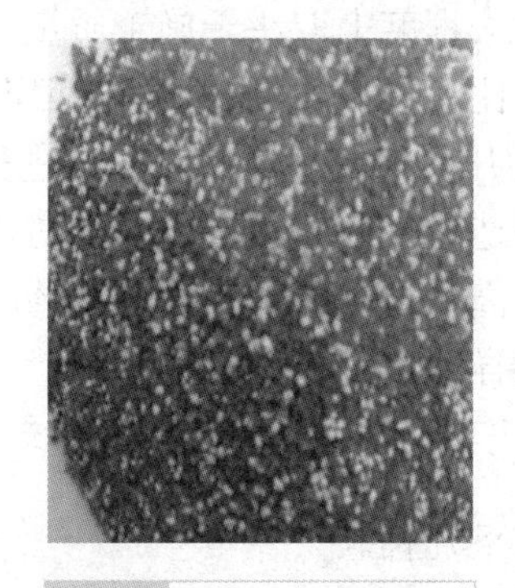

图 5-10　草绿色人工彩砂

图 5-11　赤红色人工彩砂

石碴，是小粒石中最常用的，又称石米或米石。石碴是用质地良好的天然矿物碎石经再次破碎加工而成的、粒径不大的一类细碎集料，其粒径属于细小石子及粗粒砂。按粒径，人们又将其划分为：大二(20mm)、分半(15mm)、大八厘(8mm)、中八厘(6mm)、小八厘(4mm)和米粒石(0.3～1.2mm)。石碴常由白云岩、玄武岩、大理岩、花岗岩、硅岩等岩石破碎而得。对石碴粒径的选择，因对实施效果的要求而异。如：用粗石碴表观粗犷、质感强烈；用细石碴则趋于细腻。石碴色泽多样，方解石岩类的呈白色调，赤石呈红色调，铜尾矿呈黑色调，松香石呈棕黄色调等。实用上对色石碴的粒径、色彩要求很严，必须保证清洁、纯正，需可靠地包装运输，工地上妥为保管。石碴多作外露集料装修的主要原材料。

石屑是比石碴粒径更小的细砂状或粗粉状石质原料，常用的有白云石屑、松香石屑等。

5.3.2 防水砂浆

防水砂浆.mp3

制作砂浆防水层(又称刚性防水)所采用的砂浆称作防水砂浆。防水砂浆又叫阳离子氯丁胶乳防水防腐材料，是一种抗渗性高的砂浆(如图 5-12 所示)，适用于不受震动和具有一定刚度的混凝土或砖石砌体的表面；对于变形较大或可能发生不均匀沉陷的建筑物，不宜采用刚性防水层。常用的防水剂有氯化物金属盐类防水剂、水玻璃类防水剂和金属皂类防水剂等。

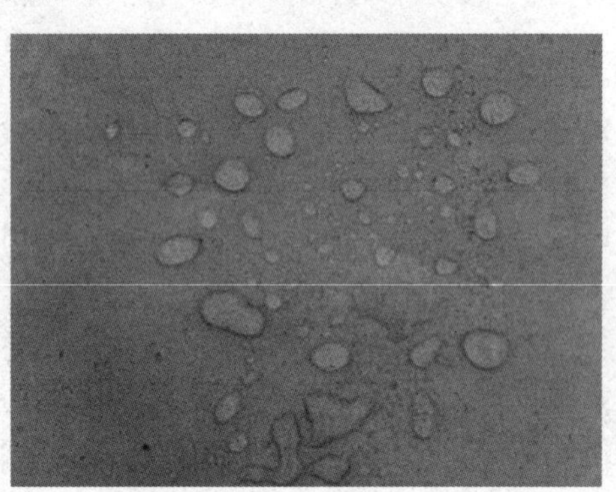

图 5-12　氯丁胶乳防水砂浆

防水砂浆的防渗效果在很大程度上取决于施工质量，因此施工时要严格控制原材料质量和配合比。防水砂浆层一般分四层或五层施工，每层厚约 5mm，每层在初凝前压实一遍，最后一层要进行压光。抹完后要加强养护，防止脱水过快造成干裂。总之，刚性防水必须保证砂浆的密实性，对施工操作要求高，否则难以获得理想的防水效果。

扩展资源 4.pdf

防水砂浆分类的具体资料详见二维码。

1. 适用范围

防水砂浆的适用范围有以下几种。

(1) 工业和民用建筑内外墙、地下室、水池、水塔、异性屋面、隧道、厕浴间、大坝等部分的防水、防腐、防渗、防潮及渗漏修复工程；

(2) 人防、地下工程及水利水电工程的防水、防腐、黏结补强、加固处理及防水防腐衬砌；

(3) 地下室的内外墙、厕浴间、大坝的防渗面板、渠道、渡槽、桥面、地面游泳池、交货池及化工耐腐蚀、耐酸碱的仓储等；

(4) 也可用于混凝土蓄水池的防水、抗渗、防腐。另外，在碱厂的结晶和母液清池、蒸馏塔内壁采用该产品防腐、防水效果极佳。

2. 优点

防水砂浆的黏结力比普通水泥砂浆高3～4倍，抗折强度比普通水泥砂浆高3倍以上，所以该砂浆抗裂性能更好，可在迎水面、背水面、坡面、异行面进行防水、防腐、防潮。防水砂浆黏结力强，不会产生空鼓、抗裂、蹿水等现象。

3. 配制方法与要求

为了提高防水砂浆的使用效果，其配制时常采用如下方法：

(1) 采用级配良好的砂子和提高水泥用量，一般采用1∶2～1∶3的灰砂比；

(2) 采用特殊性能的膨胀水泥和微膨胀水泥；

(3) 施工时采用较为先进快速的喷浆法，利用高压空气以每秒100m的高速、高压喷射，将砂浆喷射到建筑物表面；

(4) 掺加各种防水和防渗外加剂，以提高砂浆强度和抗渗防水性能。使用防水砂浆做刚性防水层时，一般要抹两道防水砂浆和一道防水净浆。

【案例5-2】 山东峡山水库总库容14.05亿立方米，兴利库容5.03亿立方米。库区涉及范围大，包括县市4个、乡镇11个、移民村97个。溢洪道泄槽面板混凝土表面，经多年运行后破坏比较严重，混凝土表面乳皮成片剥落，粗骨料外露，有的成层状酥碎剥落，局部剥蚀深度达3～5cm，有的虽未剥落但已脱空。破坏面积占总面积的50%以上。以前曾用环氧砂浆、钢纤维砂浆等材料做过局部修补试验，但效果不够理想。理想处理方案经组织有关人员调研和参观应用工程，经比较确定，采用南京水科院与南京永丰化工厂共同研制的丙烯酸酯共聚乳液水泥砂浆作抹面处理。试结合本章内容分析抹面处理采用防水砂浆的主要原因。

5.3.3 保温砂浆

随着国内节能减排工作的推进，涌现出众多新型墙体保温材料，其中EPS(聚苯乙烯)颗粒保温砂浆就是一种得到广泛应用的新型外保温砂浆，其采用分层抹灰的工艺，最大厚度可达100mm，此砂浆具有保温、隔热、阻燃、耐久的特点。保温砂浆是以各种轻质材料为骨料，以水泥、石膏等为胶凝料，掺加一些改性添加剂，按一定比例配合制成的砂浆。保温砂浆可用于建筑墙体保温、屋面保温以及隔热管道保温层等。

保温砂浆.mp3

目前市面上的保温砂浆主要有两种：无机保温砂浆(玻化微珠保温砂浆、膨胀蛭石保温砂浆、复合硅酸铝保温砂浆等)和有机保温砂浆(胶粉聚苯颗粒保温砂浆)。

无机保温砂浆中的玻化微珠保温砂浆(如图5-13所示)是以闭孔膨胀珍珠岩(玻化微珠)作为轻骨料，加入胶凝材料、抗裂添加剂及其他填充料等组成，质量轻，具有保温隔热、防火防冻、耐久性好等优异性能。其导热系数为0.07～0.10W/(m·K)，可用于屋面保温层、保温墙壁以及供热管道保温层等处。无机保温砂浆的施工方法是从材料厂出厂的保温砂浆干粉经过加水搅拌后就可以直接涂抹于墙面，在施工现场，它可以直接涂抹于毛坯墙上，施工方法同普通的水泥砂浆。

图 5-13 玻化微珠保温砂浆

目前常用于保温工程中的有机保温砂浆只有胶粉聚苯颗粒保温砂浆，它以有机类的轻质保温颗粒——聚苯颗粒作为轻骨料，加入胶凝材料、聚合物添加剂及其他填充料等组成，抗压强度高，具有极佳的温度稳定性和化学稳定性。该材料导热系数低，保温隔热性能好，其导热系数为小于等于0.06W/(m·K)。有机保温砂浆施工方便，现场加水搅拌均匀即可施工。

保温砂浆技术除了要求具有较低的导热系数外，还要求具备一定的黏结强度、变形性能等，《建筑保温砂浆》(GB/T 20473—2006)给出了保温砂浆的性能要求。

保温砂浆适合选用普通硅酸盐水泥，水泥与轻骨料的体积比为 1∶12，水灰比在 0.58～0.65。砂浆的稠度应以外观疏松、手握成团而不散，挤不出或仅能挤出少量的灰浆时为宜。涂抹时铺设虚厚约为设计厚度的130%，然后轻压至要求的厚度，做好的保温层平面应以1∶3水泥砂浆找平。

【案例 5-3】 盐城月湖花城住宅小区是以小高层为主的高档住宅小区，总建筑面积25万多平方米，框架剪力墙结构，地下一层，地上十六层，墙体保温体系设计构造如下：a-外墙涂料、b-防裂抗渗砂浆4mm、c-涂塑耐碱玻璃纤维网格、d-防裂抗渗砂浆4mm、e-聚苯颗粒保温浆料25mm(北立面35mm)、f-界面剂、g-基层墙体。RE-复合墙体保温材料使用方便，只需加水搅拌均匀后直接使用，不需添加任何外加剂及辅助材料，具有导热系数良好、抗压及剪切强度高、线收缩率小的性能。材料进场后，经见证取样试验，检测结果为：抗压强度为0.9MPa，导热系数(25℃)为0.068W/(m·K)，松散密度为391kg/m^3，检测结果符合要求。经使用，面层砂浆裂缝现象较少，工程实体外墙保温节能效果明显。试结合本章分析保温砂浆的优点及本工程采用保温砂浆保温的原因。

5.3.4 吸声砂浆

吸声砂浆常用于室内墙面、平顶、厅堂墙壁以及顶棚的吸声。一般采用轻质多孔骨料拌制而成的吸声砂浆，由于其骨料内部孔隙率大，因此吸声性能也十分优良。同时，还可以用水泥、石膏、砂、锯末(体积比为 1∶1∶3∶5)配制吸声砂浆，或在石灰、石膏砂浆中掺入玻璃纤维、矿物棉等松软纤维材料。一般绝热砂浆都具有多孔结构，因此也具备吸声功能。吸音砂浆主要应用于室内墙面和顶棚

吸声砂浆.mp3

的抹灰，如图5-14所示。

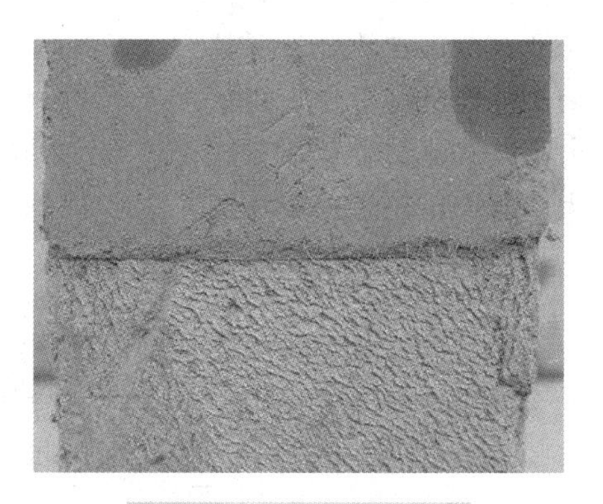

图5-14　吸声砂浆示意图

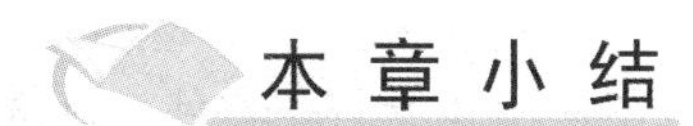

本章小结

本章主要学习了砌筑砂浆的组成、性质、应用和配合比，抹面砂浆和装饰砂浆的品种、特性及应用等知识点，其中需要重点掌握的是砂浆的性质和应用。本章内容的学习帮助学生对建筑砂浆有了进一步的了解，为以后的学习、工作打下了坚实的基础。

实训练习

一、单选题

1. 砂浆与混凝土的区别仅在于(　　)。

　　A. 拌合用水要求不同　　B. 不含胶凝材料
　　C. 不含细集料　　D. 不含粗集料

2. 砂浆成型方法应根据稠度而确定。当稠度(　　)时，宜采用人工插捣成型。

　　A. 大于50mm　　B. 小于50mm　　C. 大于60mm　　D. 小于60mm

3. 立方体抗压强度试验中，砂浆试块的养护条件为(　　)。

　　A. 温度20℃±5℃、相对湿度45%~75%
　　B. 温度20℃±2℃、相对湿度60%~80%
　　C. 温度20℃±2℃、相对湿度(60±5)%
　　D. 温度20℃±2℃、相对湿度95%以上

4. 拉伸黏结试验中基底水泥砂浆块的配合比为(　　)。

　　A. 水泥：砂：水=1：2：0.5(质量比)
　　B. 水泥：砂：水=1：3：0.5(质量比)
　　C. 水泥：砂：水=1：3：1.5(质量比)
　　D. 水泥：砂：水=1：2：1.5(质量比)

5. 骨料分为粗骨料和细骨料，其中细骨料是指(　　)。

A. 混凝土中粒径小于 4.50mm 的岩石颗粒

B. 混凝土中粒径小于 4.75mm 的岩石颗粒

C. 混凝土中粒径大于 4.50mm 的岩石颗粒

D. 混凝土中粒径大于 4.75mm 的岩石颗粒

二、多选题

1. 因砂子含泥量过大或砂子太细造成干混砂浆开裂，解决措施有(　　)。

A. 控制原料砂子的含泥量和细度　　B. 尽量采用特细砂

C. 尽量采用中砂　　D. 尽量采用粗砂

E. 尽量采用中粗砂

2. 因预拌砂浆生产单位没有随着墙材、气温等变化对砂浆配合比进行适时调整，造成砂浆开裂，解决措施有(　　)。

A. 根据不同环境温度、不同墙体材料等条件及时进行生产配方调整

B. 如夏天气温高达 30℃，在轻骨料砌块的墙体上抹面时，应提高砂浆的保水率

C. 如温度过高应适当调砂浆中添加剂掺量来提高砂浆的保水率

D. 控制原料砂子的含泥量和细度

E. 控制水泥的加入量

3. 因施工时一次性抹灰太厚，造成砂浆开裂，解决措施有(　　)。

A. 按规范施工操作，一次抹灰不要太厚

B. 外墙抹灰厚度规范要求每层每次厚度宜为 5 ~ 7mm

C. 抹灰总厚度大于 35mm

D. 应采取加强措施

E. 注意加水量

4. 砂浆按其用途可分为(　　)。

A. 砌筑砂浆　　B. 抹面砂浆　　C. 防水砂浆

D. 装饰砂浆　　E. 建筑砂浆

5. 因不同材质的交界处不采取措施，造成干混抹灰砂浆开裂，解决措施有(　　)。

A. 不同材质交界处应采取加强网进行处理

B. 按规范施工操作，如对于烧结砖、蒸压粉煤灰砖抹灰前浇水润湿

C. 有时按规范施工操作

D. 不同材质交界处应采取加强筋进行处理

E. 完全按监理人员要求施工

三、填空题

1. 根据用途，建筑砂浆分为________、________、________及________。

2. 用于砌筑砂浆的胶凝材料有________和________。

3. 砂浆的技术性质主要是________和________等性能。

4. 直接用于建筑物内外表面，以提高建筑物装饰艺术性为主要目的的抹面砂浆指的是

________。

5. 防水砂浆是一种刚性防水材料，通过________及________以达到防水抗渗的目的。

6. 目前市面上的保温砂浆主要为两种：________________和________________。

四、简答题

1. 砂浆强度试件与混凝土强度试件有何不同？
2. 为什么地上砌筑工程一般多采用混合砂浆？
3. 装饰砂浆的主要组成材料是什么？
4. 砂浆的基本性质有哪些？

习题答案.pdf

实训工作单

<table>
<tr><td>班级</td><td></td><td>姓名</td><td></td><td>日期</td><td></td></tr>
<tr><td colspan="2">教学项目</td><td colspan="4">现场学习砌筑砂浆配合比</td></tr>
<tr><td>任务</td><td colspan="2">砌筑砂浆配合比试验</td><td>所用材料</td><td colspan="2">试配强度、水泥用量、石灰膏、砂等材料用量</td></tr>
<tr><td colspan="3">相关知识</td><td colspan="3">砂浆其他的性质</td></tr>
<tr><td colspan="3">其他项目</td><td colspan="3">其他砂浆的特性</td></tr>
<tr><td colspan="6">试验过程记录</td></tr>
<tr><td>评语</td><td colspan="2"></td><td>指导老师</td><td colspan="2"></td></tr>
</table>

第6章　金属材料

06

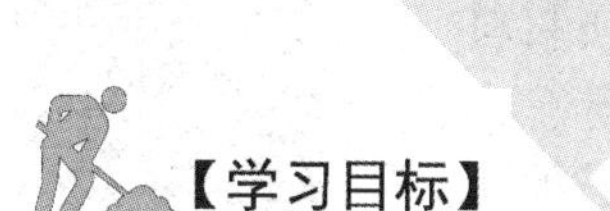

【学习目标】

1. 了解金属材料的分类；
2. 熟悉钢材的加工工艺；
3. 掌握如何对易锈的钢材进行防护。

金属材料.avi

【教学要求】

本章要点	掌握层次	相关知识点
金属材料概述	1. 了解金属的分类 2. 掌握金属的性质	黑色金属 有色金属 特种金属
建筑钢材	1. 了解钢材的特点和分类 2. 掌握钢材的技术及工艺 3. 了解钢材的选用和锈蚀及其保护	角钢 圆钢 碳素结构钢
其他金属材料	1. 了解铝的概念 2. 了解铝合金加工及工艺	铝的特性 铝合金的性质

【项目案例导入】

2017年4月19日下午，某公司铆锻分厂安排锻工二班清理场地。下午14:40，锻工二班班长刘某安排丁某、郑某二人将车间内的铁斗中杂物倒运到翻斗车上，运往存放杂物的地方，郑某随手在锯床附近拿了一根钢丝绳，与丁某一人拿一头绳扣，将钢丝绳挂在铁斗两侧吊耳上，随即指挥行车工冯某起吊。行车工冯某鸣铃后起吊，起吊距地面20cm后，将铁斗吊至翻斗车车厢内，因杂物歪斜，丁某从车后爬上翻斗车车厢用手去扶铁斗时，吊运铁斗的钢丝绳突然崩断，铁斗随即坠落砸在了丁某双脚上，此时为15:05分，事故发生后及时将丁某送往酒钢医院，经医生诊断双脚4处骨折，需住院治疗。

【项目问题导入】

分厂、班组现场安全检查监督不到位，有缺陷的钢丝绳没有及时检查出来进行报废处理；公司两级安全管理不够细致，安全教育不够是导致此次事故的主要原因，试分析钢材在工程中的重要作用、钢材的特性及提高的方法有哪些？

6.1 金属材料概述

金属材料是指金属元素或以金属元素为主构成的具有金属特性的材料的统称，包括纯金属、合金、金属间化合物和特种金属材料等。传统金属材料主要包括工业用钢、铸铁、非铁金属材料等三大类。以铁为主要元素，碳的质量分数一般在2%以下，并含有其他元素的材料称为钢。

金属融化.avi

金属材料具有资源丰富、生产技术成熟、产品质量稳定、强度高、塑形好、耐热、耐寒、耐磨、可锻造、可铸造、冲压和焊接、导电、导热和铁磁优异等特点，目前已成为现代工业和现代科学技术中最重要的材料之一。与非金属材料相比，金属材料具有品质均匀稳定、强度高、塑性韧性好、可焊接和铆接等优异性能。钢材的主要缺点是易锈蚀、维护费用大、耐火性差、生产能耗大。

金属材料概述.mp4

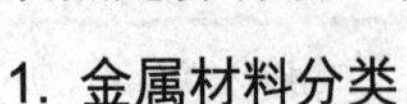

1. 金属材料分类

金属材料通常分为黑色金属、有色金属和特种金属材料，如图6-1所示，是金属材料在日常生活中的应用。

图6-1 金属材料的应用

黑色金属又称钢铁材料，包括杂质总含量<0.2%及含碳量不超过0.0218%的工业纯铁，含碳0.0218%～2.11%的钢，含碳大于2.11%的铸铁，广义的黑色金属还包括铬、锰及其合金。

有色金属是指除铁、铬、锰以外的所有金属及其合金，通常分为轻金属、重金属、贵金属、半金属、稀有金属和稀土金属等，有色合金的强度和硬度一般比纯金属高，并且电阻大、电阻温度系数小。

特种金属材料包括不同用途的结构金属材料和功能金属材料。其中有通过快速冷凝工艺获得的非晶态金属材料，以及准晶、微晶、纳米晶金属材料等；还有隐身、抗氢、超导、形状记忆、耐磨、减振阻尼等特殊功能合金以及金属基复合材料等。

2. 金属材料出现和发展的意义

人类文明的发展和社会的进步同金属材料关系十分密切。继石器时代之后出现的铜器时代、铁器时代，均以金属材料的应用为其时代的显著标志。现代种类繁多的金属材料已成为人类社会发展的重要物质基础。

3. 金属材料的特殊性质

金属材料的特殊性质.mp4

1) 疲劳

许多机械零件和工程构件是承受交变载荷工作的。在交变载荷的作用下，虽然应力水平低于材料的屈服极限，但经过长时间的应力反复循环作用以后，也会发生突然脆性断裂，这种现象叫作金属材料的疲劳。

2) 塑性

塑性是指金属材料在载荷外力的作用下，产生永久变形(塑性变形)而不被破坏的能力。

3) 耐久性

金属耐久性主要体现为抗腐蚀性。

4) 硬度

硬度表示材料抵抗硬物体压入其表面的能力，它是金属材料的重要性能指标之一。一般硬度越高，耐磨性越好。常用的硬度指标有布氏硬度、洛氏硬度和维氏硬度。

6.2 建 筑 钢 材

6.2.1 建筑钢材的特点和分类

1. 钢结构的特点

(1) 钢结构重量轻。钢结构的容重虽然较大，但与其他建筑材料相比，它的强度却高很多，因而当承受的荷载和条件相同时，钢结构要比其他结构轻，便于运输和安装，并可跨越更大的跨度。

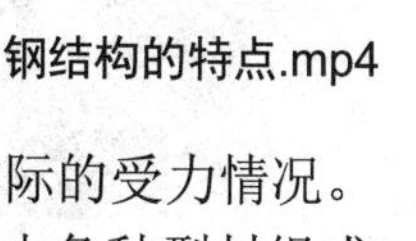

钢结构的特点.mp4

(2) 钢材的塑性和韧性好。塑性好，使钢结构一般不会因为偶然超载或局部超载而突然断裂破坏；韧性好，则使钢结构对动力荷载的适应性较强。钢材的这些性能对钢结构的安全可靠提供了充分的保证。

(3) 钢材更接近于匀质和各向同性体。钢材的内部组织比较均匀，非常接近匀质和各向同性体，在一定的应力幅度内几乎是完全弹性的。这些性能和力学计算中的假定比较符合，所以钢结构的计算结果较符合实际的受力情况。

(4) 钢结构制造简便，易于采用工业化生产，施工安装周期短。钢结构由各种型材组成，制作简便。大量钢结构都在专业化的金属结构制造厂中制造，精确度高。制成的构件运到现场拼装，采用螺栓连接，且结构轻，故施工方便，施工周期短。此外，已建成的钢结构也易于拆卸、加固或改造。

(5) 钢结构的密封性好。钢结构的气密性和水密性较好。

(6) 钢结构的耐热性好，但防火性能差。钢材耐热而不耐高温。随着温度的升高，强度就降低。当周围存在着辐射热，或温度在 150℃以上时，就应采取遮挡措施。一旦发生火灾，结构温度达到 500℃以上时，钢结构就可能全部瞬时崩溃。为了提高钢结构的耐火等级，通常都用混凝土或砖把它包裹起来。

(7) 钢材易于锈蚀，应采取防护措施。钢材在潮湿环境中，特别是处于有腐蚀介质的环境中容易锈蚀，必须刷涂料或镀锌，而且在使用期间还应定期维护。

在住宅建筑中应用钢结构的优势的具体资料详见二维码。

【案例 6-1】 北京工业大学体育馆是 2008 年奥运会羽毛球、艺术体操比赛馆。建筑物平面设计为椭圆形，分为比赛馆和热身馆两部分，该工程总建筑面积为 24383m²。体育馆局部地下 1 层，地上 4 层；热身馆地上 1 层，场馆上部屋盖为钢结构体系。±0.000 相当于绝对标高 35.050m。北京工业大学体育馆还创造了世界建筑史上的一个纪录——世界上跨度最大的预应力弦支穹顶，最大跨度达 93m。试结合本章内容分析钢结构建筑有哪些优点及其施工优势？相比较于传统的混凝土建筑有哪些优势？

2. 钢材的分类

钢材的种类多种多样，建筑用钢材可分为钢结构用钢和钢筋混凝土结构用钢。其中钢结构用钢又分为型钢、钢板和钢管；钢筋混凝土结构用钢可以分为钢筋、钢丝和钢绞线。

扩展资源 1.pdf

1) 钢结构用钢

(1) 型钢。

型钢品种很多，是一种具有一定截面形状和尺寸的实心长条钢材，如图 6-2 所示。按其断面形状不同又分简单和复杂断面两种。前者包括圆钢、方钢、扁钢、六角钢和角钢；后者包括钢轨、工字钢、H 型钢、槽钢、窗框钢和异型钢等。直径在 6.5～9.0mm 的小圆钢称线材。

① 角钢俗称角铁，是两边互相垂直成角形的长条钢材，如图 6-3 所示。角钢广泛地用于各种建筑结构和工程结构中，如房梁、桥梁、输电塔、起重运输机械、船舶、工业炉、反应塔、容器架以及仓库货架等。

图 6-2 型钢示意图

图 6-3 角钢示意图

② 圆钢是指截面为圆形的实心长条钢材，如图 6-4 所示。圆钢分为热轧、锻制和冷拉三种。热轧圆钢的规格为 5.5～250mm。其中，5.5～25mm 的小圆钢大多以直条成捆供应，常用作钢筋、螺栓及各种机械零件；大于 25 毫米的圆钢，主要用于制造机械零件或作无缝钢管坯。

③ 槽钢是截面为凹槽形的长条钢材，如图 6-5 所示。槽钢主要用于建筑结构、车辆制造和其他工业结构，槽钢还常常和工字钢配合使用。

图 6-4　圆钢

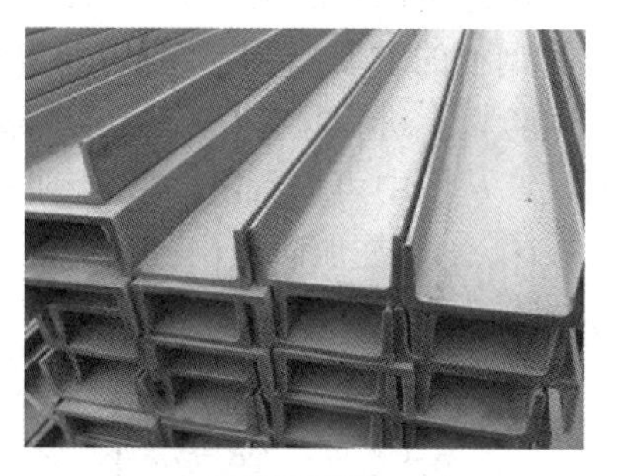

图 6-5　槽钢

(2) 钢板。

钢板是一种宽厚比和表面积都很大的偏平钢材。按厚度不同分薄板(厚度<4mm)、中板(厚度<4～25mm)和厚板(厚度>25mm)三种。钢带也属于钢板。

(3) 钢管。

钢管是一种中空截面的长条钢材。按其截面形状不同可分圆管、方形管、六角形管和各种异形截面钢管。按加工工艺不同又可分为无缝钢管和焊管钢管两大类。

2) 混凝土结构用钢

混凝土结构用钢分为钢筋、钢丝、钢绞线。钢筋可分为热轧钢筋(热轧光圆钢筋 HPB 和热轧带肋钢筋 HRB)、冷加工钢筋(冷拉热轧钢筋、冷轧带肋钢筋)、预应力混凝土热处理钢筋。钢筋混凝土用钢筋是指钢筋混凝土配筋用的直条或盘条状钢材，其外形分为光圆钢筋和变形钢筋两种，交货状态为直条和盘圆两种。钢筋在混凝土中主要承受拉应力。变形钢筋由于肋的作用，和混凝土有较大的黏结能力，因而能更好地承受外力的作用。

槽钢.mp4

热轧钢筋分为 HPB300、HRB400、HRBF400、HRB400E、HRBF400E、HRB500、HRBF500、HRB500E、HRBF500E、HRB600。

冷轧带肋钢筋分为 CRB550、CRB650、CRB800、CRB600H、CRB680H、CRB800H 六个牌号。CRB550、CRB600H 为普通钢筋混凝土用钢筋，CRB650、CRB800、CRB800H 为预应力混凝土用钢筋，CRB680H 既可作为普通钢筋混凝土用钢筋，也可作为预应力混凝土用钢筋使用。

钢筋广泛用于各种建筑结构，特别是大型、重型、轻型薄壁和高层建筑结构。钢丝是线材的再一次冷加工产品，按形状不同分圆钢丝、扁形钢丝和三角形钢丝等。钢丝除直接使用外，还用于生产钢丝绳、钢纹线和其他制品。钢绞线主要应用于预应力混凝土配筋。

6.2.2 建筑钢材的技术性能

1. 力学性能

1) 拉伸性能

拉伸是建筑钢材的主要受力形式，所以拉伸性能是表示钢材性能和选用的钢材的重要指标。将低碳钢(软钢)制成一定规格的试件，放在材料试验机上进行拉伸试验，可以绘出如图 6-6 所示的应力—应变关系曲线。从图中可以看出，低碳钢受拉至拉断，经历了 4 个阶段：弹性阶段(*O–A*)、屈服阶段(*A–B*)、强化阶段(*B–C*)和颈缩阶段(*C–D*)，如图 6-6 所示。

拉伸性能.mp4

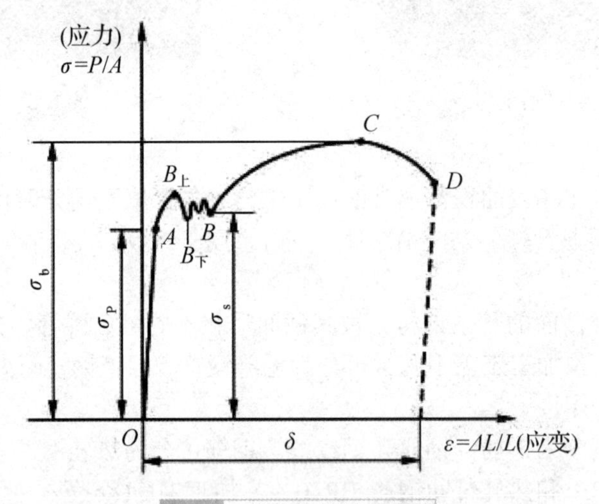

图 6-6 拉伸性能关系曲线

(1) 弹性阶段(图 6-6 中的 *O–A*)。

曲线中 *O–A* 段是一条直线，表示应力与应变成正比。如卸去外力，试件能恢复原来的形状，这种性质即为弹性，此阶段的变形为弹性变形。与 *A* 点对应的应力称为弹性极限，以 σ_p 表示。应力与应变的比值为常数，即弹性模量 E，$E=\sigma/\varepsilon$。弹性模量反映钢材抵抗弹性变形的能力，是钢材在受力条件下计算结构变形的重要指标。

(2) 屈服阶段(图 6-6 中的 *A–B*)。

应力超过 *A* 点后，应力、应变不再成正比关系，开始出现塑性变形。应力的增长滞后于应变的增长，当应力达 $B_{上}$点后(上屈服点)，瞬时下降至 $B_{下}$点(下屈服点)，变形迅速增加，而此时外力则大致在恒定的位置上波动，直到 *B* 点。这就是所谓的“屈服现象”，似乎钢材不能承受外力而屈服，所以 *AB* 段称为屈服阶段。与 $B_{下}$点(此点较稳定、易测定)对应的应力称为屈服点(屈服强度)，用 σ_s 表示。

钢材受力大于屈服点后，会出现较大的塑性变形，已不能满足使用要求，因此屈服强度是设计上钢材强度取值的依据，是工程结构计算中非常重要的一个参数。结构计算是以屈服强度为依据。

(3) 强化阶段(图 6-6 中的 *B*−*C*)。

当应力超过屈服强度后，由于钢材内部组织中的晶格发生了畸变，阻止了晶格进一步滑移，钢材得强化，所以钢材抵抗塑性变形的能力又重新提高，*B*−*C* 呈上升曲线，称为强化阶段。对应于最高点 *C* 的应力值(σ_b)称为极限抗拉强度，简称抗拉强度。

显然，σ_b 是钢材受拉时所能承受的最大应力值。屈服强度和抗拉强度之比(即屈强比=σ_s/σ_b)能反映钢材的利用率和结构安全可靠程度。屈强越小，其结构的安全可靠程度越高，但屈强比过小，又说明钢材强度的利用率偏低，造成钢材浪费。建筑结构合理的屈强比一般为 0.60～0.75。

(4) 颈缩阶段(图 6-6 中的 *C*−*D*)。

试件受力达到最高点 *C* 点后，其抵抗变形的能力明显降低，变形迅速发展，应力逐渐下降，试件被拉长，在有杂质或缺陷处，断面急剧缩小，直到断裂。故 *CD* 段称为颈缩阶段。

中碳钢与高碳钢(硬钢)的拉伸曲线与低碳钢不同，屈服现象不明显，难以测定屈服点，则规定产生残余变形为原标距长度的 0.2%时所对应的应力值，作为硬钢的屈服强度，也称条件屈服点，用σ0.2 表示。

2) 塑性

塑性.mp4

建筑钢材应具有很好的塑性，钢材的塑性通常用伸长率和断面收缩率来表示。将拉断后的试件拼合起来，测定出标距范围最终长度 L_1(mm)，其与试件原标距 L_0(mm)之差为塑性变形值，塑性变形值与 L_0 之比称为伸长率σ，伸长率σ按下式计算。

$$\sigma = \frac{L_1 - L_0}{L_0} \times 100\%$$

式中：σ——伸长率(当 L_0=5d$_0$ 时，为σ_5；当 L_0=10d$_0$ 时，为σ_{10})；

L_0——试件原标距长度(L_0=5d$_0$ 或 L_0=10d$_0$)(mm)；

L_1——试件拉断后标距间长度(mm)。

伸长率是衡量钢材塑性的一个重要指标，σ越大说明钢材的塑性越好。对于钢材而言，具有一定的塑性变形能力，可保证应力重新分布，避免应力集中，从而提高钢材用于结构的安全性。钢材的塑性除了主要取决于其组织结构、化学成分和结构缺陷等外，还与标距的大小有关。变形在试件标距内部的分布是不均匀的，颈缩处的变形最大，离颈缩部位越远其变形越小。所以原标距与直径之比越小，则颈缩处伸长值在整个伸长值的比重越大，计算出来的σ值就大。通常以σ_5和σ_{10}分别表示 L_0=5d$_0$ 和 L_0=10d$_0$ 时的伸长率，对于同一种钢材其$\sigma_5 > \sigma_{10}$。

3) 冲击韧性

冲击韧性是指钢材抵抗冲击荷载而不被破坏的能力。钢材的冲击韧性是用有刻槽的标准试件在冲击试验机的一次摆锤冲击下，以破坏后缺口处单位面积上所消耗的功(J/cm^3)来表示，其符号为 ak。试验时将试件放置在固定支座上，然后以摆锤冲击试件刻槽的背面，使试件承受冲击弯曲断裂。ak 值越大，冲击韧性越好。对于经常受较大冲击荷载作用的结构，要选用 ak 值大的钢材，如图 6-7 所示。

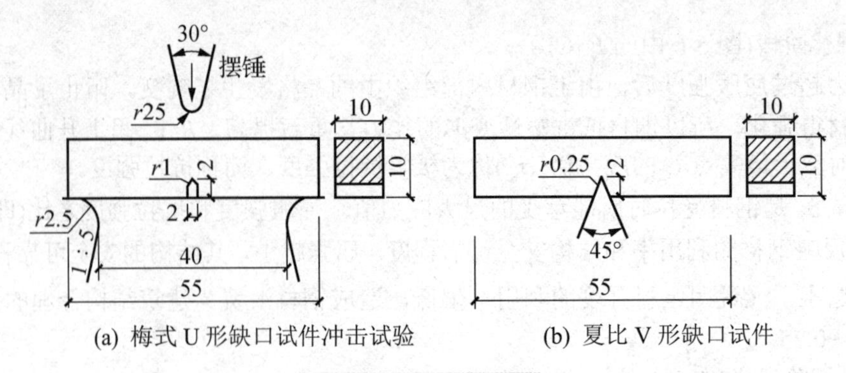

(a) 梅式U形缺口试件冲击试验　　(b) 夏比V形缺口试件

图6-7　冲击韧性试验

影响钢材冲击韧性的因素很多，如化学成分、冶炼质量、冷作及时效、环境温度等。

4) 耐疲劳性

钢材在交变荷载的反复作用下，往往在最大应力远小于其抗拉强度时就发生破坏，这种现象称为钢材的疲劳性。疲劳破坏的危险应力用疲劳强度(或称疲劳极限)来表示，它是指疲劳试验时试件在交变应力作用下，于规定的周期基数内不发生断裂所能承受的最大应力。一般把钢材承受交变荷载 10^6～10^7 次时不发生破坏的最大应力作为疲劳强度。设计承受反复荷载且需进行疲劳验算的结构时，就需要了解所用钢材的疲劳极限。

耐疲劳性.mp4

研究证明，钢材的疲劳破坏是拉应力引起的，首先在局部开始形成微细裂纹，其后由于裂纹尖端处产生应力集中使裂纹迅速扩展直至钢材断裂。因此，钢材的内部成分的偏析、夹杂物的多少以及最大应力处的表面光洁程度、加工损伤等，都是影响钢材疲劳强度的因素。疲劳破坏经常是突然发生的，因而具有很大的危险性，往往造成严重事故。

5) 硬度

硬度是指金属材料在表面局部体积内，抵抗硬物压入表面的能力，亦即材料表面抵抗塑性变形的能力。测定钢材硬度采用压入法，即以一定的静荷载(压力)，把一定的压头压在金属表面，然后测定压痕的面积或深度来确定硬度。按压头或压力不同，有布氏法、洛氏法等，相应的硬度试验指标称布氏硬度(HB)和洛氏硬度(HR)。较常用的方法是布氏法，其硬度指标是布氏硬度值。

各类钢材的HB值与抗拉强度之间有一定的相关关系。材料的强度越高，塑性变形抵抗力越强，硬度值也就越大。由试验得出，其抗拉强度与布氏硬度的经验关系如下：

当HB<175时，$\sigma_b \approx 0.36\text{HB}$；当HB>175时，$\sigma_b \approx 0.35\text{HB}$。

2. 工艺性能

良好的工艺性能，可以保证钢材顺利通过各种加工，而使钢材制品的质量不受影响。冷弯、冷拉、冷拔及焊接性能均是建筑钢材的重要工艺性能。

1) 冷弯性能

冷弯性能是指钢材在常温下承受弯曲变形的能力。钢材的冷弯性能指标是以试件弯曲的角度 α 和弯心直径对试件厚度(或直径)的比值(d/a)来表示，如图6-8所示。

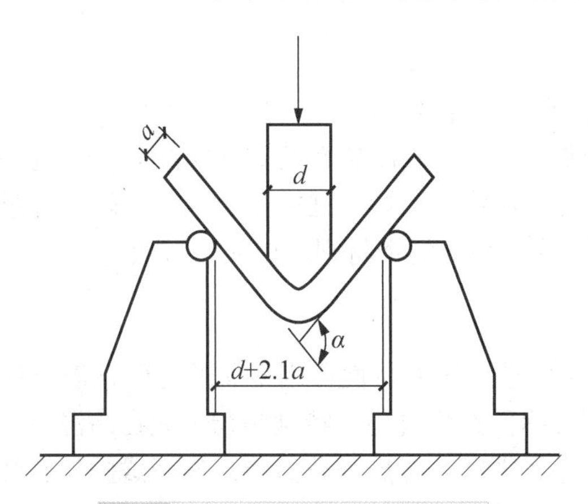

图 6-8　钢材冷弯性能试验示意图

a—冷弯试件的厚度；*d*—符合试验要求的弯心直径；*α* —符合试验要求的试件弯曲角度

钢材的冷弯试验是通过直径(或厚度)为 *a* 的试件，采用标准规定的弯心直径 *d*(*d*=*na*)，弯曲到规定的弯曲角(180°或 90°)时，试件的弯曲处不发生裂缝、裂断或起层，即认为冷弯性能合格。钢材弯曲时的弯曲角越大，弯心直径越小，则表示其冷弯性能越好。

通过冷弯试验更有助于暴露钢材的某些内在缺陷。相对于伸长率而言，冷弯是对钢材塑性更严格的检验，它能揭示钢材是否存在内部组织不均匀、内应力和夹杂物等缺陷。冷弯试验对焊接质量也是一种严格的检验，能揭示焊件在受弯表面存在未熔合、微裂纹及夹杂物等缺陷。

2) 焊接性能

在建筑工程中，各种型钢、钢板、钢筋及预埋件等需用焊接加工。钢结构有 90%以上是焊接结构。焊接的质量取决于焊接工艺、焊接材料及钢铁焊接性能。

3) 冷加工性能及时效处理

(1) 冷加工强化处理。

将钢材在常温下进行冷加工(如冷拉、冷拔或冷扎)，使之产生塑性变形，从而提高屈服强度，但钢材的塑性、韧性及弹模量则会降低，这个过程称为冷加工强化处理，如图 6-9 所示。建筑工地或预制构件厂常用的冷加工方法是冷拉和冷拔。

图 6-9　钢筋冷加工

(2) 时效。

钢材经冷加工后，在常温下存放15～20d或加热至100～200℃，保持2h左右，其屈服强度、抗拉强度及硬度进一步提高，而塑性及韧性继续降低，这种现象称为时效。前者称为自然时效，后者称为人工时效。钢材经过冷加工后，一般进行时效处理，通常强度较低的钢材宜采用自然时效，强度较高的钢材则采用人工时效。

3. 化学性能

金属与其他物质引起化学反应的特性称为金属的化学性能。在实际应用中主要考虑金属的抗蚀性、抗氧化性(又称作氧化抗力，特别是指金属在高温时对氧化作用的抵抗能力或者说稳定性)，以及不同金属之间、金属与非金属之间形成的化合物对机械性能的影响等。在金属的化学性能中，特别是抗蚀性对金属的腐蚀疲劳损伤有着重大的意义。

4. 物理性能

金属的物理性能主要考虑：

(1) 密度、熔点；

(2) 热膨胀性，随着温度变化，材料的体积也发生变化(膨胀或收缩)的现象称为热膨胀；

(3) 能吸引铁磁性物体的性质即为磁性。

金属材料发生脆化现象，大致上可以分为两类：一类是在一定的温度条件下泛起的脆性，或是在一定的温度条件下，经过一段时期后泛起的脆性。属于这一类的有冷脆性、热脆性、红脆性及回火脆性；另外一类是由于金属持久在高温、应力、侵蚀介质的作用下，金属的显微组织发生变化，从而引发材料发生脆化的现象。属于这一类的有苛性脆化、氢脆、石墨化等。

【案例6-2】 1996年亚特兰大奥运会主赛馆的屋盖结构，其长轴为240米，短轴为193米，为钻石形状，曾被评为全美最佳设计。整个结构由联方型索网、三根环索、不连续撑杆及中央桁架组成。它采用高强钢索作为主要受力构件，配合使用轴心受压杆件，通过施加预应力，巧妙地张拉成穹顶结构。该结构由径向拉索、环索、压杆、内拉环和外压环组成，其平面可建成圆形、椭圆形或其他形状。整个结构除少数几根压杆外都处于张力状态，可充分发挥钢索的强度，这种结构重量极轻，安装方便，经济合理。亚特兰大奥运会的主体育馆屋盖，用钢量不到30kg/m²。

试结合本章内容分析钢结构的特性及其用于大跨度及超大跨度的优势都有哪些？

6.2.3 建筑钢材的加工工艺

钢结构加工流程的主要工艺如下。

(1) 熟悉施工图：要熟悉施工图的每一个细节，发现有疑问，立即与相关技术部门沟通。

(2) 材料检验：钢材的好坏直接关系整个钢结构工程的质量。

钢结构加工工艺流程.mp4

(3) 放样，号料：包括核对图纸的安装尺寸和孔距，以1∶1大样放出节点，核对各部分的尺寸，制作样板和样杆作为下料、

弯制、铣、刨、制孔等加工的依据。根据配料表和样板进行套裁，尽可能节约材料。

(4) 切割：包括采用氧割(气割)、等离子切割等高温热源的方法和使用机切、冲模落料和锯切等机械的方法。

(5) 制孔：包括铆钉孔、普通连接螺栓孔、高强螺栓孔、地脚螺栓孔等。制孔通常采用钻孔的方法，有时在较薄的不重要的节点板、垫板、加强板等制孔时也可采用冲孔。钻孔通常在钻床上进行，不便用钻床时，可用电钻、风钻和磁座钻加工。

(6) 焊接：是钢结构加工制作中的关键步骤，焊接质量关系到钢结构建筑的根本，容不得任何瑕疵，钢结构件加工焊接全员应持证上岗，焊材焊剂均使用 GB 材料，焊缝工艺及质量有保障，可根据需求提供探伤报告，如图 6-10 所示。

(7) 除锈：可采用喷砂、喷丸、酸洗、打磨等方法，严格按设计要求和有关规定进行施工，如图 6-11 所示。

图 6-10　钢材焊接

图 6-11　钢材除锈

(8) 油漆喷涂：油漆的选用及喷涂施工，关系到钢结构件的外观效果及使用寿命，是构件加工中最后也是最重要的环节。所以应选用优质的钢结构防腐漆，并依照严格的操作流程对进行至少 2～3 遍以上的喷漆施工，确保产品的防腐效果。

(9) 检测验收：将成品检验合格后存放，确保产品无误。

6.2.4 建筑钢材的技术标准和选用

建筑工程用钢有钢结构用钢和钢筋混凝土结构用钢两类，前者主要应用型钢和钢板，后者主要采用钢筋和钢丝。钢结构用钢主要有碳素结构钢和低合金结构钢两种。

1. 碳素结构钢(非合金钢，如图 6-12 所示)

1) 碳素结构钢的牌号及其表示方法

碳素结构钢的牌号由 4 个部分组成：屈服点的字母(Q)、屈服点数值(MPa)、质量等级符号(A、B、C、D)、脱氧程度符号(F、Z、TZ)。碳素结构钢的质量等级是按钢中硫、磷含量由多至少划分的，随 A、B、C、D 的顺序质量等级逐渐提高。当为镇静钢或特殊钢时，则牌号表示“Z”与“TZ”符号可以省略。

按标准规定，我国碳素结构钢分 5 个牌号，即 Q195、Q215、Q235、Q255 和 Q275。例如 Q235-A • F，表示屈服点为 235MPa 的平炉或氧气转炉冶炼的 A 级沸腾碳素结构钢。

2) 碳素结构钢的技术标准与选用

按照标准《碳素结构钢》规定，碳素结构钢的技术要包括化学成分、力学性能、冶炼方法、交货状态、表面质量等 5 个方面。

在碳素结构钢的选用上，建筑钢结构中最常用的牌号为 Q235(综合性能符合建筑工程的要求)。因为 Q235 钢既有较高的强度，又有良好的塑性和韧型，如：B、C、D 等，可焊接性也很好，能满足一般钢结构用钢的要求。Q235 的 C 级和 D 级钢，其 S(硫)和 P(磷)的含量低，所以主要用作重要的焊接结构，且尤其适用于低温条件下，受冲击荷载作用的焊接钢结构。牌号为 Q195 及 Q215 的钢强度低，但塑性和韧性好，宜冷加工，在轧制、焊接加工、承受冲击或偶然荷载等情况下，能保证钢的安全使用。牌号为 Q255 及 Q275 的钢强度高，但塑性和韧性差，可焊接性差，不宜冷加工，可用作混凝土配筋和钢结构中的构件及螺栓(常用在机械零件及工具中)。

2. 低合金高强度结构钢(如图 6-13 所示)

低合金高强度结构钢.mp4

低合金高强度结构钢是在碳素钢结构的基础上，添加少量的一种或多种合金元素(总含量＜5%)的一种结构钢。其目的是提高钢的屈服强度、抗拉强度、耐磨性、耐蚀性与耐低温性等。低合金高强度结构钢是综合性较为理想的建筑钢材，在大跨度、承重动荷载和冲击荷载的结构中更适用。此外，与使用碳素钢相比，可以节约钢材 20%～30%，而成本并不很高。

图 6-12　非合金钢示意图

图 6-13　低合金高强度结构钢示意图

按照国家标准《低合金高强度结构钢》的规定，低合金高强度结构钢共有 5 个牌号。所加元素主要有锰、硅、钒、钛、铌、铬、镍及稀土元素。其牌号的表示方法由代表屈服点的汉语拼音字母(Q)、屈服点数值(MPa)、质量等级(分 A、B、D、C、E 5 级) 3 个部分按顺序排列，其中屈服点数值共分 295MPa、345MPa、390MPa、420MPa、460MPa 5 种，质量等级按硫、磷等杂质含量由多至少划分，随 A、B、C、D、E 的顺序质量等级逐级提高。例如 Q390A 表示屈服点为 390MPa 的 A 级钢。

【案例 6-3】 位于上海奉贤区的海湾旅游度假区，占地总面积 40 万平方米，建筑总面积 32 万平方米，是目前国内最大的钢结构生态节能住宅小区。目前已完成一期工程 3.1 万平方米。项目一期工程 3.1 万平方米，使用热轧 H 型钢约 1100 吨。项目采用钢筋混凝土现浇楼板。由于采用钢结构，自重轻，故所有建筑均采用天然地基，基础采用片筏或条型基础。

试结合本书分析钢结构建筑的优势(建议从选材、材料性能、施工速度、造价等方面进行综合考虑)。

6.2.5 建筑钢材的锈蚀和防护

1. 建筑钢材的锈蚀

锈蚀可发生于许多引起锈蚀的介质中，如潮湿的空气、土壤、工业废气等。钢材的锈蚀大致可分为两类。

1) 化学锈蚀

化学锈蚀是指钢材表面与周围介质直接发生化学反应而产生的锈蚀。钢材在高温中氧化形成 Fe_3O_4；在常温下氧化形成 FeO。

2) 电化学锈蚀

建筑钢材在存放和使用中发生的锈蚀主要属这一类，其锈蚀过程如下：

(1) 在潮湿的环境中，钢材表面被一层电解质水膜覆盖，由于表面成分或者受力变形等的不均匀性，使邻近的局部产生电极电位的差别，因而建立许多微电池。

(2) 在阳极区，铁被氧化成 Fe 离子进入水膜；因为水中溶有来自空气的氧，放在阴极区氧被还原为 OH^-；两者结合成为不溶于水的氢氧化亚铁($Fe(OH)_2$)。

(3) $Fe(OH)_2$ 进一步氧化，则形成疏松易剥落的红棕色的铁锈，即氢氧化铁($Fe(OH)_3$)。

(4) 如水膜中有酸的成分，则阴极被还原的将是氢离子。由于所形成的氢积存于阴极产生极化作用，使锈蚀停止，但水中的溶氧与氢结合成水以除去氢，故锈蚀能继续进行，如图 6-14 所示。因为水膜中离子浓度提高，阴极放电快，锈蚀进行较快，故在工业大气的条件下，钢材较容易锈蚀。

阳极反应　　$Fe \rightarrow Fe^{2+}+2e$

阴极反应　　$\frac{1}{2}O_2+H_2O+2e \rightarrow 2OH^-$

总反应　　$2Fe+O_2+2H_2O \rightarrow 2Fe(OH)_2$

$Fe(OH)_2$进一步被氧化

$2Fe(OH)_2+\frac{1}{2}O_2+H_2O \rightarrow 2Fe(OH)_3$

$Fe(OH)_3$即为铁锈

图 6-14　铁的电化学锈蚀过程

由此可以看出，影响钢材最常见的锈蚀因素是水和提供溶氧的空气。

2. 钢筋的锈蚀(如图 6-15 所示)

1) 钢筋锈蚀的原因

在钢筋混凝土中，引起钢筋锈蚀的原因主要有：

(1) 埋于混凝土中的钢筋处于碱性介质中(新浇混凝土 pH 约为 125 或更高)，而氧化保护膜也为碱性，故不致锈蚀。但这种保护膜易被卤素离子，特别是氯离子所破坏，使锈蚀迅速发展。

引起钢筋锈蚀的原因.mp4

(2) 浇筑混凝土时水灰比控制不好，游离水过多，水化反应之后，游离水分蒸发，使混凝土表面存在许多细微的小孔，由于毛细现象，周围水分会沿着毛细小孔向混凝土内部渗透，锈蚀钢筋。

(3) 混凝土的密实性决定了钢筋锈蚀的快慢，混凝土越密实，钢筋越不易锈蚀，反之，则钢筋锈蚀较快。

(4) 由于混凝土养护不当或保护层厚度不够以及在荷载作用下混凝土产生的裂缝，也是引起混凝土内部钢筋锈蚀的主要原因。

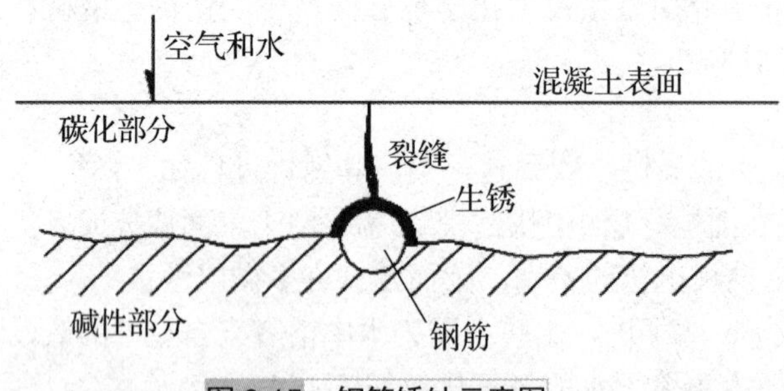

图 6-15　钢筋锈蚀示意图

防止钢筋锈蚀的方法.mp4

2) 钢筋锈蚀的危害

钢材(比如钢球)在存放中如果发生严重锈蚀，不但会导致截面积减少，材质降低甚至报废，而且除锈工作耗费很大；在使用中锈蚀不仅使受力面积减少，而且局部锈坑的产生可造成应力集中，促使结构早期破坏。尤其在反复荷载作用的情况下，将产生锈蚀疲劳现象，使疲劳强度大为降低，出现脆性破坏。

在钢筋混凝土中，钢筋的锈蚀会使混凝土的保护层膨胀出现裂纹，严重时混凝土保护层脱落，钢筋脱离，使钢筋和混凝土之间的黏结应力损失或完全丧失，危及结构的安全，因此钢筋的锈蚀对钢筋混凝土结构的使用寿命有很大的影响。

3. 钢材锈蚀的预防

钢材防止锈蚀的方法通常是采用表面刷漆。常用底漆有红丹、环氧富锌漆、铁红环氧底漆等；常用面漆有灰铅漆、醇酸磁漆、酚醛磁漆等。在钢筋混凝土中，防止钢筋锈蚀的方法主要有：

(1) 严格控制氯盐外加剂的掺用量；

(2) 限制并合理选用水灰比和水泥用量；

(3) 保证钢筋有足够的保护层厚度；

(4) 加强混凝土的振捣和养护工作，保护混凝土的密实。

对于预应力配筋，一般含碳量较高，又多经过变形和冷加工处理，因而对锈蚀破坏较敏感，特别是高强度热处理钢筋，容易产生应力锈蚀现象。所以重要的预应力承重结构，除不能掺用氯盐外，应对原材料进行严格检验。

6.3　其他金属材料

6.3.1　铝

铝是银白色轻金属，有延展性。商品常制成棒状、片状、箔状、粉状、带状和丝状。铝在潮湿空气中能形成一层防止金属腐蚀的氧化膜。铝粉在空气中加热能猛烈燃烧，并发出炫目的白色火焰，如图 6-16 所示。

图 6-16　铝材示意图

物质的用途在很大程度上取决于物质的性质。因为铝有多种优良性能，所以铝有着极为广泛的用途。

铝及铝合金是当前用途十分广泛的、最经济适用的材料之一。世界铝产量从 1956 年开始超过铜产量后一直居于有色金属之首。当前铝的产量和用量(按吨计算)仅次于钢材，成为人类应用的第二大金属；而且铝的资源十分丰富，据初步计算，铝的矿藏储存量约占地壳构成物质的 8%以上。

铝的重量轻和耐腐蚀，是其性能的两大突出特点。

铝的密度很小，仅为 2.7 g/cm^3，虽然它比较软，但可制成各种铝合金，如硬铝、超硬铝、防锈铝、铸铝等。这些铝合金广泛应用于飞机、汽车、火车、船舶等制造工业。此外，宇宙火箭、航天飞机、人造卫星也使用大量的铝及其铝合金。例如，一架超音速飞机约由 70%的铝及其铝合金构成。船舶建造中也大量使用铝，一艘大型客船的用铝量常达几千吨。

铝的导电性仅次于银、铜和金，虽然它的导电率只有铜的 2/3，但密度只有铜的 1/3，所以输送同量的电，铝线的质量只有铜线的一半。铝表面的氧化膜不仅有耐腐蚀的能力，而且有一定的绝缘性，所以铝在电器制造工业、电线电缆工业和无线电工业中有广泛的用途。

铝是热的良导体，它的导热能力比铁大 3 倍，工业上可用铝制造各种热交换器、散热材料和炊具等。铝有较好的延展性(它的延展性仅次于金和银)，在 100～150℃时可制成薄于 0.01mm 的铝箔。这些铝箔广泛用于包装香烟、糖果等，还可制成铝丝、铝条，并能轧制各种铝制品。

铝粉具有银白色光泽(一般金属在粉末状时的颜色多为黑色)，常用来做涂料，俗称银粉、银漆，以保护铁制品不被腐蚀，而且美观。铝在氧气中燃烧能放出大量的热和耀眼的光，常用于制造爆炸混合物，如铵铝炸药(由硝酸铵、木炭粉、铝粉、烟黑及其他可燃性有机物混合而成)、燃烧混合物(如用铝热剂做的炸弹和炮弹可用来攻击难以着火的目标或坦克、大炮等)和照明混合物(如含硝酸钡 68%、铝粉 28%、虫胶 4%)。

铝热剂常用来熔炼难熔金属和焊接钢轨等。铝还用作炼钢过程中的脱氧剂。铝粉和石墨、二氧化钛(或其他高熔点金属的氧化物)按一定比率均匀混合后，涂在金属上，经高温煅烧而制成耐高温的金属陶瓷，它在火箭及导弹技术上有重要应用。铝具有吸音性能，音响效果也较好，所以广播室、现代化大型建筑室内的天花板等也采用铝。

铝在温度低时，它的强度反而增加且无脆性，因此它是理想的用于低温装置材料，如冷藏库、冷冻库、南极雪上车辆、氧化氢的生产装置。

据资料显示，改革开放以来，中国铝工业取得了长足发展，已成为世界铝工业大国，形成了从铝土矿、氧化铝、电解铝、铝加工、研发为一体的比较完善的工业体系。2006 年，中国铝业从 2005 年的全行业亏损迅速转为全行业实现利润 324 亿元、利税 500 多亿元。2006 年，电解铝 1200 万吨产能中 160kA 及以上产能占 83%，已经全部淘汰落后的自焙槽生产能力，部分小型预焙槽生产能力得到改造。

扩展资源 2.pdf

铝的其他资料详见二维码。

6.3.2 铝合金

1. 铝合金的性质

铝合金的性质.mp4

铝合金不是铝，铝合金是工业中应用最广泛的一类有色金属结构材料，在航空、航天、汽车、机械制造、船舶及化学工业中已大量应用，如图 6-17 所示。工业经济的飞速发展，对铝合金焊接结构件的需求日益增多，使铝合金的焊接性研究也随之深入。目前铝合金是应用最多的合金。

纯铝的密度小，大约是铁的 1/3，熔点低，铝是面心立方结构，故具有很高的塑性，易于加工，可制成各种型材、板材，抗腐蚀性能好。但是纯铝的强度很低，退火状态 σ_b 值约为 8kgf/mm^2，故不宜作结构材料。通过长期的生产实践和科学实验，人们逐渐以加入合金元素及运用热处理等方法来强化铝，这就得到了一系列的铝合金。添加一定元素形成的合金在保持纯铝质轻等优点的同时还能具有较高的强度，这样使得其“比强度”(强度与比重的比值 σ_b/ρ)胜过很多合金钢，成为理想的结构材料，广泛用于机械制造、运输机械、动力机械及航空工业等方面，飞机的机身、蒙皮、压气机等常以铝合金制造，以减轻自重。采用铝合金代替钢板材料的焊接，结构重量可减轻 50%以上。

图 6-17　铝合金示意图

铝合金密度低，但强度比较高，接近或超过优质钢，塑性好，可加工成各种型材，具有优良的导电性、导热性和抗蚀性，工业上广泛使用，使用量仅次于钢。一些铝合金可以采用热处理获得良好的机械性能、物理性能和抗腐蚀性能。

2. 铝合金的合成加工工艺

铝合金可以用各种不同的方法熔炼。常使用的是无芯感应炉和槽式感应炉、坩埚炉和反射式平炉(使用天然气或燃料油燃烧)以及电阻炉和电热辐射炉。但是熔化的铝也易受三种类型的不良影响：

(1) 在高温条件下，随着时间的推移，氢气的吸附导致溶解在熔液中氢气的增加。

(2) 在高温条件下，随着时间的推移，熔液发生氧化。

(3) 合金元素的丧失。

氢气是很容易被熔化的铝吸附的。不幸的是，在熔化的铝合金中，氢气的溶解度基本上大于其在固体铝中的溶解度。当铝合金凝固时，氢气从熔液中排出，收缩孔隙度扩大，同时伴随着力学性能的丧失。氢气一般源自湿炉料和潮湿的熔化工具，但主要的氢气源是环境中的湿气。因为熔炼时几乎难以防止氢气的吸附，所以浇筑前必须从熔液中除去氢气。最常使用的方法是向熔液中鼓入干燥的氮气或氩气泡。使用氯气除去氢气是格外有效的，然而，由于环境和安全原因常排除它在生产中的使用。

【案例 6-4】 《现代金属》1981 年 12 期报道，美国国际收割机公司在新的 900 系列谷穗收割机上，用 7075-T6 铝合金棒机加工成杆状辊轴，取代由钢机加工成的杆状，铝合金在门窗中的应用也越来越广，试结合本节内容从铝合金的性能及加工工艺等方面思考铝合金有哪些特性，这些特性适应于哪些建筑或部件？

铝合金熔铸的具体资料详见二维码。

3. 缺陷修复

扩展资源 3.pdf

铝合金在生产过程中，容易出现缩孔、砂眼、气孔和夹渣等铸造缺陷，需要对其进行修复。冷焊修复机是利用高频电火花瞬间放电、无热堆焊原理来修复铸件缺陷。由于冷焊热影响区域小，不会造成基材退火变形，不产生裂纹，没有硬点、硬化现象，而且熔接强度高，补材与基体同时熔化后的再凝固，结合牢固，可进行磨、铣、锉等加工，致密不脱落。因此冷焊修复机是修补铝合金气孔、砂眼等细小缺陷的理想方法。

4. 铝合金型材

通过挤压加工获得的铝及铝合金材料，所得产品可以为板、棒及各种异形型材，可以广泛应用于建筑、交通、运输、航空航天等领域的新型材料。

1) 非涂漆类产品

非涂漆类产品可分为锤纹铝板(无规则纹样)、压花板(有规则纹样)和预钝化、阳极氧化铝表面处理板。

2) 涂漆类产品

(1) 按涂装工艺可分为：喷涂板产品和预辊涂板；

(2) 按涂漆种类可分为：聚酯、聚氨酯、聚酰胺、改性硅、环氧树脂、氟碳等。

3) 常见的铝合金板材

(1) 铝塑板。

铝塑板是由经过表面处理并用涂层烤漆的 3003 铝锰合金、5005 铝镁合金板材作为表面，PE 塑料作为芯层，高分子黏结膜经过一系列工艺加工复合而成的新型材料。

它既保留了原组成材料(铝合金板、非金属聚乙烯塑料)的主要特性，又克服了原组成材料的不足，进而获得了众多优异的材料性质。铝塑板具有艳丽多彩的装饰性、耐蚀、耐创击、防火、防潮、隔音、隔热、抗震性、质轻、易加工成型、易搬运安装等特性。

(2) 铝单板。

铝单板是采用优质铝合金加工而成，再经表面喷涂氟碳烤漆精制而成，铝单板主要由面板、加强筋骨、挂耳等组成。

铝单板的特点是轻量化、刚性好、强度高、不燃烧性、防火性佳、加工工艺性好、色彩可选性广、装饰效果极佳、易于回收、利于环保。

铝单板常应用于建筑幕墙、柱梁、阳台、隔板包饰、室内装饰、广告标志牌、车辆、家具、展台、仪器外壳、地铁海运工具等处。

(3) 铝蜂窝板(如图 6-18 所示)。

铝蜂窝板采用复合蜂窝结构，它是具有施工便捷、综合性能理想、保温效果显著等特性的新型材料，它的卓越性能吸引了人们的眼球。铝蜂窝板并无标准尺寸，所有板材均根据设计图纸由工厂订制而成，广泛地应用于大厦外墙装饰(特别适用于高层的建筑)及内墙天花吊顶、墙壁隔断、房门及保温车厢、广告牌等领域。

(4) 铝蜂窝穿孔吸音吊顶板。

铝蜂窝穿孔吸音吊顶板的构造结构为穿孔铝合金面板与穿孔背板，依靠优质胶黏剂与铝蜂窝芯直接黏接成铝蜂窝夹层结构，蜂窝芯与面板及背板间贴上一层吸音布。

铝蜂窝穿孔吸音吊顶板适用于地铁、影剧院、电台、电视台、纺织厂和噪声超标准的厂房以及体育馆等大型公共建筑的吸声墙板、天花吊顶板。

(5) 氟碳铝板(如图 6-19 所示)。

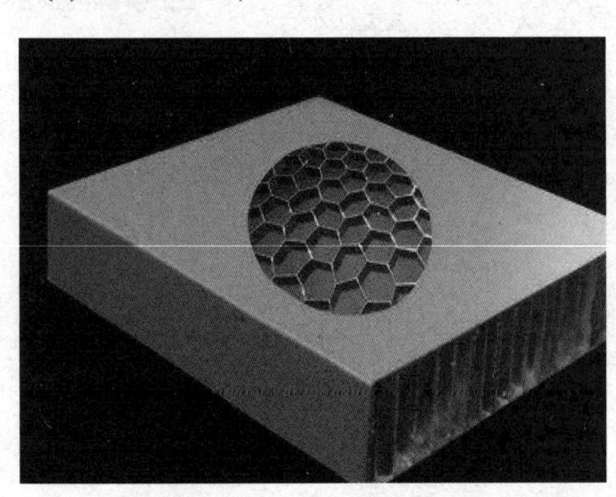

图 6-18　铝蜂窝板示意图

图 6-19　氟碳铝板示意图

① 氟碳喷涂板。氟碳喷涂板分为两涂系统、三涂系统和四涂系统，一般宜采用多层涂装系统。

两涂系统是由 5～10μm 的氟碳底漆和 20～30μm 的氟碳面漆组成，膜层总厚度一般不宜小于 35μm，只可用于普通环境。

三涂系统是由 5～10μm 的氟碳底漆、20～30μm 的氟碳色漆和 10～20μm 的氟碳清漆组成，膜层总厚度一般不宜小于 45μm。适用于空气污染严重、工业区及沿海等环境恶劣地带。

四涂系统有两种。一种是当采用大颗粒铝粉颜料时，需要在底漆和面漆之间增设一道 20μm 的氟碳中间漆；另一种是在底漆和面漆之间增设一道聚酰胺与聚氨酯共混的致密涂层，提高其抗腐蚀性，增加氟碳铝板的使用寿命。因为一般的氟碳漆是海绵结构，有气孔，无法阻止空气中的正负离子游离穿透至金属板基层。因此这种涂层系统更适用于空气污染严重、工业区及沿海等环境恶劣地带。

② 氟碳预辊涂层铝板。预辊涂层铝板的设计思想是将尽可能多的材料优点和工艺优势集于一身，把人为影响的质量因素降至最低，其品质比氟碳喷涂(烤漆)铝板更有保证。

本章小结

通过本章的学习可以帮助学生认识金属材料，了解金属材料的分类，熟悉钢材的加工工艺，以及如何对易锈的钢材进行防护。这些内容的学习为学生日后的学习、工作奠定了坚实的基础。

实训练习

一、单选题

1. 低温焊接钢结构宜选用的钢材为(　　)。

A. Q195　　B. Q235-AF　　C. Q235-D　　D. Q235-B

2. (　　)在建筑工程中不能进行焊接使用。

A. 预应力混凝土用热处理钢筋　　B. H型钢

C. 热轧带肋钢筋　　D. 冷弯薄壁型钢

3. 下列钢材中，塑性及可焊性均最好的为(　　)。

A. Q125　　B. Q256　　C. Q356　　D. Q275

4. 下列建筑钢材中(　　)未经冷加工强化与时效处理。

A. 冷轧带肋钢筋　　B. 冷拔低碳钢丝

C. 预应力混凝土用热处理钢筋　　D. 冷轧扭钢筋

5. 钢中硫和氧的含量超过限量时，会使钢材(　　)。

A. 红脆　　B. 热脆　　C. 冷脆　　D. 回火

6. 铁制品在通常情况下很易生锈，制造时往往在铁制品表面电镀一层铜起防锈作用。下列说法正确的是(　　)。

A. 镀铜铁制品不可以在弱酸性条件下使用

B. 镀铜铁制容器可盛硝酸银溶液

C. 镀铜铁制品不易生锈的原因之一是使铁隔绝了空气

D. 镀铜铁制品是一种合金

7. 铝在一百多年里产量得到大幅度的提高，并被广泛地使用，原因之一就是铝的抗腐蚀性能好。铝具有良好抗腐蚀性能的原因是(　　)。

A. 铝的化学性质不活泼　　B. 铝不与酸、碱反应

C. 铝常温下不与氧气反应　　D. 铝表面生成一层致密的氧化铝保护膜

二、多选题

1. 钢材重量偏差测量应符合(　　)。

   A. 偏差结果保留整数　　B. 长度精确到 1mm

   C. 重量精确到不大于总重量的 1%　　D. 长度精确到 1cm

   E. 重量精确到不大于总重量的 0.5%

2. 钢绞线 GB/T 5224—2014 标准与原标准比检验参数变化为(　　)。

   A. 增加整根钢绞线最大力的最大值

   B. 取消了极限强度最大值不得超过标准值 200MPa 规定

   C. 0.2%屈服力值改为整根钢绞线实际最大力 F_{max} 的 88%～95%。

   D. 松弛试验由 100h 改为 120h，推算 1000h 松弛率。

   E. 取消极限强度最大值不得超过标准值 300MPa 规定

3. 我国生产的钢按冶炼方法分类有(　　)。

   A. 平炉钢　　B. 转炉钢　　C. 电炉钢　　D. 高炉钢　　E. 沸腾钢

4. 钢材中的五个主要化学元素是(　　)。

   A. C　　B. Si　　C. Mn　　D. P　　E. O

5. 建筑钢材种类主要如下(　　)。

   A. 型材　　B. 棒材　　C. 异型钢材　　D. 角钢　　E. H 型钢

三、简答题

1. 金属腐蚀的主要方式是什么？如何提高钢的耐蚀性？
2. 何谓化学腐蚀与电化学腐蚀？提高钢的耐蚀性有哪些途径？
3. 常用建筑钢材有哪些？
4. 简述钢结构加工工艺流程。

习题答案.pdf

实训工作单

<table>
<tr><td>班级</td><td></td><td>姓名</td><td></td><td>日期</td><td></td></tr>
<tr><td colspan="2">教学项目</td><td colspan="4">现场学习建筑钢材的加工及防锈蚀与保护</td></tr>
<tr><td>任务</td><td>学会钢材的加工工艺，掌握钢材防锈蚀的方法</td><td colspan="2">工艺流程</td><td colspan="2">施工图→材料检验→放样、号料→切割→制孔→焊接→除锈→油漆喷涂→检测验收</td></tr>
<tr><td colspan="3">相关知识</td><td colspan="3">钢材加工、钢材防锈蚀</td></tr>
<tr><td colspan="3">其他项目</td><td colspan="3">钢材的选用及主要性能</td></tr>
<tr><td colspan="6">加工过程记录</td></tr>
<tr><td>评语</td><td colspan="3"></td><td>指导老师</td><td></td></tr>
</table>

第7章 墙体材料

07

【学习目标】

1. 掌握砌墙砖的种类、规格、技术性质、应用范围；
2. 掌握砌块种类、规格、技术性质、应用范围；
3. 掌握墙用板材的种类、规格、技术性质、应用范围。

【教学要求】

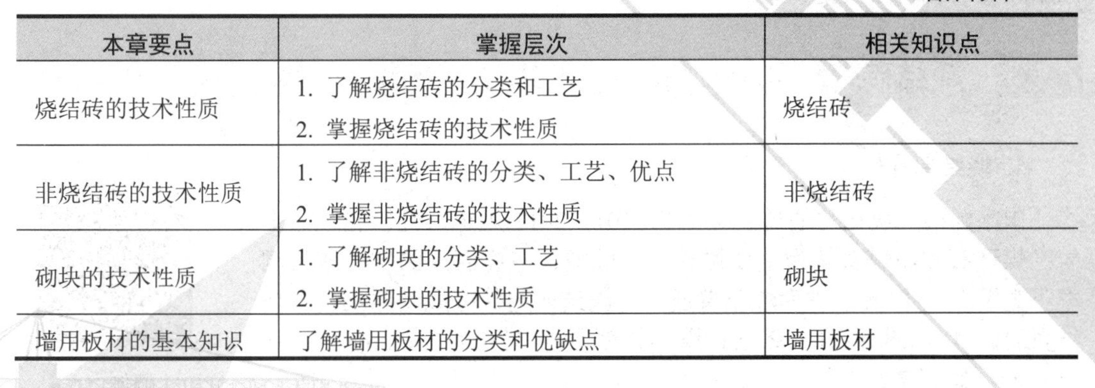

本章要点	掌握层次	相关知识点
烧结砖的技术性质	1. 了解烧结砖的分类和工艺 2. 掌握烧结砖的技术性质	烧结砖
非烧结砖的技术性质	1. 了解非烧结砖的分类、工艺、优点 2. 掌握非烧结砖的技术性质	非烧结砖
砌块的技术性质	1. 了解砌块的分类、工艺 2. 掌握砌块的技术性质	砌块
墙用板材的基本知识	了解墙用板材的分类和优缺点	墙用板材

【项目案例导入】

图7-1所示为赵州桥示意图，桥体全部用石料建成，距今已有约1500年的历史，是当今世界上现存最早、保存最完整的古代敞肩石拱桥。自重为2800t的赵州桥，它的根基却只是由五层石条砌成高1.56m的桥台，直接建在自然砂石上。在古代，砌块结构被广泛应用，现如今，混凝土砌块应用已经非常普遍。

图 7-1　赵州桥示意图

【项目问题导入】

混凝土砌块结构的优势都有哪些？在现今的建筑工程中，混凝土砌块的适用范围是什么？相比较于传统的结构，采用砌块结构的好处及混凝土砌块都有哪些特点及特性？请结合上例学习本章知识。

7.1　砌　墙　砖

在房屋建筑中，墙体具有承重、围护和分隔功能，屋面是建筑物最上层的防护结构，具有防风雨、保温隔热功能。因此，合理选用墙体和屋面材料，对建筑物的功能、安全及经济性等均具有重要意义。

目前，用于墙体的材料品种较多，总体可归纳为砌墙砖、墙用砌块和墙用板材三大类。用于屋面的材料主要是瓦(板)材。

7.1.1　烧结砖

1. 烧结普通砖

国家标准《烧结普通砖》(GB/T 5101—2017)规定，凡以黏土、页岩、煤矸石和粉煤灰等为主要原料，经成型、焙烧而成的实心或孔洞率不大于 15%的砖，称为烧结普通砖。烧结普通砖分烧结黏土砖、烧结页岩砖、烧结煤矸石砖、烧结粉煤灰砖等。通常尺寸为240mm×115mm×53mm，如图 7-2 所示。

墙体.avi

图 7-2　烧结普通砖示意图

1) 烧结普通砖的分类

(1) 按主要原料烧结砖可以分为：黏土砖(N)、页岩砖(Y)、煤矸石砖(M)和粉煤灰砖(F)。

(2) 按焙烧窑中气氛分红砖和青砖两种。在氧化气氛的焙烧窑中烧成的红色黏土质砖为红砖，在还原气氛的焙烧窑中烧成的青灰色黏土质砖为青砖。青砖较红砖耐碱，耐久性好。

(3) 按焙烧方法分内燃砖和外燃砖。近年来，我国普遍采用了内燃砖。它是煤渣、粉煤灰等可燃工业废渣以适当比例掺入制坯黏土原料中作为内燃原料，当砖坯焙烧到一定温度时，内燃料在坯体内也进行燃烧，这样烧成的砖叫内燃砖。内燃法制砖除可节省外投燃料和部分黏土用量(可节约原料黏土 5%～10%)外，由于焙烧时热源均匀，内燃原料燃烧后留下许多封闭小孔，因此砖的表观密度减小，强度提高约 20%，导热系数降低，隔热、保温性能增强。

内燃法制砖.mp3

(4) 按火候分有正火砖、欠火砖和过火砖。由于砖在焙烧时窑内温度分布(火候)难以绝对均匀，因此除正火砖(合格品)外，还常出现欠火砖和过火砖。欠火砖色浅，敲击声发哑，吸水率大，强度低，耐久性差；过火砖色深，敲击时声音清脆，吸水率低，强度较高，但有弯曲变形。欠火砖和过火砖均属于不合格产品。

2) 生产工艺

烧结砖的生产过程为：配料→调制→制品成型→干燥→焙烧→成品。

3) 性能

(1) 形状尺寸。

普通黏土砖为长方体，其标准尺寸为 240mm×115mm×53mm(通常将 240mm×115mm 的平面称为大面，将 240mm×53mm 的平面称为条面，将 115mm×53mm 的平面称为顶面)，加上砌筑用灰缝的厚度，则 4 块砖长，8 块砖宽，16 块砖厚分别恰好为 1m，故每 1m^3 砖砌体需用砖 512 块。普通黏土体积如图 7-3 所示。

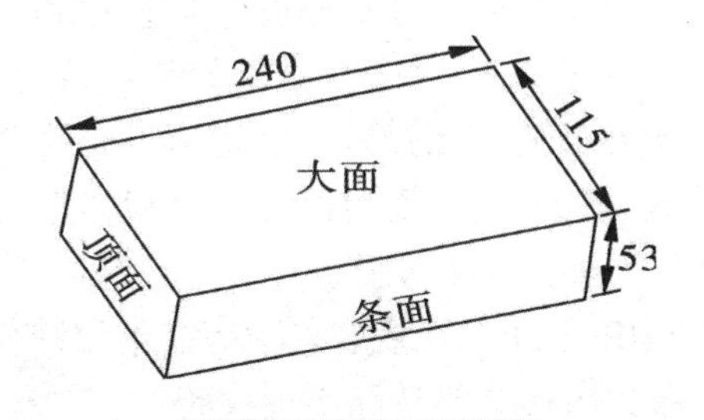

图 7-3　普通黏土体积

(2) 强度等级。

普通黏土砖的强度等级根据 10 块砖的抗压强度平均值、标准值或最小值划分，共分为 MU30、MU25、MU20、MU15、MU10 五个等级，在评定强度等级时，若强度变异系数 $\delta \leqslant 0.21$ 时，采用平均值——标准值方法；若强度变异系数 $\delta > 0.21$ 时，则采用平均值——最小值方法。各等级的强度标准应符合表 7-1 规定值。

扩展资源 1.pdf

表 7-1 普通黏土砖的强度 单位：MPa

强度等级	抗压强度平均值(≥)	变异系数 δ ≤0.21	变异系数 δ >0.21
		强度标准值(≥)	单块最小值(≥)
MU30	30.0	22.0	22.5
MU25	25.0	18.0	22.0
MU20	20.0	14.0	16.0
MU15	15.0	10.0	12.0
MU10	10.0	6.5	7.5

(3) 抗风化性能。

抗风化性能是普通黏土砖重要的耐久性指标之一，对砖的抗风化性能要求应根据各地区的风化程度而定(各地区的风化程度划分详见《烧结普通砖》(GB/T 5101—2017)。砖的抗风化性能通常用抗冻性、吸水率及饱和系数三项指标划分。其中抗冻性是指经 15 次冻融循环后不产生裂纹、分层、掉皮、缺棱、掉角等冻坏现象；且重量损失率小于 2%，强度损失率小于规定值。

严重风化区中的 1、2、3、4、5 等 5 个地区所用的普通黏土砖，其抗冻性试验必须合格，其他地区可不做抗冻试验。

(4) 石灰爆裂。

原料中若夹带石灰或内燃料(粉煤灰、炉渣)中带入 CaO，在高温熔烧过程中会生成过火石灰。过火石灰在砖体内吸水膨胀，导致砖体膨胀破坏，这种现象称为石灰爆裂。《烧结普通砖》(GB/T 5101—2017)规定，优等品不允许出现最大破坏尺寸大于 2mm 的爆裂区域；一等品不允许出现最大破坏尺寸大于 10mm 的爆裂区域；合格品中每组砖样 2～15mm 的爆裂区不得大于 15 处，其中 10mm 以上的区域不多于 7 处，且不得出现大于 15mm 的爆裂区。

(5) 泛霜。

泛霜是指砖内可溶性盐类在砖的使用过程中，逐渐于砖的表面析出一层白霜。这些结晶的白色粉状物不仅影响建筑物的外观，而且结晶的体积膨胀也会引起砖表层的疏松，同时破坏砖与砂浆层之间的黏结，如图 7-4 所示。

《烧结普通砖》(GB/T 5101—2017)还规定，优等品不允许有泛霜现象，合格品中不允许出现严重泛霜，且不得夹杂欠火砖、酥砖和螺旋纹砖。

(6) 质量等级。

根据国家标准《烧结普通砖》(GB/T 5101—2017)的规定，普通黏土砖的技术要求包括形状、尺寸、外观质量、强度等级和耐久性等方面。根据尺寸偏差和外观质量、泛霜和石灰爆裂分为优等品(A)、一等品(B)和合格品(C)3 个等级。普通黏土砖的孔隙率约为 30%，吸水率为 18%～20%，表观密度为 1800kg/m^3 左右。

4) 烧结砖的应用

烧结普通砖既有一定的强度，又有较好的隔热、隔声性能，冬季室内墙面不会出现结霜现象，而且价格低廉。虽然不断出现各种

烧结砖的应用.mp3

新的墙体材料，但烧结砖在今后一段时间内，仍会作为一种主要材料用于砌筑工程中。

烧结普通砖可用于建筑维护结构，砌筑柱、拱、烟囱、窑身、沟道及基础等；可与轻骨料混凝土、加气混凝土、岩棉等隔热材料配套使用，砌成两面为砖、中间填以轻质材料的轻体墙；可在砌体中配置适当的钢筋或钢筋网成为配筋砌筑体，代替钢筋混凝土柱、过梁等。

烧结普通砖优等品可用于清水墙的砌筑，一等品、合格品可用于混水墙的砌筑，中等泛霜的砖不能用于潮湿部位。

需要指出的是，烧结普通砖中的黏土砖，由于制砖取土大量毁坏良田、消耗能源、污染环境，并且黏土砖具有自重大、成品尺寸小、施工效率低、抗震性能差等不足，因此，国家为促进墙体材料结构调整和技术进步，提高建筑工程质量和改善建筑功能，出台了一系列政策，大力推广墙体材料改革，以空心砖、工业废渣砖及砌块、轻质板材等来代替实心黏土砖。

【案例 7-1】 我国烧结砖从无到有，经过十几年的努力，生产能力达 2 亿多块左右，普通黏土砖的主要原料为粉质或砂质黏土，而目前，国家已经禁止采用红黏土烧砖，随之煤矸石、粉煤灰、煤渣等烧结砖开始流行，结合当前环境及本书说明其优点及其禁止原因。

2. 烧结多孔砖(如图 7-5 所示)

烧结多孔砖.mp3

烧结普通砖有自重大、体积小、生产能耗高、施工效率低等缺点，用烧结多孔砖和烧结空心砖代替烧结普通砖，可使建筑物自重减轻 30%左右，节约黏土 20%～30%，节省燃料 10%～20%，墙体施工功效提高 40%，并改善砖的隔热隔声性能。通常在相同的施工性能要求下，用空心砖砌筑的墙体厚度比用实心砖砌筑的墙体减薄半砖左右，所以推广使用多孔砖和空心砖是加快我国墙体材料改革，促进墙体材料工业技术进步的重要措施之一。

图 7-4　泛霜现象示意图

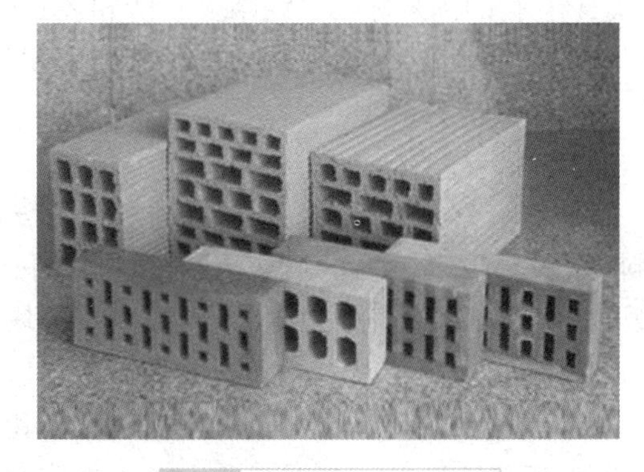

图 7-5　烧结多孔砖示意图

烧结多孔砖和烧结空心砖的生产工艺与烧结普通砖相同，但由于坯体有孔洞，增加了成型的难度，因而对原料的可塑性要求很高。

1) 烧结多孔砖

烧结多孔砖以黏土、页岩、煤矸石、粉煤灰、淤泥(江河湖淤泥)及其他固体废弃物等为主要原料，经焙烧而成，主要用于建筑物承重部位。

烧结多孔砖的特性如下。

(1) 多孔砖的技术性能应满足国家规范《烧结多孔砖和多孔砌块》(GB 13544—2011)的要求。根据其尺寸规格分为 190mm×190mm×90mm(M 型)和 240mm×115mm×90mm(P 型)。圆孔直径必须≤22mm，非圆孔内切圆直径≤15mm，手抓孔一般为(30～40)mm×(75～85)mm。烧结多孔砖具体尺寸如图 7-6 所示。

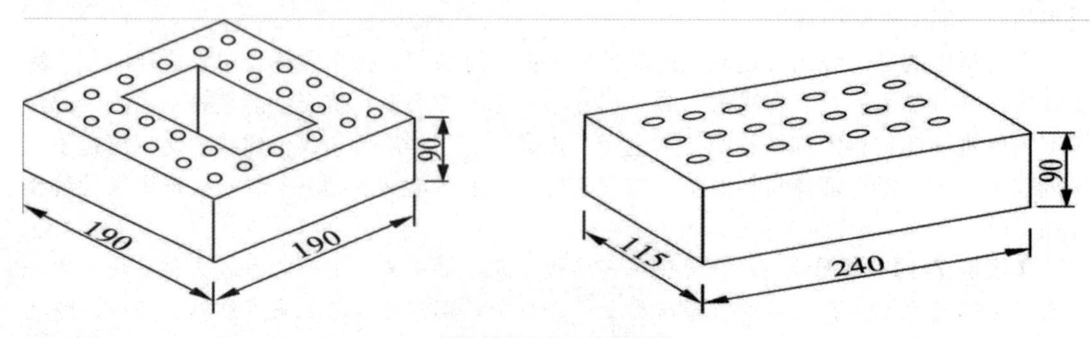

图 7-6　多孔砖示意图

(2) 孔型，《烧结多孔砖和多孔砌块》(GB 13544—2011)规定，所有烧结多孔砖孔型均为矩形孔或矩形条孔。孔四个角应做成过渡圆角，不得做成直尖角。方向尺寸必须平行于砖的条面。

(3) 孔洞率，即砌块的孔洞和槽的体积总和与按外围尺寸算出的体积之比的百分率。烧结多孔砖的话直接用有孔的那个面的圆的总面积除以所在面的矩形面积的百分比就可以了。孔洞排列要求：

① 所有孔宽应相等。孔采用单向或双向交错排列；

② 孔洞排列上下、左右应对称，分布均匀，手抓孔的长度方向尺寸必须平行于砖的条面。

(4) 新的国家标准《烧结多孔砖和多孔砌块》(GB 13544—2011)规定，根据抗压强度，烧结多孔砖分为 MU30、MU25、MU15、MU20、MU10 五个强度等级。密度等级分为 1000、1100、1200、1300 四个等级。

2) 烧结空心砖(如图 7-7)

烧结空心砖是指以页岩、煤矸石或粉煤灰为主要原料，经焙烧而成的具有竖向孔洞(孔洞率不小于 25%，孔的尺寸小而数量多)的砖。烧结空心砖由两两相对的顶面、大面及条面组成直角六面体，在中部开设有至少两个均匀排列的条孔，条孔之间由肋相隔，条孔与大面、条面平行，其间为外壁，条孔的两开口分别位于两顶面上，在所述的条孔与条面之间分别开设有若干孔径较小的边排孔，边排孔与其相邻的边排孔或相邻的条孔之间为肋。烧结空心砖自重较轻，强度较低，多用于非承重墙，如多层建筑的内隔墙或框架结构的填充墙等。

图 7-7　烧结空心砖

空心砖规格尺寸较多，有 290mm×190mm×90mm 和 240mm×180mm×115mm 两种类型，砖的壁厚应大于 10mm，肋厚应大于 7mm。

空心砖的技术性能应满足国家规范《烧结空心砖与空心砌块》GB/T 13545—2014 的要求。根据大面和条面抗压强度分为 5.0、3.0、2.0 三个强度等级，同时按表观密度分为 800、900、1000、1100 四个密度级别，并根据尺寸偏差、外观质量、强度等级和耐久性等分为优等品(A)、一等品(B)和合格品(C)三个等级。各技术指标见表 7-2 和表 7-3。

表 7-2　空心砖强度等级划分标准

强度等级	抗压强度/MPa		
	抗压强度平均值 $\bar{f}$ ≥	变异系数 $\delta \leqslant 0.21$ 强度标准值 f_k ≥	变异系数 $\delta > 0.21$ 单块最小抗压强度值 f_{min} ≥
MU10.0	10.0	7.0	8.0
MU7.5	7.5	5.0	5.8
MU5.0	5.0	3.5	4.0
MU3.5	3.5	2.5	2.8

表 7-3　空心砖密度级别指标　　单位：kg/m^3

密度等级	五块体积密度平均值
800	≤800
900	801～900
1000	901～1000
1100	1001～1100

7.1.2 非烧结砖

非烧结砖.mp3

不经焙烧而制成的砖均为非烧结砖，如碳化砖、免烧免蒸砖、蒸养(压)砖等。目前，应用较广的是蒸养(压)砖。这类砖是以含钙材料(石灰、电石渣等)和含硅材料(砂质、煤粉灰、煤矸石灰渣、炉渣等)与水拌合，经压制成型，在自然条件下或人工水热合成条件(蒸养或蒸压)下，反应生成以水化硅酸钙、水化铝酸钙为主要胶结料的硅酸盐建筑制品。主要品种有蒸压灰砂砖、粉煤灰砖、炉渣砖等。

1. 蒸压灰砂砖

蒸压砖.mp3

1) 蒸压灰砂砖的材料性质

蒸压灰砂砖和蒸压粉煤灰砖是以粉煤灰或其他矿渣或灰砂为原料，添加石灰、石膏以及骨料，经胚料制备、压制成型、高效蒸汽养护等工艺制成。蒸压砖成套设备包括：搅拌机、消化机、蒸压砖机、轮碾机、蒸压釜等主要设备，及箱式给料机、螺旋输送机、爬斗、骨料称、胶带输送机、养护小车、摆渡车等辅助设备。蒸压砖的抗冻性、耐蚀性、抗压强度等多项性能都优于实心黏土砖的人工石材。砖的规格尺寸与普通实心黏土砖完全一致，为 240mm×115mm×53mm，所以用蒸压砖可以直接代替实心黏土砖，是国家大力发展、应用的新型墙体材料。蒸压灰砂砖作为楼房建筑的材料，约在 2001 年起大量采用。

蒸压灰砂砖的主要材料是砂(约占 90%)和石灰(接近 10%)，以及一些配色原料，经过坯料制备、压制成型、蒸压养护三个阶段制成，砖体有实心和空心两种，如图 7-8 所示。

图 7-8　蒸压灰砂砖示意图

2) 蒸压灰砂砖的性能

蒸压灰砂砖是以砂、石灰为主要原料，经坯料制备，压制成型、蒸压养护而成的实心砖，简称灰砂砖，测试结果证明，蒸压灰砂砖既具有良好的耐久性能，又具有较高的墙体强度。

(1) 耐久性。

① 抗冻性。抗冻性是指砖抵抗反复冻融作用的能力。蒸压灰砂砖如果按规定生产达到产品标准要求时，能够经受抗冻性试验，蒸压灰砂砖的抗冻性与其自身强度有关，强度高者抗冻性好。

② 耐水性。耐水性包括干湿循环作用后和长期浸泡水中时其强度的变化，经干湿循环作用或长期在水中，蒸压灰砂砖的抗压强度均有所增长。

③ 吸水性：与烧结普通砖相比，其吸水速度与烧结普通砖相近。

④ 自然条件下强度变化：蒸压灰砂砖是在高温、蒸压下进行反应形成的。水化反应比较充分，因此具有稳定的强度和性能。在大气中出釜，前期强度有较多增长，以后不再提高，保持稳定。在潮湿环境和水中长期浸泡，强度亦会增强。

⑤ 耐高温性：蒸压灰砂砖不能长期受热 200℃以上，200℃以下强度基本没有影响。

⑥ 耐化学腐蚀性：MU15 以上的灰砂砖在酸碱溶液中浸泡强度变化不大。

根据分析，蒸压灰砂砖虽然可用于工业与民用建筑的墙体和基础，但用于基础及其他建筑部位时，其强度必须为 MU15 和 MU15 以上。不得用于长期受热 200℃以上，受急热急冷和有酸性介质侵蚀的建筑部位。蒸压灰砂砖在地面以下或防潮层以下砌筑，所用材料的最低强度等级与普通烧结砖相同。

(2) 强度。

根据《砌体结构设计规范》GB 50003－2011 可以看出，蒸压灰砂砖的抗压强度设计值与烧结普通砖的抗压强度设计值相同，不同点是蒸压灰砂砖的强度等级没有 C30；跨度不小于 7.5m 的梁下灰砂砖砌体调整系数取 0.9，这与烧结普通砖有区别，在施工质量控制等级为 B 级时，《砌体结构设计规范》(GB 50003－2011)给出了蒸压灰砂砖的抗剪强度设计值与烧结普通砖的抗剪强度设计值，不难看出蒸压灰砂砖的抗剪强度为烧结普通砖的 0.7 倍，如表 7-4 所示。

表 7-4　蒸压灰砂砖强度等级和抗冻性能指标

强度等级	强度指标				抗冻性指标	
	抗压强度(MPa)		抗折强度(MPa)		冻后抗压强度平均值(≥)(MPa)	单块砖干质量损失小于(%)
	平均值≥	单块值≥	平均值≥	单块值≥		
MU25	25.0	20.0	5.0	4.0	20.0	2.0
MU20	20.0	16.0	4.0	3.2	16.0	
MU15	15.0	12.0	3.3	2.6	12.0	
MU10	10.0	8.0	2.5	2.0	8.0	

(3) 收缩性。

由《砌体结构设计规范》(GB 50003－2011)可以看出，蒸压灰砂砖的收缩率、线膨胀系数要大于烧结普通砖砌体，如表 7-5 所示。

表 7-5　砌体的收缩率、线膨胀系数

项　目	线膨胀系数($\times10^{-6}$°C)	收缩率(mm)
烧结普通砖	5	0.1
灰砂砖	8	0.2

蒸压灰砂砖出釜以后由于温度、湿度降低和碳化作用，在使用过程中总的趋势是体积发生收缩。其收缩变化规律是：出釜后的最初 3 天内收缩最大，平均每天收缩值为 0.019mm/m；3～30 天平均每天的收缩值为 0.005mm/m；30 天以后平均每天的收缩值为 0.003mm/m；大约在 60 天后，平均每天的收缩值小于 0.001mm/m，直至稳定。

在不同地区使用时，由于温度、湿度不同，同样的蒸压灰砂砖其平衡的收缩值不同。同时在温度、湿度变化后体积仍然要变化。

与烧结普通砖砌体比较，蒸压灰砂砖砌体的收缩值要大得多。而且影响因素、变化规律都不相同，这点在应用时应特别加以注意。

2. 蒸压(养)粉煤灰砖

粉煤灰砖，是利用电厂废料粉煤灰为主要原料，掺入适量的石灰和石膏或再加入部分炉渣等，经配料、拌合、压制成型、常压或高压养护而成的实心砖。蒸压粉煤灰砖的尺寸与普通实心黏土砖完全一致，为 240mm×115mm×53mm，所以用蒸压砖可以直接代替实心黏土砖，如图 7-9 所示。

图 7-9　蒸压粉煤灰砖示意图

扩展资源 2.pdf

蒸压粉煤灰砖的其他资料详见二维码。

根据《蒸压粉煤灰砖》(JC/T 239—2014)中规定：按抗压强度和抗折强度划分为 MU30、MU25、MU20、MU15、MU10 五个强度等级。按外观质量、尺寸偏差、强度和干燥收缩值分为优等品(A)、一等品(B)、合格品(C)，优等品应不低于 MU15，粉煤灰砖抗压强度和抗折强度见表 7-6。

表 7-6　粉煤灰砖抗压强度和抗折强度

强度等级	抗压强度(MPa)		抗折强度(MPa)	
	平均值大于或等于	单块最小值大于或等于	平均值大于或等于	单块最小值大于或等于
MU10	10.0	8.0	2.5	2.0
MU15	15.0	12.0	3.7	3.0
MU20	20.0	16.0	4.0	3.2
MU25	25.0	20.0	4.5	3.6
MU30	30.0	24.0	4.8	3.8

粉煤灰砖可用于工业与民用建筑的墙体和基础，但用于基础或易受冻融合干湿交替作用的建筑部位，必须使用一等品或优等品。粉煤灰砖不得用于长期受热(200℃以上)、受急冷急热和有酸性介质侵蚀的建筑部位。为避免或减少收缩裂缝的产生，用粉煤灰砖砌筑的建筑物，应适当增设圆梁及伸缩缝。

3. 炉渣砖

炉渣砖，是以煤燃烧后的炉渣(煤渣)为主要原料，加入适量的石灰或电石渣、石膏等材料混合、搅拌、成型、蒸汽养护等制成的砖。其尺寸规格与普通砖相同，呈黑灰色，体积密度为 1500～2000kg/m^3，吸水率为 6%～19%。

根据尺寸偏差、外观质量、强度级别分为优等品(A)、一等品(B)、合格品(C)。优等品的强度等级应不低于 15 级，一等品的强度级别应不低于 10 级，合格品的强度级别应不低于 7.5 级。如表 7-7 所示。

表 7-7　合格品的强度级别

强度等级	抗压强度平均值 f 大于或等于	变异系数 $\delta \leq 0.21$	变异系数 $\delta \geq 0.21$
		强度标准值 f_k 大于或等于	单块最小抗压强度 f_{min} 大于或等于
MU25	25.0	19.0	20.0
MU20	20.0	14.0	16.0
MU15	15.0	10.0	12.0

煤渣砖可用于工业与民用建筑的墙体和基础，但用于基础或用于易受冻融和干湿交替作用的建筑部位必须使用 15 级及其以上的砖。煤渣砖不得用于长期受热 200℃以上、受急冷急热和有酸性介质侵蚀的建筑部位。

7.2　砌　　块

砌块是砌筑用的人造块材，是一种新型墙体材料，外形多为直角六面体，也有各种异形体砌块。砌块系列中主要规格的长度、宽度或高度有一项或一项以上分别超过 365mm、240mm 或 115mm，但砌块高度一般不大于长度或宽度的 6 倍，长度不超过高度的 3 倍。

砌块的分类详见二维码。

扩展资源 3.pdf

7.2.1 蒸压加气混凝土砌块

蒸压加气混凝土砌块是以粉煤灰、石灰、水泥、石膏、矿渣等为主要原料，加入适量发气剂、调节剂、气泡稳定剂，经配料搅拌、浇筑、静停、切割和高压蒸养等工艺过程制成的一种多孔混凝土制品，如图 7-10 所示。

图 7-10　蒸压加气混凝土砌块

蒸压加气混凝土砌块.mp3

1. 技术要求

当砌块用作建筑主体材料时，其放射性核素限量应符合《建筑材料放射性核素限量》(GB 6566—2010)的规定。当建筑主体材料中天然放射性核素镭-226、钍-232、钾-40 的放射性比活度同时满足 $I_{Ra}≤1.0$ 和 $I_r≤1.0$ 时，其产销与使用范围不受限制；对空心率大于 25%的建筑主体材料，其天然放射性核素镭-226、钍-232、钾-40 的放射性比活度同时满足 $I_{Ra}≤1.0$ 和 $I_r≤1.3$ 时，其产销与使用范围不受限制。

蒸压加气混凝土砌块选用时应考虑的主要技术指标：强度、干密度、干燥收缩值、抗冻性和导热系数、放射性。

2. 分级和规格

1) 分级

(1) 砌块按尺寸偏差与外观质量、干密度、抗压强度和抗冻性分为优等品(A)、合格品(B)两个等级。

(2) 砌块按强度分为 A1.0、A2.0、A2.5、A3.5、A5.0、A7.5、A10 七个级别。

(3) 砌块按干密度分为 B03、B04、B05、B06、B07、B08 六个级别，蒸压加气混凝土砌块强度见表 7-8。

表 7-8 蒸压加气混凝土砌块强度

干密度级别		B03	B04	B05	B06	B07	B08
强度级别	优等品(A)≤	A1.0	A2.0	A3.5	A5.0	A7.5	A10.0
	合格品(B)≤			A2.5	A3.5	A5.0	A7.5

2) 常用规格尺寸

长度：600mm；

宽度：100、120、125、150、180、200、240、250、300mm；

高度：200、240、250、300mm。

3. 特点与优势

扩展资源 4.pdf

蒸压加气混凝土砌块的单位体积重量是黏土砖的 1/3，保温性能是黏土砖的 3～4 倍，隔音性能是黏土砖的 2 倍，抗渗性能是黏土砖的 1 倍以上，耐火性能是钢筋混凝土的 6～8 倍。砌块的砌体强度约为砌块自身强度的 80%(红砖为 30%)。

蒸压加气混凝土砌块的应用.mp3

蒸压加气混凝土砌块的施工特性也非常优良，它不仅可以在工厂内生产出各种规格，还可以像木材一样进行锯、刨、钻、钉，又由于它的体积比较大，因此施工速度也较为快捷，可作为一般建筑的填充材料。

蒸压加气混凝土的适用范围详见二维码。

蒸压加气混凝土砌块不得使用在下列部位：

(1) 建筑物±0.000 以下(地下室的室内填充墙除外)部位；

(2) 长期浸水或经常干湿交替的部位；

(3) 受化学侵蚀的环境，如强酸、强碱或高浓度二氧化碳等的环境；

(4) 砌体表面经常处于 80℃以上的高温环境；

(5) 屋面女儿墙。

【案例 7-2】 某市建材有限公司拟于市镇建加气混凝土砌块生产线，规划占地 4 万 m^2，2006 年 5 月动工，10 月投产，总投资 2200 万元，年产加气混凝土砌块 15 万 m^3，年销售收入 2600 余万元，是该市乃至全省规模较大的加气混凝土生产企业，工艺技术达到国内领先水平，是政府推荐优先使用的主导新型墙体材料，得到国家墙改政策、税收政策以及环保政策的大力支持；既是阳光产业，也是环保产业，具有广阔的市场前景和良好的发展空间。结合本节试分析下蒸压加气混凝土砌块有哪些优点，和普通混凝土砌块相比有哪些优劣？

7.2.2 粉煤灰混凝土砌块

粉煤灰砌块是以粉煤灰、石灰、石膏和骨料等为原料，加水搅拌、振动成型、蒸汽养护而成的密实砌块，有 880mm×380mm×240mm 和 880mm×430mm×240mm 两种规格。粉煤灰砌块适用于砌筑民用和工业建筑的墙体和基础，如图 7-11 所示。

图 7-11　粉煤灰混凝土砌块示意图

砌块按其立方体试件的抗压强度分为 10 级和 13 级。砌块按外观质量、尺寸偏差和干缩性能分为一等品(B)和合格品(C)，并按其产品名称、规格、强度等级、产品等级和标准编号顺序进行标记，如砌块的规格尺寸为 880mm×380mm×240mm，强度等级为 10 级，产品等级为一等品(B)时，则标记为：FB880×380×240−10B−JC238。砌块的抗压强度等级，如表 7-9 所示。

表 7-9　砌块的抗压强度等级

项　目	指　标	
	10 级	13 级
抗压强度(MPa)	3 块试件平均值不小于 10.0 单块最小值 8.0	3 块试件平均值不小于 13.0 单块最小值 10.5
人工碳化后强度(MPa)	不小于 6.0	不小于 7.5
抗冻性	冻融循环结束后，外观无明显疏松、剥落或裂缝；强度损失不大于 20%密度	
密度(kg/m^3)	不超过设计密度 10%	

7.2.3 混凝土小型空心砌块

混凝土小型空心砌块(简称混凝土小砌块)是以水泥、砂、石等普通混凝土材料制成的。其空心率为25%～50%。混凝土小型空心砌块适用于建筑地震设计烈度为8度及8度以下地区的各种建筑墙体，包括高层与大跨度的建筑，也可以用于围墙、挡土墙、桥梁和花坛等市政设施，应用范围十分广泛，常用的混凝土砌块外形如图7-12所示。

图7-12 混凝土小型空心砌块示意图

1. 分类

(1) 按使用功能，混凝土小型空心砌块可以分为普通砌块、装饰砌块、保温砌块、吸音砌块等类型。

(2) 按砌块的结构形态，混凝土小型空心砌块可以分为有封底砌块、不封底砌块、无槽砌块、有槽砌块。

(3) 按空洞形态，混凝土小型空心砌块可以分为方孔砌块和圆孔砌块。

(4) 按空洞的排列方式，混凝土小型空心砌块可以分为单排孔砌块、双排孔砌块、多排孔砌块。

(5) 按骨料分，混凝土小型空心砌块可以分为普通混凝土小型空心砌块、轻集料小型空心砌块。

2. 规格

混凝土小型空心砌块主规格尺寸为390mm×190mm×190mm，其他规格尺寸可由供需双方协商。

3. 强度等级与质量等级

混凝土小型空心砌块按抗压强度可以分为MU3.5、MU5、MU7.5、MU10、MU15、MU20六个强度等级；按其尺寸偏差和外观质量分为优等品(A)、一等品(B)和合格品(C)三个质量等级，如表7-10所示。

表7-10 砌块的强度等级

强度等级	砌块抗压强度		强度等级	砌块抗压强度	
	平均值大于或等于	单块最小值大于或等于		平均值大于或等于	单块最小值大于或等于
MU3.5	3.5	2.5	MU10.0	10.0	8.0
MU5.0	5.0	4.0	MU15.0	15.0	12.0
MU7.5	7.5	6.0	MU20.0	20.0	16.0

4. 特性

1) 优点

混凝土小型空心砌块的优点有自重轻，热工性能好，抗震性能好，砌筑方便，墙面平整度好，施工效率高等。不仅可以用于非承重墙，较高强度等级的砌块也可用于多层建筑的承重墙。混凝土小型空心砌块的生产可充分利用我国各种丰富的天然轻集料资源和一些工业废渣原料，对降低砌块生产成本和减少环境污染具有良好的社会和经济双重效益。

2) 缺点

混凝土小型空心砌块的块体相对较重、易产生收缩变形、易破损、不便砍削加工等，处理不当，砌体易出现开裂、漏水、人工性能降低等质量问题。

7.2.4 泡沫混凝土砌块

泡沫混凝土又名发泡混凝土，是将化学发泡剂或物理发泡剂发泡后加入到胶凝材料、掺合料、改性剂、卤水等制成的料浆中，经混合搅拌、浇筑成型、自然养护所形成的一种含有大量封闭气孔的新型轻质保温材料，如图 7-13 所示。

泡沫混凝土.mp3

图 7-13　泡沫混凝土砌块

1. 工艺

泡沫混凝土砌块属于气泡状绝热材料，突出特点是在混凝土内部形成封闭的泡沫孔，使混凝土轻质化和保温隔热化。泡沫混凝土砌块(又称免蒸压加气块)属于加气混凝土砌块的一种，其外观质量、内部气孔结构、使用性能等均与蒸压加气混凝土砌块基本相同。

泡沫混凝土砌块内部气孔不相通，而蒸压加气砌块内部气孔连通，所以相对来说泡沫混凝土砌块保温性能更好，渗水率更低，隔声效果更好。蒸压加气混凝土砌块的生产，采用内掺发泡剂(铝粉)通过化学反应放出气体发泡，而泡沫混凝土砌块的生产，采用发泡机物理制泡后，再将气泡加入水泥浆中混合；蒸压加气混凝土砌块采用蒸压工艺，泡沫混凝土砌块则采用常温养护或干热养护。综上所述，泡沫混凝土砌块和蒸压加气混凝土砌块两种产品的外观、内部结构，以及它们的技术性能基本相同，二者的主要不同是发泡、制作的方法和养护工艺。

2. 技术性能

泡沫混凝土砌块的密度为 200～1200kg/m^3，200～300kg/m^3 为超低密度砌块，400～

500kg/m³为低密度砌块，600～800kg/m³为中密度砌块，900～1200kg/m³为高密度砌块。

泡沫混凝土的绝干体积密度以100kg为一个等级，从200kg到1200kg共分为11个等级(200、300、400、500、600、700、800、900、1000、1100、1200(kg/m³))。按此密度等级，其技术性能如表7-11所示。

表7-11　技术性能

体积密度级别	200	300	400	500	600	700	800	900	1000	1100	1200
干燥收缩值	标准法≤	mm/m	0.50								
抗冻性	质量损失(%)≤	5.0									
导热系数(干态)(W/m·K)小于或等于	0.07	0.08	0.10	0.12	0.14	0.16	0.18	0.20	0.22	0.24	0.26
抗压强度(MPa)大于或等于	0.6	0.8	1.5	2.0	2.5	3.5	4.2	5.5	7.0	8.5	10.5

3. 优势

以粉煤灰、沙子、石粉、尾矿、建筑垃圾、电石粉为主要原料制成的泡沫混凝土砌块，其技术性能满足《泡沫混凝土砌块》(JC/T 1062—2007)国家标准要求。与黏土砖和空心砖相比，它具有强度高、不怕冲击，稳定性好，干燥收缩不易产生裂纹，隔声隔热性能良好而又耐水防潮等优点。它克服了黏土砖和空心砖不吸水、不能做外墙的致命弱点，内外墙都可以使用。

7.3　墙用板材

墙用板材是一类新型墙体材料，具有保温、隔热、轻质、高强、节能、隔声、防水、改善建筑功能及自承重等许多优点，并且改变了墙体砌筑的传统工艺，摆脱了人海式施工，通过黏结、组合等方法进行墙体施工，加快了建筑施工的速度，如图7-14所示。

图7-14　墙用板材示意图

随着建筑结构体系的改革和大开间功能框架结构的发展，各种轻质和复合墙用板材也蓬勃兴起。我国目前可用于墙体的板材品种很多，有承重用的预制混凝土大板，质量较轻的石膏板和加气硅酸盐板，各种植物纤维板及轻质多功能复合板材，隔热保温的铝合金夹芯板、彩钢夹芯板、泰柏板等类型。新型墙体材料正朝着大型化、轻质化、节能化、复合化、装饰化以及集约化等方面发展。本节主要介绍几种常用的、具有代表性的墙用板材。

7.3.1 水泥类墙用板材

纤维水泥板，又称纤维增强水泥板，是以纤维和水泥为主要原材料生产的建筑用水泥平板，以其优越的性能被广泛应用于建筑行业的各个领域，如图7-15所示。根据添加纤维的不同分为温石棉纤维水泥板和无石棉纤维水泥板；根据成型加压的不同分为纤维水泥无压板和纤维水泥压力板。

纤维水泥板.mp3

图7-15 纤维水泥板示意图

1. 规格

纤维水泥板常规规格有：长度：2000～2440mm；宽度：1000～1220mm；常见厚度：4～12mm。

在国内厚度可延伸2.5mm～90mm，国内的板材尺寸一般为1200mm×2400mm或1220mm×2440mm，前者为国内通用标准，后者为国际通用标准，其他较小尺寸可以任意切割。

板材按照密度可分为高、中、低三种类别，低密度板材切割后边缘较为粗糙，高密度板材切割后边缘比较整齐。

规格、密度等物理性能不同的纤维水泥板其隔热、隔声性能是不同的，一般来说密度越高、厚度越厚的板材其隔热隔声性能越好。另外其绝缘性能是值得推荐的，比如应用在配电室。

2. 分类

1) 按里纤维来分

目前国内大部分用的都是石棉纤维起增强作用，这种纤维水泥板就叫作温石棉纤维水泥平板；另外一种就是不含石棉纤维的，用纸浆，木屑、玻璃纤维来替代石棉纤维起增强作用的都统称无石棉纤维水泥平板。

2) 按密度来分

0.9～1.2g/cm^{3}为低密度，1.2～1.5g/cm^{3}为中密度，1.5～2.0g/cm^{3}为高密度。低密度一般用于低档建筑吊顶隔墙等部位，中密度一般用于中档的建筑隔墙吊顶，高度密一般用于高档建筑的钢结构外墙、钢结构楼板等。目前我国纤维水泥板根据国家建筑行业标准就分

为高密度纤维水泥板和中低密度纤维水泥板两大类，高密度纤维水泥板缺点是容易变形，中低密度产品变形系数要小一点。

3) 按压力来分

按压力来分，纤维水泥板有无压板和压力板两种。中低密度的纤维水泥板都是无压板，高密度的是压力板。压力板又称为纤维水泥压力板，需要专门的压机生产，无压机的企业无法生产。根据密度的高低，纤维水泥压力板分为：

(1) 普通板，密度为1.5～1.75g/cm^3；

(2) 优等板，密度为1.75～1.95g/cm^3；

(3) 特优板，密度为1.95g/cm^{3}以上。

4) 按厚度来分

(1) 超薄板，2.5～3.5mm；

(2) 常规板，4～12mm；

(3) 厚板，13～30mm；

(4) 超厚板，31～100mm。

一般的厂家生产不了超薄板和超厚板，这也是行业内衡量企业生产能力和技术水平的重要依据。

3. 特点

(1) 防火绝缘：不燃A级，火灾发生时板材不会燃烧，不会产生有毒烟雾；导电系数低，是理想的绝缘材料；

(2) 防水防潮：在半露天和高湿度环境，仍能保持性能的稳定，不会下陷或变形；

(3) 隔热隔音：导热系数低，有良好的隔热保温性能，产品密度高、隔声好；

(4) 质轻高强：经5000t平板油压机加压的板材，不仅强度高，而且不易变形、翘曲，重量小适宜应用于屋面吊顶等方面；

(5) 施工简易：施工采用干作业方式，龙骨与板材的安装施工简单，速度快。深加工的产品也具有施工简便及性能更优的特点；

(6) 经济美观：轻质，与龙骨的配合，有效降低了工程和装修成本；外观颜色均匀、表面平整，直接使用可使建筑表面色彩统一；

(7) 安全无害：有害物质低于国家“建筑材料放射卫生防护标准”，实测指标与距周围建筑物20m外草坪值相等；

(8) 寿命超长：耐酸碱、耐腐蚀，也不会遭潮气或虫蚁等损害，而且强度和硬度随时间而增强，保证有超长的使用寿命。

7.3.2 石膏类墙用板材

1. 纤维石膏板

纤维水泥板.mp3

纤维石膏板(或称石膏纤维板、无纸石膏板)是一种以建筑石膏粉为主要原料，以各种纤维为增强材料的一种新型建筑板材。纤维石膏板是继纸面石膏板取得广泛应用后，又一次开发成功的新产品。由于外表省去了护面纸板，因此，应用范围除了覆盖纸面膏板的全部应用范

围外，还有所扩大；其综合性能优于纸面石膏板，如厚度为 12.5mm 的纤维石膏板的螺丝握裹力达 600N/mm^2，而纸面板的仅为 100N/mm^2，所以纤维石膏板具有钉性，可挂东西，而纸面板不行；产品成本略大于纸面石膏板，但投资的回报率却高于纸面石膏板，因此是一种很有开发潜力的新型建筑板材，如图 7-16 所示。

纤维石膏板十分便于搬运，不易损坏。由于纵横向强度相同，故可以垂直及水平安装。纤维石膏板的安装及固定，除了与纸面石膏板一样用螺钉、圆钉固定外，使施工更为快捷与方便，一般的纸面石膏板的安装系统均可用于纤维石膏板。纤维石膏板可用各类墙纸、墙布、各类涂料及各种墙砖等进行装饰。在板的上表面，可做成光洁平滑或经机械加工成的各种图案形状；或经印刷成各种花纹；或经压花成带凹凸不平的花纹图样。

2. 石膏空心板

石膏空心板是以建筑石膏为原料，加水搅拌，浇筑成型的轻质建筑石膏制品。生产中加入的纤维、珍珠岩、水泥、河沙、粉煤灰、炉渣等，使其拥有足够的机械强度，如图 7-17 所示。

图 7-16 纤维石膏板示意图

图 7-17 石膏空心板示意图

石膏空心墙板具有石膏建筑材料固有的特点，由于它的厚度大，其特点更为突出。

石膏建材的特点可概括为六个字——安全、舒适、快速。

1) 安全

安全主要是指其耐火性好。遇到火灾时，只有等其中的两个结晶水全部分解完毕后，温度才能在其分解温度 1400℃的基础上继续上升，且分解过程中产生的大量水蒸气幕对火焰的蔓延还起着阻隔的作用。

2) 舒适

舒适是指它的“暖性”和“呼吸功能”。石膏建材的导热系数在 0.20～0.28W/m·K，与木材的平均导热系数相近。材料的导热系数小，其传热速度慢；反之，其传热速度就快。导热系数大，人体接触时感觉“凉”，导热系数小感觉“暖”，这就使人们特别钟爱在室内使用木材。石膏建材具有与木材相近的导热系数，这也是许多国家大量在室内选用石膏建材的原因。

3) 快速

快速是指石膏建材的生产速度快、施工效率高。一般建筑石膏的初、终凝时间在 6～30 分钟，与水泥制品相比，其凝结硬化快。

3. 石膏刨花板

石膏刨花板是以熟石膏(半水石膏)为胶凝材料、木质刨花碎料(木材刨花碎料和非木材植物纤维)为增强材料，外加适量的水和化学缓凝剂，经搅拌形成半干性混合料，在成型压机内以 2.0～3.5MPa 的压力，维持在受压状态下完成石膏与木质材料的固结所形成的板材，如图 7-18 所示。

图 7-18 石膏刨花板示意图

1) 优点

石膏刨花板同时具有纸面石膏板和普通刨花板的优点，板材强度较高，易加工，板材尺寸稳定性好，施工中破损率低。石膏刨花板具有较好的防火、防水、隔热、隔声性能以及较高的尺寸稳定性，无游离甲醛等有害气体的释放，属绿色环保建材。石膏刨花板兼有建筑石膏和木材两种材料的性能。石膏刨花板具有可加工性，像木材一样可锯、刨、钻、铣、钉等加工；同时又具有建筑石膏良好的阻燃性能和较小的吸水厚度膨胀率。因此大力推广石膏刨花板建材的开发应用，具有重要的经济效益和社会效益。

2) 规格

石膏刨花板的产品规格为 3050mm×1220mm×(8～28)mm。按照外观质量、尺寸偏差、物理力学性能可分为优等品、一等品和合格品三个等级。一等品石膏刨花板的物理力学性能为：密度≥1.1g/cm^3；含水率≤5.0%；吸水厚度膨胀率≤2.5%；静曲强度≥6.0MPa；内结合强度≥0.35MPa；螺钉力≥700N；抗折弹性模量≥2500MPa，为不燃性板材，符合 GB 8624A 级。在 20℃、相对湿度在 30%～70%时，线膨胀率为 0.07%～0.08%。单板厚度 12～32mm 时，隔音 31～37dB。

3) 适用范围

石膏刨花板适用于作公用建筑与住宅建筑的隔墙、吊顶、复合墙体基材等。用作墙体材料，适合用于纸面石膏板的配套龙骨，对石膏刨花板也同样适用。

石膏刨花板表面可贴壁纸、壁布或涂刷涂料，在一些场合，为了提高墙面装饰档次，可对石膏刨花板表面进行深加工，铺贴刨切薄木、三氯氰胺浸渍纸和 PVC 薄膜等装饰材料，因此在建筑装饰工程中被广泛应用于天花板、隔墙板和内墙装修。石膏刨花板既适合于高层建筑，也适合于低层别墅和活动房屋。

【案例 7-3】 某户业主准备进行室内装修，现有室内材料石材、板材、片材、型材、线材五个类型。板材主要是由各种木材或石膏加工成块的产品，统一规格为 1210mm ×

240mm。板材的选择有：纤维水泥板、防火石膏板(厚薄不一)、三夹板(3mm厚)，五夹板(5mm厚)、九夹板(9mm厚)、刨花板(厚薄不一)、复合板(10mm厚)等，请结合本章内容进行方案比较选择，并给出最合理方案。

本章小结

墙体在房屋建筑中有着重要的作用，本章对砌墙砖、砌块、墙用板材的种类、规格、技术性质、应用范围进行了描述，帮助学生了解墙体材料的相关知识，为以后的工作、学习打下基础。

实训练习

一、单选题

1. 普通混凝土小型空心砌块，最小外壁厚应不小于(　　)mm。

A. 50　　B. 40　　C. 30　　D. 20

2. 普通混凝土小型空心砌块，最小肋厚应不小于(　　)mm。

A. 30　　B. 25　　C. 20　　D. 15

3. 普通混凝土小型空心砌块，其抗渗性用水面下降高度测定，要求三块中任一块下降高度不大于(　　)mm。

A. 20　　B. 15　　C. 10　　D. 5

4. 普通混凝土小型空心砌块，每批会随机抽取(　　)块做尺寸偏差和外观质量检验。

A. 50　　B. 32　　C. 20　　D. 10

5. 普通混凝土小型空心砌块，抗压强度试验试件数量为(　　)个砌块。

A. 20　　B. 15　　C. 10　　D. 5

6. 做普通混凝土小型空心砌块抗压强度试验时，其加荷速度为(　　)kN/s。

A. 20～40　　B. 10～40　　C. 10～30　　D. 10～20

二、多选题

1. 轻集料混凝土小型空心砌块按砌块密谋等级分为八级：500级、600级、700级、800级、900级和(　　)。

A. 400级　　B. 1000级　　C. 1200级　　D. 1400级　　E. 1600级

2. 蒸压加气混凝土砌块强度级别为A2.5、A3.5、A5.0和(　　)。

A. A1.0　　B. A2.0　　C. A7.5　　D. A10　　E. A12

3. 加气混凝土砌块制作体积密度、抗压强度试件是沿制品膨胀方向中心部分的(　　)锯取。

A. 上　　B. 中　　C. 下　　D. 左侧　　E. 右侧

4. 关于加气混凝土砌块体积密度试件烘至恒质，下列说法正确的是(　　)。

A. 再在(60±5)℃下保温24h　　B. 再在(100±5)℃下烘至恒质

C. 再在(80 ± 5)℃下保温 24h　　　　D. 再在(105 ± 5)℃下烘至恒质

E. 再在(105 ± 5)℃下烘干

5. 关于普通混凝土小型空心砌块抗压强度试验，下列说法正确的有(　　)。

A. 测量试件的长度和宽度，分别求出各方向的平均值，精确至 1mm

B. 将试件置于试验机承压板上，使试件的轴线与试验机压板的压力中心重合

C. 以 10～40kN/s 的速度加荷，直至试件破坏

D. 抗压强度精确至 0.1MPa

E. 抗压强度精确至 0.01MPa

三、填空题

1. 烧结普通砖按主要原料分为________、________、________和________。

2. 烧结空心砖是指以________、________或________为主要原料，经焙烧而成的具有竖向孔洞(孔洞率不小于 25%，孔的尺寸小而数量多)的砖。

3. 蒸压灰砂砖的主要材料是________、________以及________，经过坯料制备、压制成型、蒸压养护三个阶段制成。

4. 砌块系列中主要规格的长度、宽度或高度有一项或一项以上分别超过________、________或________，但砌块高度一般不大于长度或宽度的________倍，长度不超过高度的________倍。

5. 蒸压加气混凝土砌块适用于________。

6. 泡沫混凝土砌块和蒸压加气混凝土砌块两种产品的外观、内部结构，以及它们的技术性能基本相同，二者的主要不同是________、________和________。

7. 石膏建材的特点用八个字概述________、________、________、________。

四、简答题

1. 简述蒸压加气混凝土抗压强度试验的操作步骤。

2. 混凝土小型空心砌块的抗冻性试验包括哪两个技术指标？

3. 蒸压加气混凝土砌块体积密度试验烘至恒重时温度和时间的要求是什么？

4. 做蒸压加气混凝土砌块抗压强度试验时对试件的要求是什么？

5. 混凝土小型空心砌块的强度等级以什么评定？

习题答案 .pdf

实训工作单一

<table>
<tr><td>班级</td><td></td><td>姓名</td><td></td><td>日期</td><td></td></tr>
<tr><td colspan="2">教学项目</td><td colspan="4">现场学习加气混凝土砌块的制作过程</td></tr>
<tr><td>任务</td><td colspan="2">掌握加气混凝土的砌块制作</td><td>烧结流程</td><td colspan="2">原料细磨→计量配料→搅拌浇筑→发气膨胀→静停切割→蒸压养护→出釜→成品加工→包装</td></tr>
<tr><td colspan="3">相关知识</td><td colspan="3">加气混凝土砌块的性能</td></tr>
<tr><td colspan="3">其他项目</td><td colspan="3"></td></tr>
<tr><td colspan="6">烧结过程记录</td></tr>
<tr><td>评语</td><td colspan="3"></td><td>指导老师</td><td></td></tr>
</table>

实训工作单二

<table>
<tr><td>班级</td><td></td><td>姓名</td><td></td><td>日期</td><td></td></tr>
<tr><td colspan="2">教学项目</td><td colspan="4">现场学习烧结普通砖的流程</td></tr>
<tr><td>任务</td><td colspan="2">掌握烧结过程</td><td>烧结流程</td><td colspan="2">配料→调制→制品成型→干燥→焙烧→成品</td></tr>
<tr><td colspan="3">相关知识</td><td colspan="3">非烧结砖的性能</td></tr>
<tr><td colspan="3">其他项目</td><td colspan="3">烧结普通砖的原料选用及性能强度等</td></tr>
<tr><td colspan="6">烧结过程记录</td></tr>
<tr><td>评语</td><td colspan="2"></td><td>指导老师</td><td colspan="2"></td></tr>
</table>

建筑石材、土料.pdf

建筑石材、土料.pptx

第 8 章　建筑石材、土料

08

【学习目标】

1. 了解常见的建筑石材与土料;
2. 熟悉天然石材与人造石材的区别;
3. 掌握建筑石材与土料的特性及用途。

建筑石材、土料.avi

【教学要求】

本章要点	掌握层次	相关知识点
天然石材的分类与特性	1. 了解石材的类别 2. 掌握石材的特性	火成岩、水成岩、变质岩
常见的天然石材与其应用	1. 了解常见的天然石材 2. 掌握石材的区分 3. 掌握天然石材的应用 4. 了解石材的防护和应用	花岗岩、大理岩
人造石材的分类	1. 了解人造石材的概念 2. 掌握人造石材的种类 3. 掌握人造石材的特点	水泥型人造石材 复合型人造石材 烧结型人造石材 树脂型人造石材
石材的加工与选用	1. 了解石材的加工类型 2. 了解石材的选用原则 3. 掌握建筑对砌筑石材的要求	毛石、料石
土料	1. 了解土料的构成 2. 掌握土的性质 3. 掌握土的加固方法	换填加固法 湿陷性黄土

【项目案例导入】

石材是建筑最早使用的材料之一，具有相对的耐久性能。世界上的许多古老的建筑都是用石材为主要建筑材料的。譬如埃及金字塔、柬埔寨、吴哥窟、古希腊的神殿等。石材在如今的建筑环境中依然普遍存在，石材的许多优点是其他材料无法替代的。

【项目问题导入】

石材选用时应注意哪些事项？分析石材加工的工艺流程及石材的应用范围。试比较人造石材与天然石材的优缺点。结合本章知识学习相关知识点。

8.1 天然石材

石材是历史悠久的建筑材料，具有强度高、耐磨性和耐久性好、装饰效果好等优点，且资源丰富，便于就地取材，因此在现代土木工程中它的应用也十分广泛，如砌筑基础、桥涵和护坡，以及作为混凝土拌合的骨料等。

建筑石材是指具有一定的物理力学性能和化学性能且能满足建筑材料条件的岩石。目前，建筑石材分为天然石材和人造石材两种。天然石材是指从天然岩石体中开采的、经过或未经过加工的石料。人造石材是指用有机或无机胶凝材料、矿物质原料以及外加剂按一定的比例配制而成的，如混凝土、人造大理石和人造花岗石等。人造石材的性能、颜色、图案、形状等均可通过改变原料而获得，因此其应用也较为广泛，如图 8-1 所示。

建筑石材.mp4

图 8-1 天然石材示意图

8.1.1 石材的分类

天然石材开采自天然岩石，各种造岩矿物在不同的地质条件作用下，形成不同的天然岩石类型，通常可分为岩浆岩、沉积岩和变质岩三大类。

岩浆岩.mp4

1. 岩浆岩(火成岩)

岩浆岩是岩浆在活动过程中或地壳内部已熔融的岩浆，经过冷却凝固而成的岩石，是地壳的主要组成岩石。由于岩浆冷却条件不同，所形成的岩石具有不同的结构性质，根据岩浆冷却条件将岩浆岩分为 3 类：深成岩、喷出岩和火山岩。建筑中常用的花岗岩、玄武岩、辉绿岩、火山灰、浮石等都属于岩浆岩，如图 8-2 所示。

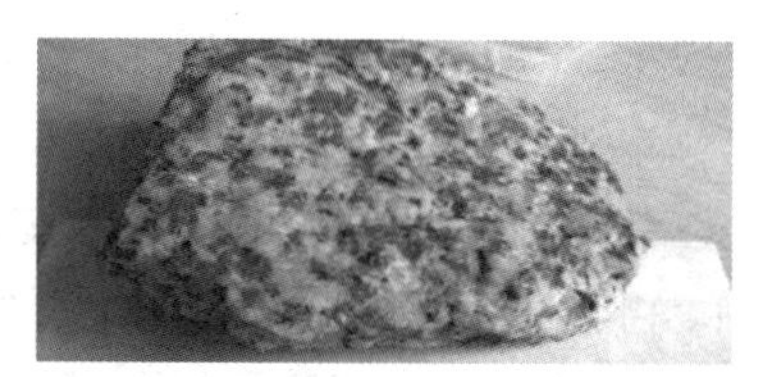

图 8-2　岩浆岩示意图

2. 沉积岩(水成岩)

沉积岩是地表的各种岩石(火成岩、变质岩或早期形成的沉积岩)在外力作用下，经风化、搬运、沉积，在地表及地下不太深的地方沉积形成的岩石，其主要特征是呈层状结构，且各层的成分、结构、颜色和厚度均不相同，还可能含有动、植物化石。沉积岩中含有丰富的矿产资源，如煤、石油、锰、铁、铝、磷、石灰石和盐岩等。沉积岩的特点是表观密度小，孔隙率和吸水率较大，强度较低，耐久性较差。建筑中常用的沉积岩有石灰岩、砂岩和碎屑石等，如图 8-3 所示。

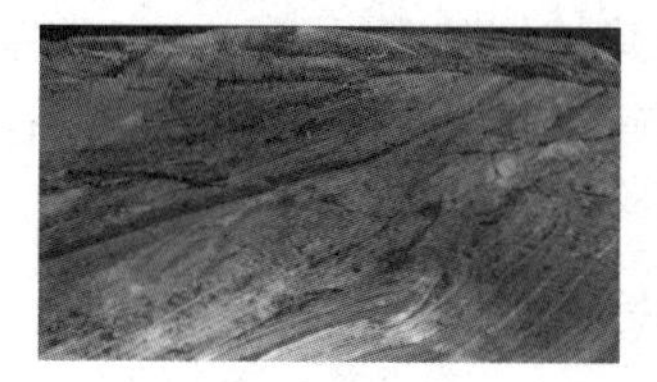

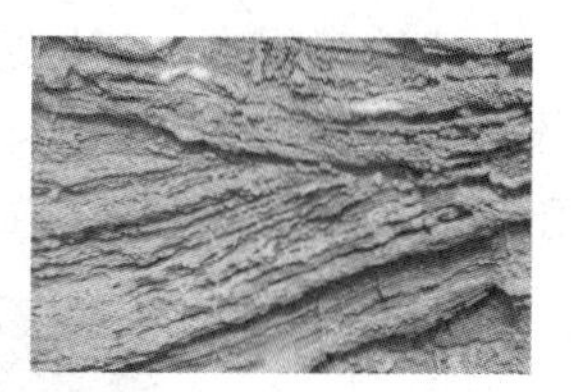

图 8-3　沉积岩示意图

3. 变质岩

地壳中原有的岩石(岩浆岩、沉积岩及已经生成的变质岩)，由于岩浆活动及构造运动的影响(主要是温度和压力的作用)，在固体状态下发生再结晶作用，而使它们的矿物成分、结构构造以及化学成分发生部分或全部改变所形成的新岩石称为变质岩。变质后的岩浆岩其结构不如原岩石坚实，性能变差，称为正变质岩；而沉积岩变质后，结构较原岩石致密，性能更好，称为副变质岩。建筑中常用的变质岩有大理岩、石英岩和片麻岩等，如图 8-4 所示。

图 8-4　变质岩示意图

8.1.2 建筑上常用的天然石材

1. 花岗岩

花岗岩.mp4

扩展资源 1.pdf

1) 花岗岩概述

花岗岩是一种典型的深层侵入岩，分布广泛，其主要化学成分为 SiO_2 和 Al_2O_3，矿物成分以石英和正长石为主，其次为黑云母、角闪石、白云母和其他矿物。根据次要矿物含量不同可分为黑云母花岗岩、白云母花岗岩、二云母花岗岩等，天然花岗岩如图 8-5 所示。

图 8-5 天然花岗岩示意图

2) 花岗岩砌筑石材

土木建筑工程中，花岗岩石材常用于砌筑重要的大型建筑物基础、墩、柱，常接触水的墙体、护坡、踏步、栏杆、堤坝、桥梁、路面、街边石等部位，是建造永久性工程或纪念性建筑的良好砌筑石材，如图 8-6 所示。

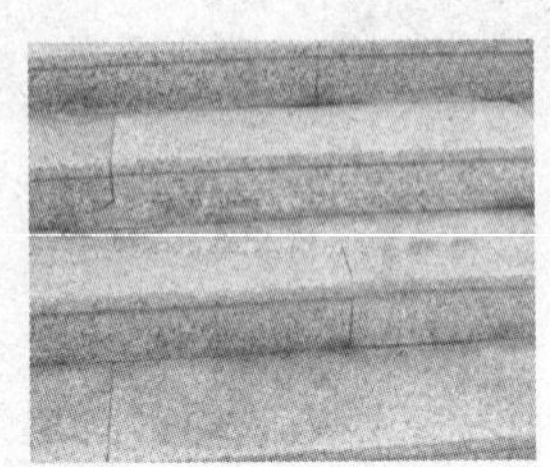

图 8-6 花岗岩砌筑石材

3) 花岗岩装饰石材

花岗岩装饰石材主要是指以花岗岩块料经锯片、磨光、修边等加工而成的板材。

扩展资源 2.pdf

花岗石板材的品种、质地、花色繁多，根据用途和加工方法可分为以下四种。

(1) 剁斧板材：表面粗糙，具有规则的条状斧纹；

(2) 机刨板材：表面平整，具有相互平行的刨纹；

(3) 粗磨板材：表面平整、光滑但无光泽；

(4) 磨光板材：表面光亮平整，色泽鲜明，晶体纹理清晰，有镜面感。

由于花岗石板材质感丰富，具有华丽高贵的装饰效果，且质地坚硬、耐久性好，所以

是室内外高级饰面材料，可用于各类高级土木工程建筑物的墙、柱、地面、楼梯、台阶等的表面装饰及服务台、展示台及家具等。

磨光花岗石板材的装饰特点是华丽而庄重；粗磨花岗石板材的装饰特点是凝重而粗犷。应根据不同的使用场合选择不同物理性能及表面装饰效果的花岗石。

2. 砂岩

砂岩是指粒径为 0.05～2mm，碎屑颗粒含量超过 50%的碎屑岩，主要成分为石英(SiO_2)，黏土含量<25%，具有砂质结构和层状构造，层理明显。按砂粒的矿物成分，可分为石英砂岩、长石砂岩和长石石英砂岩等；按砂粒粒径大小，可分为粗砂岩、中粒砂岩和细砂岩；根据胶结物的成分，可分为硅质砂岩(由氧化硅胶结)、铁质砂岩、钙质砂岩(由碳酸钙胶结)和泥质砂岩等，由于胶结成分不同其颜色也不同。硅质砂岩的颜色浅，常呈浅灰色，质地坚硬耐久，强度高，抗风化能力强；泥质砂岩一般为黄褐色，吸水性好，易软化，强度低；铁质砂岩常呈紫红色或棕红色；钙质砂岩呈白色或灰白色，具有一定强度，但耐酸性较差，可用于一般工程。铁质砂岩和钙质砂岩的强度和抗风化能力介于硅质和泥质砂岩之间。

砂岩性能与其胶结物的性能及胶结密实程度有关，表观密度差别较大(通常为 2200～2700kg/m³)，性能差别也较大。例如强度(5～200MPa)、孔隙率(1.6%～28.3%)、吸水率(0.2%～7.0%)、软化系数(0.44～0.97)等性质变化幅度较大。

致密坚硬的砂岩可作装饰石材。山东掖县产纯白砂岩，俗称白玉石，常用作雕刻装饰石材，如图 8-7 所示。

图 8-7 砂岩浮雕示意图

3. 石灰岩

石灰岩简称灰岩，属最常用的沉积岩。其主要化学成分为 $CaCO_3$，矿物成分以结晶细小的方解石为主，常有少量白云石、黏土、菱铁矿、石膏及有机物等混入物。当黏土矿物含量达 25%～50%时则称为泥灰岩；当白云石含量达 25%～50%时称为白云质灰岩。致密石灰岩又称青石，可用作装饰板材。

纯石灰岩为灰色、浅灰色，当含有杂质时为浅黄色、浅红色、暗红、灰黑色及黑色等。以加冷稀盐酸强烈起泡为其显著特征。按成因、物质成分和结构构造，又可分为普通灰岩、生物灰岩、碎屑灰岩和燧石灰岩等。

泥灰岩通常为隐晶质或微粒结构，加冷稀盐酸起泡，且有黄色泥质沉淀物残留。

石灰岩虽仅占地壳总量的 5%，但在地表面分布极广，达地壳表面积的 75%。石灰岩岩性均一，易于开采加工，是建筑上用途最广、用量最大的岩石。

松散土状的石灰石(如白垩)或多孔状的石灰石，常用作生产石灰和水泥的主要原料；较致密的石灰石常用于砌筑基础、墩、柱、墙体、勒脚、拱、路面、踏步、挡土墙等，其中致密者，经磨光打蜡，可代替大理石板材使用。石灰岩还是普通混凝土常用的集料和冶金工业的主要熔剂材料。

一般用于砌筑的石灰岩比较致密，表观密度较大(2300～2700kg/m³)，有较高的抗压强度(20～120MPa)，但吸水率差别大(0.1%～4.5%)，如图 8-8 所示。

图 8-8　石灰岩示意图

4. 大理岩

大理岩是较纯的石灰岩和白云岩在地壳内经过高温、高压作用，在区域变质作用下，由于重结晶而形成的变质岩，也有部分大理岩是在热力接触变质作用下产生的。大理岩多具等粒变晶结构或层状结构、块状构造。大理石的化学成分为碳酸盐(如碳酸钙或碳酸镁)，矿物成分为方解石或白云石，故在其表面滴加冷稀盐酸时会强烈起泡，以此可与其他浅色岩石相区别。

扩展资源 3.pdf

大理岩扩展资料详见二维码。

大理石抗风化能力差，易因空气中二氧化硫的腐蚀和雨水冲刷等因素影响，使表面层失去光泽、变色并逐渐破损，影响装饰效果，因此大理石多用于室内装饰，且在产品形式上主要是制成大理石板材，用于室内饰面，如墙面、地面、柱面、台面、栏杆、踏步等，如图 8-9 所示。

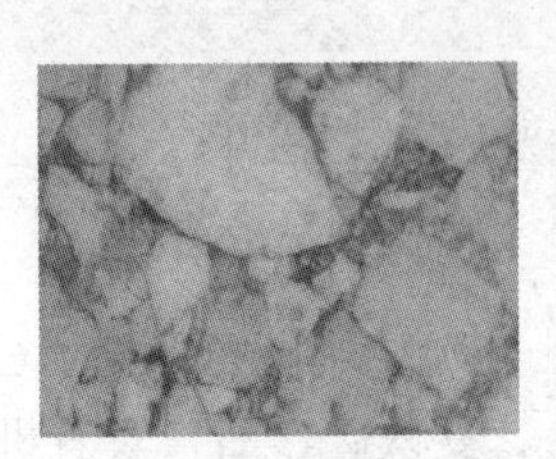

图 8-9　大理岩示意图

【案例 8-1】 也许人类自从有了建造的欲望，就开始和石材有了不解之缘，石材装饰材料很早就被应用于建筑空间中，并在建筑中应用日趋广泛。结合上下文分析运用石材的优势。

8.1.3 石材的特性

1. 石材的物理性质

1) 真实密度

石材的真实密度，简称密度，是指石材在干燥和绝对密实状态下单位体积所具有的质量。

石材的物理性质.mp4

2) 相对密度

石材的相对密度，是指固体部分(不含孔隙)的重力与同体积水在 4℃时重力的比值，约为 2.65，有的石材可高达 3.3。

3) 表观密度

石材的表观密度是单位体积所具有的质量。致密的石材，其表观密度接近于密度，为 2500～3100kg/m³，而孔隙率较大的石材，其表观密度为 500～1700kg/m³。

4) 饱和面干密度

石材的饱和面干密度是在规定的饱和面干状态下，单位毛体积的饱和面干质量。

5) 堆积密度

石材的堆积密度是粒状石材装填于容器中单位体积的质量。石材的堆积密度由于颗粒排列的松紧程度不同，分为松堆积密度、振实密度和捣实密度。

6) 重度

重度是指单位体积石材的重力，在数值上等于石材试件的总重力(含孔隙中水的重力)与其总体积(含孔隙体积)之比。

石材孔隙中完全没有水存在时的重度，称为干重度。石材中的孔隙全部被水充满时的重度，称为饱和重度。

7) 空隙性

石材的空隙包括孔隙和裂隙。石材的空隙性是孔隙性和裂隙性的总称，可用空隙率、孔隙率、裂隙率来表示其发育程度。

石材的孔隙率(或称孔隙度)是指石材中孔隙(含裂隙)的体积与石材总体积的比值，常以百分数表示。

8) 耐热性(耐火性)

石材的耐热性与其化学成分及矿物组成有关。含有石膏的石材，在 100℃以上时就开始破坏；含有碳酸镁的石材，温度高于 725℃会发生破坏；含有碳酸钙的石材，温度达 827℃时开始破坏。由石英与其他矿物所组成的结晶石材如花岗岩等，当温度达到 700℃以上时由于石英受热发生膨胀，强度会迅速下降。

9) 导热性

石材的导热性主要与其表观密度和结构状态有关，重质石材导热系数可达 2.91～3.49 W/(m·K)。相同成分的石材，玻璃态比结晶态的导热系数小。具有封闭孔隙的石材，导热系数较小。

石材的物理性质是由加工这种石材所用的岩石原料决定的。常用来加工石材的岩石的

物理性质指标见表 8-1。

表 8-1 常用岩石的物理性质指标

岩石名称	相对密度	天然重度(kN/m^2)	孔隙率(%)
花岗岩	2.50～2.84	22.56～27.47	0.04～2.80
闪长岩	2.60～3.10	24.72～29.04	0.25 左右
辉长岩	2.70～3.20	25.02～29.23	0.28～1.13
辉绿岩	2.60～3.10	24.82～29.14	0.29～1.13
玄武岩	2.60～3.30	24.92～30.41	1.28 左右
砂　岩	2.50～2.75	21.58～26.49	1.60～28.30
页　岩	2.57～2.77	22.56～25.70	0.40～10.00
泥灰岩	2.70～2.75	24.04～26.00	1.00～10.00
石灰岩	2.48～2.76	22.56～26.49	0.53～27.00
片麻岩	2.63～3.01	25.51～29.43	0.30～2.40
片　岩	2.75～3.02	26.39～28.65	0.02～1.85
板　岩	2.84～2.86	26.49～27.27	0.45 左右
大理岩	2.70～2.87	25.80～26.98	0.10～6.00

2. 石材的力学性质

1) 抗压强度

石材的抗压强度是取三个边长为 70mm×70mm×70mm 的立方体试块的极限抗压破坏强度的平均值表示的。石材的强度等级根据抗压强度值的大小分为 MU100、MU80、MU60、MU50、MU40、MU30、MU20、MU15 和 MU10 九个等级。若非标准尺寸的试块，应将其实验结果乘以相应的换算系数，见表 8-2。

表 8-2 石材强度等级的换算系数

立方体边长(mm)	200	150	100	70	50
换算系数	1.43	1.28	1.14	1	0.86

2) 冲击韧性

石材抵抗多次连续重复的冲击荷载作用的性能称为冲击韧性，可用石材冲击值来表示，通常采用石材冲击实验来测定。石材的冲击韧性以及岩石的矿物组成成分与构造有关。石英岩和硅质砂岩脆性很大，含暗色矿物较多的辉长岩、辉绿岩等韧性相对比较大。通常，晶体结构的岩石较非晶体结构的岩石具有更高的韧性。

3) 硬度

岩石的硬度用莫氏硬度来表示。它取决于矿物组成的硬度与构造。凡由致密、坚硬矿物组成的石材，其硬度较高。石材的硬度与抗压强度密切相关，一般抗压强度越高，其硬度也越高。

4) 耐磨性

耐磨性是指石材在使用条件下抵抗摩擦、边缘剪切以及冲击等复杂作用的性质。常用磨耗率表示。石材的耐磨性与其矿物的硬度、结构、构造特征以及石材的抗压强度和冲击韧性等有关。矿物越坚硬、构造越致密以及石材的抗压强度和冲击韧性越高，石材的耐磨性越好。凡是可能遭受磨损作用的场所均应采用高耐磨性石材，如楼梯、台阶和人行道等。

8.1.4 天然石材的破坏及其防护

天然石材在长期使用过程中，因受到周围自然环境因素的影响，如水分的浸渍与渗透，空气中有害气体的侵蚀及光、热或外力的作用等，而产生物理变化和化学变化，发生风化而逐渐破坏。风化的速度取决于造岩矿物的性质及岩石本身的结构和构造。此外，寄生在岩石表面的苔藓和植物根部的生长对岩石也有破坏作用。

天然石材的破坏.mp4

在建筑物中，水分的渗入及水的作用是石材发生破坏的主要原因，它能软化石材并加剧其冻害，且能与有害气体结合成酸，使石材发生分解与溶解。大量的水流还能对石材起冲刷与冲击作用，从而加速石材的破坏。因此，使用石材时应特别注意水的影响。

为了减轻与防止石材的风化与破坏，除通过合理选材和结构预防等手段外，还可以对石材进行表面处理。这些处理措施有：

(1) 在石材表面涂刷憎水剂，如各种金属皂、石蜡、甲基硅醇钠等，使石材表面由亲水性变为憎水性，并与大气和水分隔绝，起到防护作用，以延缓风化过程和降低污染。

(2) 在石材表面涂刷熔化的石蜡，并将石材加热，可使石蜡渗入石材表面孔隙并填充孔隙。

(3) 对于石灰岩可用硅氟酸镁溶液涂刷在石材表面，碳酸盐与硅氟酸镁发生如下作用：

$$2CaCO_3 + MgSiF_6 \longrightarrow 2CaF_2 + MgF_2 + SiO_2 + 2CO_2\uparrow$$

生成不溶性化合物，沉积在微孔中并覆盖石材表面，起到防护作用。

(4) 对于其他岩石可用硅酸盐来防护，在石材表面涂以水玻璃，硬化后再涂一层氯化钙水溶液，二者发生如下作用：

$$Na_2O \cdot SiO_2 + CaCl_2 \longrightarrow CaO \cdot SiO_2 + 2NaCl$$

使石材表面形成不溶性硅酸钙保护膜层，起到防护效果。

8.2 人 造 石 材

人造石材是以大理石、方解石、白云石、硅砂、玻璃粉等无机物粉料为骨料，水泥或不饱和树脂为胶结剂，以及适量的阻燃剂及颜料等，经过混合、浇筑、振捣、压缩挤压等成型固化而成的。人造石材具有结构致密、强度高、比重轻、耐磨、韧性好、坚固耐用、不吸水、耐风化等性能，且有天然石材的花纹和质感，又可制作出色彩丰富、花色繁杂的不同品种和尺寸的制品，是一种绿色环保的建筑材料。按照人造石材所用的原材料不同，分为水泥型、树脂型、复合型和烧结型四类。

8.2.1 水泥型人造石材

水泥型人造石材是以普通水泥、白色水泥、彩色水泥或各种硅酸盐、铝酸盐水泥为胶结剂，碎大理石、花岗石或工业废渣等为粗骨料，砂为细骨料，再配以适量的耐碱颜料等，经过配料、搅拌、成型、加压养护硬化后，磨平抛光而成的。水泥型石材的生产取材方便，造价低，但其装饰性和物理力学性能等与天然石材相比稍差。各种水磨石制品和各类花阶砖都属于水泥型人造石材，如图 8-10 所示。

水泥型人造石材.mp4

图 8-10　水泥型人造石材示意图

8.2.2 树脂型人造石材

树脂型人造石材是以不饱和聚酯为胶结剂，加入天然石英砂、大理碎石、方解石、石粉按一定的比例混合均匀，再加入催化剂、固化剂、颜料等外加剂，经混合搅拌、浇筑成型、脱模、烘干、表面抛光等工序加工而成。其产品颜色丰富、光泽度高、装饰效果好，且树脂的黏度低，易于成型，在常温下即可发生固化，可制成各种形状复杂的成品。树脂型人造石材的密度小、强度高、耐酸碱腐蚀、美观性强，但耐老化性能差，因此常用于室内装饰，如图 8-11 所示。

树脂型人造石材.mp4

图 8-11　树脂型人造石材

8.2.3 复合型人造石材

复合型人造石材是由有机胶结剂和无机胶结剂组成的。有机胶结料可采用苯乙烯、甲基丙烯酸甲酯、醋酸乙烯、丁二烯等，而无机胶结剂则可用各种水泥。例如，通过将水泥型人造石材浸渍在具有聚合性能的有机单体中并加以聚合，来提高制品的性能和档次，如图 8-12 所示。

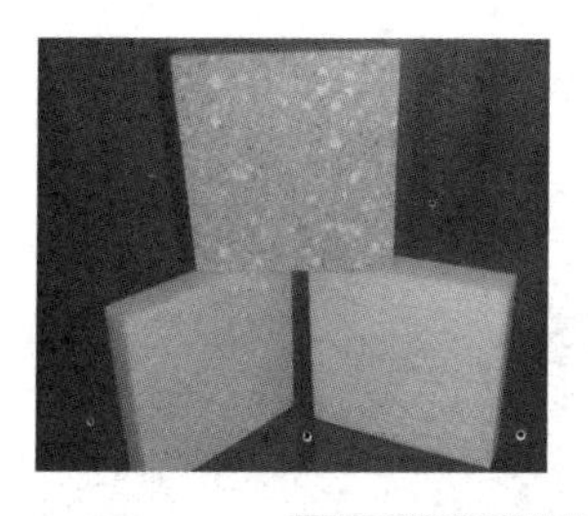

图 8-12　复合型人造石材

8.2.4 烧结型人造石材

烧结型人造石材的生产与陶瓷的生产工艺相似，即将斜长石、长石、方解石、辉石等石粉，加以赤铁矿粉、高岭土等混合均匀，再加入大约 40%的黏土混合制成泥浆，经过制坯、成型、高温(1000℃)焙烧而成，具有性能稳定，耐久性和装饰性好等特点，但其高温焙烧过程能耗较大，造价较高，所以工程上应用得较少，如图 8-13 所示。

图 8-13　烧结型人造石材示意图

建筑石材.avi

【案例 8-2】 天然石材具有较高的强度、硬度、耐磨、耐久等优良的物质力学性质；而天然石材经表面处理表现出美丽的色彩和纹理，又具有较佳的装饰性。从 20 世纪 80 年代起，人造石的出现使装饰用石材的家族更加庞大，石材加工制作的工艺越来越先进，石材在装饰中应用越来越广泛。

结合本章分析人造石材比天然石材有什么优势？

8.3　石材的加工类型、选用原则

8.3.1 砌筑石材

常用砌筑石材的原料主要有花岗岩、石灰岩、白云岩、砂岩等。根据加工程度的不同，可以分为如下类型。

砌筑石材.mp4

1. 毛石

毛石(见图 8-14)是岩石被爆破后直接得到的形状不规则的石块。按照其表面平整程度，可将毛石分为乱毛石和平毛石两种。乱毛石形状不规则；平毛石形状也不规则，但它有大致平行的两个面。土木工程中使用的毛石，一般要求中部高度应不小于 150mm，长度 300～400mm，其抗压强度应不低于 10MPa，软化系数应不小于 0.75。毛石常用来砌筑基础、勒脚、墙身、挡土墙等，还可以用来配制毛石混凝土等。

图 8-14　毛石示意图

2. 片石

片石也是由岩石爆破得到的，形状不受限制，但薄片者不得使用。一般片石的厚度应不小于 150mm，体积不小于 $0.01m^3$，每块质量一般在 30kg 以上。用于砖石砌体结构或者纯混凝土结构主体的片石，其抗压强度应不低于 30MPa。片石主要用来砌筑砖石砌体结构、护坡、护岸等。

3. 料石

料石(见图 8-15)是由人工或机械开采出具有一定规则的六面体块石，再经过人工稍加凿琢而成。按料石表面加工的平整程度分为毛料石、粗料石、半细料石和细料石四种。而根据其形状不同，还可以分为条石、方石和拱石，其中制成长方形的称为条石，长、宽、高大致相等的称为方石，楔形的称为拱石。料石常用致密的砂岩、石灰岩、花岗岩加工而成，用于土木工程结构物的基础、勒脚、踏步、墙体等部位。

图 8-15　料石示意图

4. 石板

石板是采用结构致密的岩石凿平或劈解而成的厚度适中的石材。用于饰面的石板或地板，要求耐磨、无裂缝、耐久、美观，一般采用花岗岩和大理岩制成。花岗岩板材主要用于土木工程的室外饰面；大理石板材只能用于室内装饰，因为大理石的抗风化性能差，当空气中的二氧化硫遇水时会生成亚硫酸，变成硫酸后与大理石中的碳酸钙发生反应，生成易溶于水的石膏，使表面失去光泽，变得粗糙、多孔，降低了使用价值。

8.3.2 工程对砌筑石材的要求

为保证工程质量，工程中对砌筑石材提出了相应的基本要求。

1. 土木工程对砌筑石材尺寸规格的要求

常用的砌筑石材有毛石和料石。毛石为不规则形，但毛石的中间厚度不小于 15cm，且至少有一个方向的长度不小于 30cm，平毛石应有两个大致平行的面。料石的宽度和厚度均不宜小于 20cm，长度不宜大于厚度的 4 倍，形状应大致呈六面体。

2. 石材抗压强度的要求

根据边长 70mm 立方体试件的抗压强度，砌筑石材的强度等级分为 MU10、MU15、MU20、MU30、MU40、MU50、MU60、MU80、MU100 共 9 个等级。当试件为非标准尺寸时，应按规定进行换算。工程用石材的抗压强度必须满足设计等级要求的强度。

3. 石材耐水性的要求

处于水中的重要结构物，必须用高耐水性石材，其软化系数 K_R 应大于 0.9。水中的一般结构物，可以使用中耐水性石材，其软化系数 K_R 为 0.7～0.9。只有不常遇水的结构，方可使用低耐水性的、软化系数 K_R 为 0.6～0.7 的石材。

4. 石材抗冻性的要求

试件在规定的冻融循环次数内无穿过试件两棱角的贯穿裂纹，质量损失不超过 5%，强度降低不大于 25%的石材方为合格。一般大、中型桥梁和水利工程的结构物表面石材，要求抗冻融次数大于 50 次，其他室外工程表面石材的抗冻融次数大于 25 次。

对于有特殊要求的工程，还要求石材具有耐磨性、吸水性或抗冲击性。

8.3.3 石材的选用原则

建筑工程选用天然石材时，应根据建筑物的类型、使用要求和环境条件，再结合地方资源进行综合考虑。所选石材应满足适用、经济、安全和美观等几方面的要求。

石材的选用原则.mp4

1. 适用性

适用性是指在选用建筑石材时，应针对石材在建筑物中的用途和部位，选定其主要技术性质能满足要求的岩石。如承重用的石材(基础、勒脚、柱、墙等)主要应考虑其强度等级、耐久性、抗冻性等技术性能；围护结构用的石材应考虑是否具有良好的绝热性能；用作地面、台阶等的石材应坚韧耐磨；装饰用的构件(饰面板、栏杆、扶手等)需考虑石材本身的色彩与环境的协调性及可加工性等；饰面用石材，主要技术要求是尺寸公差、表面平整度、光泽度和外观缺陷等，而强度及其他物理力学性能则不作规定，或仅供参考；对于要求耐磨、耐酸等专用石材，应分别就其耐磨、耐酸等性能，提出具体的要求；对处在高温、高湿、严寒等特殊条件下的构件，还要分别考虑所用石材的耐久性、耐水性、抗冻性及耐化学侵蚀性等。

2. 经济性

由于天然石材自重大，开采运输不方便，不宜长途运输，故应综合考虑地方资源，尽可能做到就地取材，以缩短运距，降低成本。同时，天然岩石一般质地坚硬，雕琢加工困难，加工费工耗时，成本高。一些名贵石材，价格高昂，因此选材时必须予以慎重考虑。

3. 安全性

岩石中若含有较多的放射性物质，则不能使用。

4. 美观性

石材装饰必须要与建筑环境相协调，其中色彩相融性和装饰效果尤为重要，主要取决于所选石材的颜色与纹理等。

【案例 8-3】 2018 年因为房价上涨的关系，在城市工作的老赵决定回老家盖房。因其老家石头较多，所以老赵就地取材，找一些带有色彩的石头进行打磨当建筑材料。但是在房子盖成后却因房子根部开裂不能住人。随后老赵找师傅来修缮，修好后老赵才住进去。

结合上文，分析老赵就地取材时犯了什么错?

8.3.4 石材的应用

石材在建筑工程中不仅可以作为建筑基础材料，还以其独特的色泽、纹路在建筑物内外起到良好装饰效果。从地面、柱面、墙面等到石材艺术装饰品、壁画、石雕、石桌、石凳等，或全部或局部由石材装饰，如万里长城、敦煌石窟、圆明园、古埃及的金字塔、希腊雅典卫城神庙等古代石材建筑。天然石材作为结构材料时，要求其具有较高的强度、硬度、耐磨性和耐久性等；从结构与装饰两个应用领域来讲，天然石材作为装饰材料的发展前景更好。

但在建筑设计和施工中，首先要考虑石材的适用性，即选用石材的技术性能能否满足使用要求；其次是综合考虑资源的充分利用，做到就地取材，避免增加材料的成本，即经济性；最后是要考虑石材的安全性，因为石材是构成地壳的基本物质，可能含有放射性元素，长期使用时，会危害人体健康。而近年来逐渐发展起来的人造石材无论从材料、加工生产，还是装饰效果和产品价格等方面都显示了其优越性，成为一种发展前景广阔的建筑装饰材料。

8.4 土　料

8.4.1 土的构成

1. 土和土体的概念

1) 土

土和土体的概念.mp4

地球表面 30～80km 厚的范围是地壳。地壳中原来整体坚硬的岩石，经风化、剥蚀搬运、沉积，形成固体矿物、水和气体的集合体称为土。

土是由固体相、液相、气体相三相物质组成；或土是由固体相、液体相、气体相和有机质(腐殖质)相四相物质组成。

不同的风化作用，形成不同性质的土。风化作用有下列三种：物理风化、化学风化、生物风化。

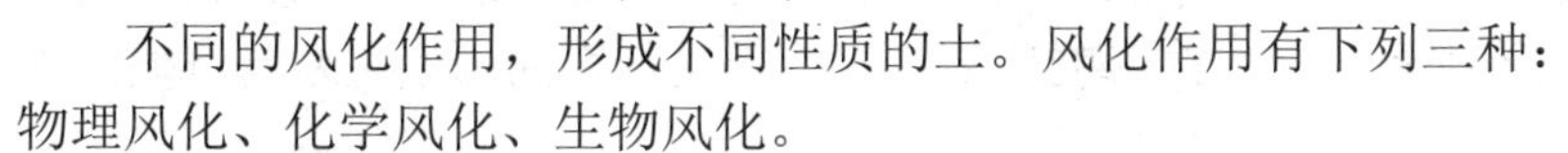

2) 土体

扩展资源 4.pdf

土体不是一般土层的组合体，而是与工程建筑的稳定、变形有关的土层的组合体。

土体是由厚薄不等，性质各异的若干土层，以特定的上、下次序组合在一起的。

土和土体的形成及演变的资料详见二维码。

2. 土的基本特征及主要成因类型

1) 土的基本特征

从工程地质观点分析，土有以下共同的基本特征。

(1) 土是自然历史的产物。

土是由许多矿物自然结合而成的。它在一定的地质历史时期内，经过各种复杂的自然因素作用后形成的。各类土的形成时间、地点、环境以及方式不同，各种矿物在质量、数量和空间排列上都有一定的差异，其工程地质性质也就有所不同。

(2) 土是相系组合体。

土是由三相(固、液、气)或四相(固、液、气、有机质)所组成的体系。相系组成之间的变化，将导致土的性质的改变。土的相系之间的质和量的变化是鉴别其工程地质性质的一个重要依据。它们存在着复杂的物理、化学作用。

(3) 土是分散体系。

土是由二相或更多的相所构成的体系，其一相或一些相分散在另一相中，谓之分散体系。根据固相土粒的大小程度(分散程度)，土可分为粗分散体系(大于 2μm)、细分散体系(2～0.1μm)、胶体体系(0.1～0.01μm)、分子体系(小于 0.01μm)四类。分散体系的性质随着分散程度的变化而改变。

粗分散与细分散和胶体体系的差别很大。细分散体系与胶体具有许多共性，可将它们合在一起看成是土的细分散部分。土的细分散部分具有特殊的矿物成分，具有很高的分散性和比表面积，因而具有较大的表面能。

任何土类均储备有一定的能量，在砂土和黏土类土中其总能量系由内部储量与表面能量之和构成，即：

$$E_{总}=E_{内}+E_{表} \tag{8-1}$$

(4) 土是多矿物组合体。

在一般情况下，土将含有 5～10 种或更多的矿物，其中除原生矿物外，次生黏土矿物是主要成分。黏土矿物的粒径很小(小于 0.002mm)，遇水呈现出胶体化学特性。

2) 土体的主要成因类型

按形成土体的地质营力和沉积条件(沉积环境)，可将土体划分为若干成因类型：如残积、坡积、洪积等。

现介绍几种主要的成因类型、土体的性质成分及其工程地质特征。

(1) 残积土体的工程地质特征。

残积土是岩石风化后未被搬运而残留在原地的松散岩屑和土形成的堆积物，该风化层称为残积层。残积土一般形成剥蚀平原，影响残积土工程地质特征的因素主要是气候条件和母岩的岩性。

气候影响着风化作用类型，使得不同气候条件、不同地区的残积土具有特定的粒度成分、矿物成分、化学成分。

① 干旱地区：以物理风化为主，只能使岩石破碎成粗碎屑物和砂砾，缺乏黏土矿物，具有砾石类土和工程地质特征。

② 半干旱地区：在物理风化的基础上发生化学变化，使原生的硅酸盐矿物变成黏土矿物；但由于雨量稀少，蒸汽量大，故土中常含有较多的可溶盐类，如碳酸钙、硫酸钙等。

③ 潮湿地区：在潮湿而温暖、排水条件良好的地区，由于有机质迅速腐烂，分解出 CO_2，有利于高岭石的形成。在潮湿温暖而排水条件差的地区，则往往形成蒙脱石。

由此可见，从干旱、半干旱地区至潮湿地区，土的颗粒组成由粗变细；土的类型从砾石类土过渡到砂类土、黏土。

(2) 母岩因素。

母岩的岩性影响着残积土的粒度成分和矿物成分。如，酸性火成岩中含较多的黏土矿物，其岩性为粉质黏土或黏土；中性或基性火成岩易风化成粉质黏土；沉积岩大多是松软土经成岩作用后形成的，风化后往往恢复原有松软土的特点，如：黏土岩与黏土，细砂岩与细砂土等。

残积物的厚度在垂直方向和水平方向变化较大，这主要与沉积环境、残积条件有关(山丘顶部因侵蚀而厚度较小；山谷低洼处则厚度较大)。残积物一般透水性强，以致残积土中一般无地下水。

(3) 坡积土体的工程地质特征。

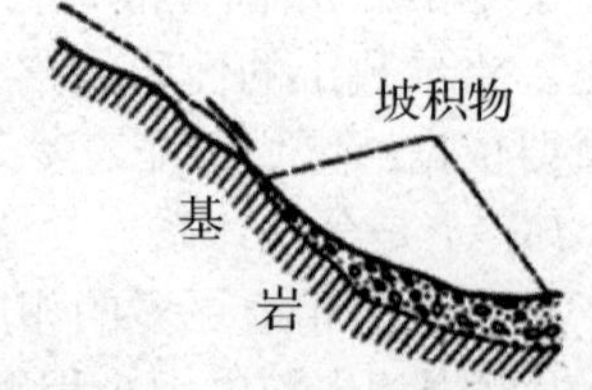

图 8-16　坡积土体形成示意图

坡积土体是残积物经雨水或融化了的雪水的片流搬运作用，顺坡移动堆积而成的，如图 8-16 所示，所以其物质成分与斜坡上的残积物一致。坡积土体与残积土体往往呈过渡状态，其工程地质特征也很相似：

① 岩性成分多种多样；

② 一般见不到层理；

③ 地下水一般属于潜水，有时形成上层滞水；

④ 坡积土体的厚度变化大，由几厘米至一二十米，在斜坡较陡处薄，在坡脚地段厚。一般当斜坡的坡角越陡时，坡脚坡积物的范围越大。

扩展资源 5.pdf

洪积土、湖积土、冲积土的具体资料详见二维码。

8.4.2 土的性质

不同类别的工程，对土的物理和力学性质的研究重点和深度都各自不同。对沉降限制严格的建筑物，需要详细掌握土和土层的压缩固结特性；天然斜坡或人工边坡工程，需要有可靠的土抗剪强度指标；土作为填筑材料时，其粒径级配和压密击实性质是主要参数。土的形成年代和成因对土的工程性质有很大影响，不同成因类型的土，其力学性质会有很大差别(见土和土体)。各种特殊土(黄土、软土、膨胀土、多年冻土和红黏土等)又各有其独特的工程性质。

除土的粒径级配外，土中各个组成部分(固相、液相、气相)之间的比例，也会影响到土的物理性质，如单位体积重、含水量、孔隙比、饱和度和孔隙度等。

黏性土中含水量的变化，还能使土的状态发生改变，阿太堡最早提出将土的状态分为坚硬、可塑和流动三种，并提出了测定区分三种状态的界限含水量的方法。从流动转到可塑状态的界限含水量称液性界限；从可塑转到坚硬状态时的界限含水量称塑性界限。两者之间的差值称土的塑性指数，它反映了土的可塑状态的范围。土的界限含水量和土中黏粒含量、黏土矿物的种类有密切关系。为反映天然黏性土的状态，常用液性指数，它等于天然含水量和塑性界限的差值与其塑性指数的比值。$I_L \leqslant 0$ 时，土处于坚硬状态；$I_L > 1$ 时，为流动状态；$0 < I_L \leqslant 1$ 时，为可塑状态。

1. 土的压缩和固结性质

土在荷载作用下其体积将发生压缩，测定土的压缩特性可分析工程建筑物的地基沉降和土体变形。饱和黏土的压缩时间决定于土中孔隙水排出的快慢。逐渐完成土压缩的过程，即土中孔隙水受压而排出土体之外，同时导致孔隙压力消失的过程称土的固结或渗压。K.泰尔扎吉最早提出计算土固结过程的一维固结理论，并指出某些黏土中超静孔隙水压力完全消失后，土还可能继续压缩，称次固结。产生次固结的原因一般认为是土的结构变形。反映土固结快慢的指标是固结系数，土层的水平向固结系数和垂直向的不一定相同。

土的压缩量还和它的应力历史有关。土层在其堆积历史上曾受过的最大有效固结压力称先期固结压力。它与现今作用的有效覆盖压力相同时，土层为正常固结土；若先期固结压力大于现今的覆盖压力，则为超固结土；反之则为欠固结土。对于超固结土，外加荷载小于其先期固结压力时，土层的压缩很微小；外加荷载一旦超过先期固结压力，土的变形将显著增大。

2. 土的强度性质

土的强度性质.mp4

土的强度性质通常指土体抵抗剪切破坏的能力，它是土基承载力、土压和边坡稳定计算中的重要指标之一。它和土的类型、密度、含水量和受力条件等因素有关。饱和干砂或砂砾的强度表现为颗粒接触面上的摩阻力，它与作用在接触面的上法向有效应力σ和砂的内摩擦角有关，即：

$$\tau_f = \sigma \tan\varphi \tag{8-2}$$

纯黏性土的不排水抗剪强度仅表现为内聚力，而与法向应力无关。一般土则既有内聚力又有摩阻力：

$$\tau_f = c + \sigma \tan\varphi \tag{8-3}$$

式中：τ_f——砂性土的抗剪强度；

c——土的黏聚力(kPa)；

σ——作用在接触面上的法向力；

φ——土的内摩擦角(度)。

式(8-3)中的和不是常量而是变量，不仅决定于土的基本状态，还和外加荷载速率、外加荷载条件、应力路线等有关。饱和土中的孔隙为水充满，受外加荷载作用时，控制土体强度的不是其所受的总应力σ，而是有效应力σ'(即总应力与孔隙压力μ之差)：$\sigma' = \sigma - \mu$。因而强度试验的条件不同，所得的强度指标也不同。试验时，不允许土样排水所得到的是土的总强度指标；如允许完全排水则得到的是土的有效强度指标。理论上用有效应力和有效强度指标进行工程计算较为合适，但正确判别实际工程土体中的孔隙水压水较困难，因而目前生产上仍多用总强度原理和总强度指标。土体的强度还因其沉积条件的影响而存在各向异性。

3. 土的流变性质

土的流变特性.mp4

土工建筑物的变形和稳定是时间的函数。有些人工边坡在建成后数年甚至数十年才发生坍滑，挡土墙后的土压力也会随时间而增大等，都与土的流变性质有关。土的流变特性主要表现为：

(1) 常荷载下变形随时间而逐渐增长的蠕变特性；

(2) 应变一定时，应力随时间而逐渐减小的应力松弛现象；

(3) 强度随时间而逐渐降低的现象，即长期强度问题。

土的三个流变特性是互相联系的。作用在土体上的荷载超过某一限值时，土体的变形速率将从等速转变至加速而导致蠕变破坏，作用应力愈大，变形速率愈大，达到破坏的时间愈短。通过试验可确定变形速率与达到破坏的时间的经验关系，并用以预估滑坡的破坏时间。产生蠕变破坏的限界荷载小于常规试验时土的破坏强度，从长期稳定性要求，采用的土体强度应小于室内试验值。土体强度随时间而降低的原因，当然不只限于蠕变的影响。土的蠕变变形因修建挡土墙或其他建筑物而被阻止时，作用在建筑物上的土压力就随时间逐渐增大。

4. 土的压实性质

对土进行人工压实可提高强度，降低压缩性和渗透性。土的压实程度与压实功能、压实方法和含水量有关。当压实方法和功能不变时，土的干容重随含水量的增加而增加，达到最大值后，再增加含水量，其干容重将逐渐下降。对应于最大干容重时的含水量称最佳含水量。压实功能不增大而仅增加压实次数或碾压次数所能提高土的压实度有一定限度，超过该限度再增加压实或碾压次数则无效果。填筑土堤，在最佳含水量附近可用最小的功能达到最大的干容重，因而要在室内通过压实试验确定填料的最佳含水量和最大干容重。但压实的方法也影响压实效果，对非黏性土，振动捣实的效果优于碾压；对黏土则反之。研究土的压实性能，可选择最合适的压实机具。为改善土的压实性能，可铺撒少量添加剂，中国古代已盛行掺加生石灰来改善土的压实性能。此外，人工控制填料的级配，也可达到改善压实性能的目的。

5. 土的应力—应变关系

土的变形和强度是土的最重要的工程性质。20 世纪 60 年代以前，在工程上通常分别确定土的变形和强度指标，不考虑强度与变形间的相互影响。因为土的应力—应变关系是非线性的并具有弹塑性，甚至黏弹塑性特征，而当时的计算技术，尚无法进行分析。随着计算机和数值分析法的普及，目前已能把土的应力—应变关系纳入土工建筑物的分析计算中。正常固结黏土和松砂的剪应力和轴向应变的曲线呈双曲线型，在整个剪切过程中，土的体积发生收缩，这类土具有应变硬化的特性。超固结黏土和密实砂的应力—应变曲线则有峰值，其后应变再增大时，则土的强度下降，最后达稳定值。剪切过程中，土的体积先有轻微压缩，随后即不断膨胀，这类土具有应变软化的特征。为了使用数学方程描述各类土的应力—应变特性，现已有各种非线性弹性、弹塑性和黏弹塑性模型。利用这些模型和数值分析法，可以分析一些复杂边界条件和不均质土体的变形和稳定问题。但是这些模型中所对应的土的参数，目前尚难正确测定，土体的原始应力状态也难确定，因而还难以在工程中普遍应用。

6. 土的动力性质

土在岩爆、动力基础或地震等动力作用下的变形和强度特性与静荷载下有明显不同。土的动力性质主要指模量、阻尼、振动压密、动强度等，它与应变幅度的大小有关。应变幅度增大(<10)，土的动剪切模量减小，而阻尼比例则增大。土的动模量和阻尼是动力机器基础和抗震设计的重要参数，可在室内或现场测试。1964 年日本新潟大地震，大面积砂土液化造成大量建筑物被破坏，这推动了对饱和砂土液化特性的研究。液化的主要机理是土的有效强度在动荷载作用下瞬时消失，导致土体结构失稳。一般松的粉细砂最容易发生液化，但砂的结构和地层的应力历史也有一定的影响。具有内聚力的黏性土一般不发生液化现象。

特殊土的类型有以下几种。

1) 湿陷性黄土

湿陷性黄土是指在上覆土层自重应力作用下，或者在自重应力和附加应力共同作用下，因浸水后土的结构破坏而发生显著附加变形的土。湿陷性黄土又分为自重湿陷性黄土和非自重湿陷性黄土。

湿陷性黄土土质较均匀、结构疏松、孔隙发育。在未受水浸湿时，一般强度较高，压缩性较小。但其在一定压力下受水浸湿，土结构会迅速破坏，产生较大附加下沉，强度迅速降低。湿陷性黄土之所以在一定压力下受水时产生显著附加下沉，除在遇水时颗粒接触点处胶结物的软化作用外，还在于土的欠压密状态。干旱气候条件下，无论是风积或是坡积和洪积的黄土层，其蒸发影响深度大于大气降水的影响深度，在其形成过程中，充分的压力和适宜的湿度往往不能同时具备，这导致土层的压密欠佳；接近地表 2～3 米的土层，受大气降水的影响，一般具有适宜压密的湿度，但此时上覆土重很小，土层得不到充分的压密，便形成了低湿度、高孔隙率的湿陷性黄土。

2) 软土

软土一般指压缩性大和强度低的饱和黏性土，多分布在江、河、海洋沿岸、内陆湖、塘、盆地和多雨的山间洼地。软土的孔隙比一般大于 1.0，天然含水量常高出其液限，不排水抗剪强度很低，压缩性很高，因而常需加固处理。最简单的方法是预压加固法。软土强度的增加有赖于孔隙压力的消失，因而在地基中设置砂井以加快软土中水的排出，这是最常用的加固方法之一。预压加固过程中通过观测地基中孔隙水压力的消失来控制加压，这是保证施工安全和效率的有效方法。此外，也可用碎石桩和生石灰桩等加固软土地基。

3) 膨胀土

黏土中的黏土矿物，当遇水或失水时，将发生膨胀或收缩，引起整个土体的大量胀缩变形，给建筑物带来损害。

4) 多年冻土

高纬度或高海拔地区，气温寒冷，土中水分全年处于冻结状态且延续三年以上不融化的冻土称多年冻土。冻土地带表层土随季节气温变化有冻融交替的变化，季节冻融层的下限即为多年冻土的上限，上限的变化对建筑物的变形和稳定有重大影响。

5) 红黏土

红黏土是热带和亚热带温湿气候条件下由石灰岩、白云石、玄武岩等类岩石风化形成的残积黏性土。黏土矿物主要是高岭石，其活动性低。中国红黏土的特点一般是天然含水量高、孔隙比大，液限和塑性指数高，但抗水性强，压缩性较低，抗剪强度也较高，可用作土坝填料。

8.4.3 土的加固

工业与民用建筑物地基、水利水电工程坝基、边坡、基坑工程、地下工程等常见岩土工程的稳定性好坏，往往取决于这些工程对应岩土的强度是否足够、压缩性是否过大、沉降是否过大或均匀。如果这些工程是建立在软黏土、杂填土、冲填土、湿陷性黄土、膨胀土、多年冻土等之上，则往往难以满足强度和变形的设计要求，这时就需要进行土的加固或其他相应的处理。本节主要介绍地基中土的加固。

换填加固法.mp4

1. 换填加固法

当软弱地基不能满足承载力和变形的设计要求，而软弱土层的厚度又不太大时，则将软弱土层部分全部挖去，然后分层回填强度高、压缩性较低且无腐蚀性的砂、碎石、素土、灰土、二灰土、矿渣等材料，并压实或夯实至要求的密实度，这种加固处理方法称为换填加固法。换填垫层法按回填材料不同可分为：换砂垫层、碎石垫层、灰土垫层、矿渣垫层等，如图 8-17 所示。

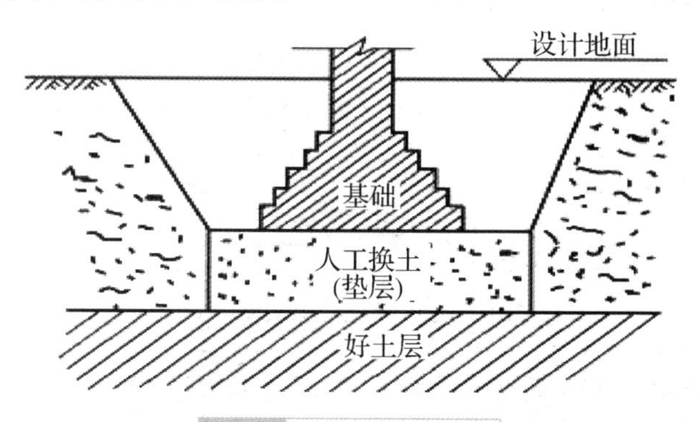

图 8-17　回填材料示意图

砂垫层的作用，除了增强承载力、减少沉降外，由于砂土透水性好，是良好的排水层，从而加速了软土的排水固结，使软土的强度增长较快。

垫层既要有足够的厚度以置换可能被剪切破坏的软弱土层，又要有足够的宽度以防止垫层向两侧挤出。一般垫层厚度为 0.5～3.0m，常用厚度为 1～2m。

换填加固法适用于淤泥、淤泥质土、湿陷性黄土、膨胀土、素填土、杂填土、季节性冻土地基以及暗塘、暗沟等浅层处理。

2. 排水固结法

排水固结法是在建筑物建造前，先在天然地基中设置砂井等竖向排水体，然后进行预压，使地基土体排水固结，以提高地基土强度，并使地基沉降在预压期基本完成或部分完成，如图 8-18 所示。

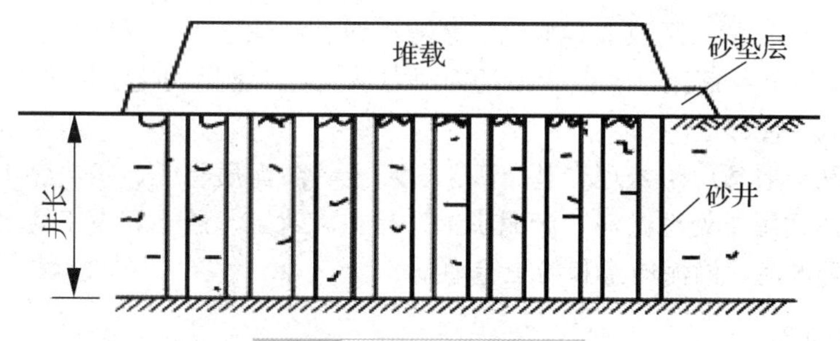

图 8-18　排水固结法示意图

排水固结法处理地基时，应有合理的排水系统和预压系统。排水系统有砂井、塑料排水板等，能有效改变地基原有的排水条件，缩短排水距离。预压系统有加堆预压、真空预压和电渗预压等，其作用是使地基土的固结压力增加而产生固结。该方法适用于处理各类淤泥、淤泥质土及冲填土等饱和黏性土地基。

3. 强夯加固法

强夯法是将重锤从高处自由落下(落距为 6～40m)给地基以强大的冲击力和振动，在强大的夯击能作用下，迫使深层土液化和动力固结，用以提高地基承载力和减小沉降，消除土的湿陷性、胀缩性和液化性，如图 8-19 所示。

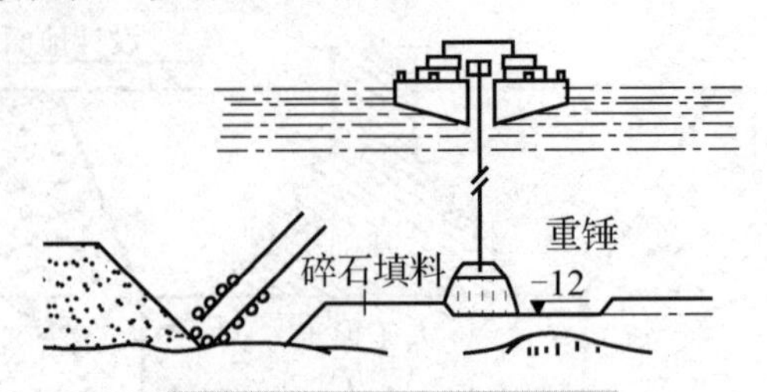

图 8-19　强夯加固法示意图

经强夯处理的地基，其承载力可提高 2～5 倍，压缩性可降低 50%～90%，此法适合于大面积加固，深度可达 30m。由于强夯法具有效果好、速度快、节省材料的优点，所以被广泛用于处理碎石土、砂土、低饱和度的粉土和黏性土、湿陷性黄土、杂填土和素填土地基。因施工过程中振动和噪音大，在建筑物稠密地区不宜采用。

4. 深层挤密灌桩法

深层挤密灌桩法.mp4

利用挤密或振动使深层土密实，并在振动过程中，回填碎石、砂、石灰、土、二灰土等材料，形成碎石桩、砂桩、石灰桩、土桩、二灰桩等，桩与桩间土一起组成复合地基，从而提高地基承载力，减小沉降，消除土的湿陷性和液化性。

砂桩、碎石桩挤密法和振动水冲法一般适用于杂填土、素填土和松散砂土等地基；土桩和灰土桩适用于地下水位以上深度为 5～10m 的湿陷性黄土和人工填土地基。

5. 化学加固法

利用水泥浆液、黏土浆液或其他化学浆液，通过灌注压入、高压喷射或机械搅拌，使化学浆液与土颗粒胶结起来，以改善地基物理力学性质。常用的化学加固法有压力灌注法、高压喷射法和水泥搅拌法。

压力灌注法一般适用于处理岩基、砂土、粉土、淤泥质黏土、粉质黏土和人工填土地基；高压喷射法适用于处理淤泥、淤泥质土、粉土、黄土、砂土和人工填土地基；水泥搅拌法适用于处理淤泥、淤泥质土和粉土等地基。

6. 加筋加固法

加筋法是在人工填土的路堤或挡墙内铺设土工合成材料、钢带、钢条、尼龙绳等作为拉筋，或在边坡内打入土锚、土钉、树根桩、锚定板等，如图 8-20 所示。这种人工复合土体，具有抗拉、抗压、抗剪和抗弯作用，用以提高地基承载力，减少沉降量和增强地基的稳定性。加筋土一般用于人工填土的路堤和挡土结构，以及稳定土坡支挡结构或托换工程等。

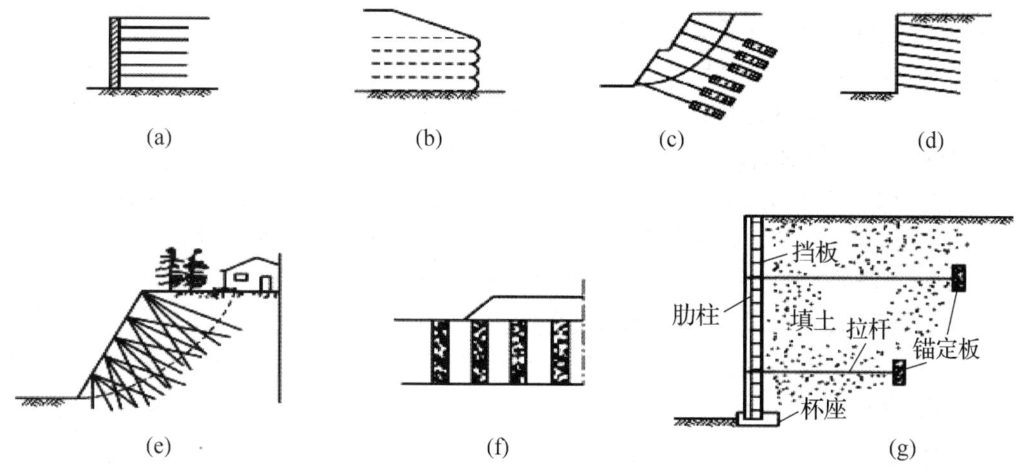

(a) 加筋土挡墙；(b) 土工合成材料加筋土堤；(c) 土锚加固护坡；(d) 土钉；
(e) 树根桩稳定边坡；(f) 碎石桩加固路堤；(g) 锚定板挡土结构

图 8-20　加筋技术在工程中的应用

如上所述，每一种地基加固方法都有一定的适用性和局限性。在选择地基加固方案之前，应先收集详细的地质资料，分析工程设计要求和天然地基存在的主要问题，确定地基加固的目的、范围和加固后要求达到的各项技术经济指标；分析当地施工的经验和对环保的影响，经认真的技术和经济对比分析，从若干个可供选择的方案中选取最佳方案。

【案例 8-4】 某路堤 2012 年 9 月底填筑至基床底层顶面，10 月 2 号路基中心左侧出现突然坍滑沉陷。并伴随有沉闷的声响，坍滑沉陷引起路堤左侧沿中心线偏左下沉 1.2～1.6m，裂隙垂直开张，裂面粗糙无擦痕，左侧坡脚稻田隆起，并造成邻近桥台桩基础从承台底面剪断，桥台偏移。

结合本文内容进行分析，坍塌的原因和处理方法有哪些？

本 章 小 结

本章内容主要讲了在建筑材料中常见的石材与土料。前两个小节主要讲述了建筑石材中天然石材与人造石材的分类、特性和常见的石材以及天然石材的破坏及其防护措施；第三小节讲了石材加工类型、工程对砌筑石材的要求、石材的选用原则和石材的加工和应用；第四小节讲了在建筑材料中土的构成、性质和加固方法，这些建筑材料为学生日后学习、工作打了基础。

实 训 练 习

一、单选题

1. 在测定烧结普通砖的密度时，需测其体积，具体方法是(　　)。

　A. 磨成细粉、烘干后用密度瓶测定其体积

B. 度量尺寸，计算其体积

C. 破碎后放在广口瓶中浸水饱和测定其体积

D. 破碎后放在已知容积的容器中测定其体积

2. 脆性材料的特征是(　　)。

A. 破坏前无明显变形　　B. 抗压强度与抗拉强度均较高

C. 抗冲击破坏时吸收能量大　　D. 受力破坏时，外力所做的功大

3. 一种材料的孔隙率增大时，以下各种性质中(　　)一定下降。

A. 密度、表观密度(即体积密度或容重)

B. 表观密度、抗渗性

C. 表观密度、强度

D. 强度、抗冻性

4. 在下列材料与水有关的性质中，(　　)的说法是错误的。

A. 润湿边角 $\theta \leqslant 90^\circ$ 的材料称为亲水性材料

B. 石蜡、沥青均为憎水性材料

C. 材料吸水后，将使强度和保温性降低

D. 软化系数越小，表明材料的耐水性越好

5. 下列有关材料强度和硬度的内容，(　　)的说法是错误的。

A. 材料的抗弯强度与试件的受力情况、截面形状及支承条件等有关

B. 比强度是衡量材料轻质高强的性能指标

C. 石料可用刻痕法或磨耗来测定其硬度

D. 金属、木材、混凝土及石英矿物可用压痕法测其硬度

二、多选题

1. 复合板石材薄板或超薄板与底衬材料有(　　)。

A. 铝蜂窝　　B. 树脂　　C. 水泥　　D. 玻璃　　E. 塑料

2. 常用通俗石材质量检查方法有(　　)。

A. 检查合格证　　B. 检查表面光洁度

C. 看外观质量　　D. 量规格尺寸　　E. 听敲击声音

3. 弧板石材外观缺陷测量指标有(　　)。

A. 缺棱　　B. 缺角　　C. 砂眼　　D. 色线　　E. 色斑

4. 圆弧板端面角度允许公差(　　)。

A. 优等品为 0.40mm　　B. 一等品为 0.60mm

C. 合格品为 0.80mm　　D. 优胜品为 0.30mm

E. 合格品为 0.70mm

三、填空题

1. 天然石材在不同的地质条件作用下，通常可分为______、______和______三大类。

2. 建筑上常用的天然石材主要有______、______、______和______等几类。

3. 常用砌筑石材的原料主要有______、______、______和______等。

四、简答题

1. 人造石材是由什么形成的?
2. 人造石材分为哪几类?
3. 土的加固有哪几种方法?
4. 石材的耐热性(耐火性)与什么有关?

习题答案.pdf

实训工作单一

<table>
<tr><td>班级</td><td></td><td>姓名</td><td></td><td>日期</td><td></td></tr>
<tr><td colspan="2">教学项目</td><td colspan="4">建筑材料</td></tr>
<tr><td>任务</td><td>现场观察岩石</td><td>工具</td><td colspan="3">笔记本、笔、铲子、凿子、刷子</td></tr>
<tr><td colspan="2">学习目标</td><td colspan="4">通过本章学习和在现场观看了解各类岩石的特征、特点</td></tr>
<tr><td colspan="2">学习要点</td><td colspan="4"></td></tr>
<tr><td colspan="6">观察记录</td></tr>
<tr><td>评语</td><td colspan="3"></td><td>指导老师</td><td></td></tr>
</table>

实训工作单二

<table>
<tr><td>班级</td><td colspan="2"></td><td colspan="2">姓名</td><td></td><td>日期</td><td></td></tr>
<tr><td colspan="2">教学项目</td><td colspan="6">建筑材料</td></tr>
<tr><td>任务</td><td colspan="2">人造材料差别</td><td>工具</td><td colspan="4">人造材料、各类工具</td></tr>
<tr><td colspan="3">实验目标</td><td colspan="5">通过实验自己找出人造材料在各方面的差别</td></tr>
<tr><td colspan="3">学习要点</td><td colspan="5"></td></tr>
<tr><td colspan="8">实验过程记录</td></tr>
<tr><td>评语</td><td colspan="5"></td><td>指导老师</td><td></td></tr>
</table>

木材图片.pptx

木材.pdf

第9章 木 材

09

【学习目标】

1. 了解木材与竹材的构造；
2. 熟悉木材与竹材的应用和防腐措施；
3. 掌握木材与竹材的主要性质及其影响因素。

木材.avi

【教学要求】

本章要点	掌握层次	相关知识点
木材的分类与性能	1. 掌握木材的类别 2. 了解木材的加工	针叶树、阔叶树
木材的性质	1. 掌握木材的物理性质 2. 掌握木材的力学性质	木材的物理性质和力学性质
木材的处理	1. 熟悉木材如何干燥 2. 掌握木材的防腐 3. 掌握木材的防火	木材的干燥、防腐与防火
木材的应用	1. 熟悉木材属性 2. 清楚其优点、缺点	木材的优势、劣势
竹材的应用	1. 了解竹材的性能 2. 掌握竹材的应用	竹材在建筑中的应用

【项目案例导入】

2008 年 9 月 2 日 16 时 15 分左右，福建省南平市延平区大横镇一木材加工厂因使用柴油发电机不当引起爆炸起火，导致成品仓库突发大火，起火面积近千平方米。9月4日3时01分，泗阳县博峰板材厂发生火灾，3时41分火被扑灭，火灾烧毁厂房4间、机器设备2台、板车3辆和部分木材原料，直接经济损失8000余元。另据统计：南平市自2002年至2008年，木材加工厂已发生火灾30起，直接财产损失100多万元。

【项目问题导入】

连续多起木材加工厂火灾的发生，已经为木材加工厂的消防安全敲响警钟，由于木材的特点，木材防火处理至关重要，试结合本章内容说明木材具有哪些特性，适当提出木材防火的具体举措，并了解木材在工程中的应用及其优势。

9.1　木材概述

木材是大自然对人类的无上恩赐。《诗经》中说：“伐木丁丁，鸟鸣嘤嘤；出自幽谷，迁于乔木。”很早以前，人们就掌握了砍木造房的本领。从那以后，木材已经和人们的日常生活起居彻底结缘，关系日益密不可分。

自古以来，木材一直是深受人们喜爱的建筑材料之一，同时也是构成室内环境的主要材料。它具有重量轻、强度高、保温隔热、吸音隔声、防震、吸收紫外线以及美观自然等特点，至今仍是最受人们青睐的一种居室内装饰材料和家具制造的原材料。特别是近十几年来，随着生活水平的不断提高，人们开始追求一种返璞归真、接近自然的高品质生活，越来越多的人喜爱用木材建造房屋，用木质材料装饰居室，以营造一个舒适、自然的生活环境。

另外，由于木材的原料具有生产再生性、产品制造低能耗低污染性、产品使用节能性以及产品利用循环性的特性，因而被人们誉为“绿色建筑材料”。木材是一种借助太阳能可再生的天然材料，木质制品在制造过程中资源和能源消耗比砖瓦材料低得多，且产生的废料、废气、废水量少，对环境污染小；同时木材及其制品具有良好的保温隔热性能，可以节省因取暖制冷而大量消耗的能源，还可在完成使用功能后进行循环再利用。

9.1.1　木材的分类

木材由树木砍伐后加工而成，树木按叶片形状可分为针叶树和阔叶树两大类。

木材的分类.mp4

1. 针叶树

针叶树(见图 9-1)的叶片呈针状，多为常绿树。树干通直高大，纹理顺直，木质较软，易于加工，故又称为软木材。针叶树的强度较高，表观密度和胀缩变形较小，耐腐蚀性好，是建筑中的主要用材，通常用于建筑工程的承重构件(如梁、柱、桩、屋架等)、门窗、家具、地面及装饰工程中，以及用作桥梁、造船、电杆、坑木、枕木、桩木、机械模型等。常用的树种有松木、杉木、柏木等。

图 9-1　针叶树示意图

2. 阔叶树

阔叶树(见图 9-2)的叶片宽大，叶脉呈网状，多为落叶树。树干通直部分较短，表观密度大，材质较硬，难以加工，故又称为硬木材。阔叶树的木材强度高、胀缩变形大，易翘曲、开裂，通常用于制作尺寸较小的构件。一般用于建筑工程、机械制作、桥梁、造船、枕木、坑木及胶合板等。某些树种加工后有美丽的纹理和色彩，适用于做室内装饰或制作家具等。常用的树种有樟木、榉木、柚木、水曲柳、柞木、桦木、色木等。

图 9-2　阔叶树示意图

9.1.2　木材的物理性质

木材的物理性质主要包括木材密度、木材含水率、木材的湿胀与干缩等方面。

1. 木材密度

木材密度是指单位体积木材的质量，木材密度取决于它的含水率，即不同的含水率对应不同的密度。通常，木材的质量和体积都受含水率影响。一般人们把木材试样的烘干质量与它饱和水分时的体积、烘干后的体积及烘干时的体积之比，分别称为基本密度、绝干密度和烘干密度。此外，木材在气干后的质量与气干后的体积之比称为木材的气干密度。

扩展资源 1.pdf

木材密度的具体资料详见二维码。

2. 木材含水率

木材含水率.mp4

木材含水率是指木材中水重占烘干木材重的百分数。由于纤维素、半纤维素、木质素的分子均具有较强的亲水力，所以木材很容易从周围环境中吸收水分。通常，人们根据木材中所含水的存在形式可分为三类：吸附水、自由水、化合水。

(1) 吸附水存在于木材的细胞壁内，木材的细胞壁的含量是影响木材强度和胀缩变形的主要原因。

(2) 自由水存在于木材的细胞腔和细胞间隙之间，它的含量影响木材的表观密度、燃烧性和抗腐蚀性。

(3) 化合水是以 $(OH)^-$、H^+ 或 H_3O^+ 等形式存在于矿物或其他化合物中的水，它在常温下不发生变化，对木材的性质一般无影响。

当木材中无自由水，而细胞壁内吸附水达到饱和时，这时的木材含水率称为“纤维饱和点”。一般情况下，木材的纤维饱和点随树种不同而各不相同，介于 25%至 35%，通常取其平均值，约为 30%。纤维饱和点是木材物理力学性质发生变化的转折点。当含水率大于纤维饱和点时，水分对木材性质的影响很小。当含水率自纤维饱和点降低时，木材的物理力学性质随之而变化。

通常，木材中所含的水分是随着环境的温度和湿度的变化而改变的。其中，一般把木材在大气中能吸收或蒸发水分，与周围空气的相对湿度和温度相适应而达到恒定的含水率，称为平衡含水率。木材平衡含水率会随地区、季节及气候等因素而变化，变化幅度在 10%～18%。可以说，它是木材干燥时的重要指标。

3. 木材的湿胀与干缩

所谓湿胀干缩效应是指，当木材由潮湿状态干燥到纤维饱和点时，尺寸不变；继续干燥时，吸附水开始蒸发，木材发生体积收缩。也就是说，木材从潮湿状态干燥至纤维饱和点时，木材的尺寸基本不变，仅容重减小。当干燥至纤维饱和点以下时，细胞壁中吸附水开始蒸发，木材发生收缩；反之，干燥的木材吸湿发生体积膨胀，直至含水率达到纤维饱和点为止，此后木材含水量继续增加，体积基本上不再发生变化。

木材的湿胀与干缩是木材本身所固有的特性，即木材吸收水分后体积膨胀，丧失水分就会收缩。这一性质会对木材大小、尺寸的稳定带来不利影响，可使木材产生裂缝或翘曲变形，以致引起木结构的接合松弛或突起、装修部件的破坏等。因此，了解木材这一性质，对于保证木材制品的质量相当重要，在日常生活中，人们为避免木材这一效应所带来的裂缝或翘曲变形等现象的发生，通常都会在木材制作加工前将其进行干燥处理，使木材干燥至平衡含水率。

4. 木材的绝热性

木材具有大量的微小气孔，属蜂窝状结构，所以木材是天然的绝热材料。木材的密度越大，导热性越强，绝热性越差；含水率越大，导热性越强。例如，针叶材的保温性能是相同厚度的玻璃纤维棉隔热层的一半，但却是混凝土和砖石的 10 倍左右，实心钢材的 400 倍。

5. 木材的绝缘性

烘干或气干状态下的木材，是电的不良导体，具有良好的绝缘性，其绝缘性随含水率的增加而降低。

6. 木材的装饰性

木材具有适宜的天然花纹、质感、色彩等，是良好的装饰材料(见图 9-3)。木材的加工性能良好，可锯、可刨，且易涂刷、喷涂、印制涂料等。

图 9-3　木材装饰示意图

此外，木材的振动性能优良，常用来制作乐器或作乐器的共鸣板等。木材的主要化学成分之一是木素，对紫外线有较强的吸收作用。木材表面细微的凹凸，可以使光线漫反射，减少眼睛的疲劳和损伤。

9.1.3 木材的力学性质

木材是多孔性材料的一种，具有很强的负荷力学性质。通常，其力学性质是指木材抵抗外部机械力作用的能力，主要包括弹性、黏弹性、硬度、韧性、各类强度等。

木材的力学性质.mp4

木材弹性是指木材在卸除发生变形的负荷后，恢复原来的形状、尺寸或位置的能力。

木材强度是指抵抗外部机械力破坏的能力，包括拉伸强度、压缩强度、弯曲强度、抗剪强度等。

木材硬度是抵抗其他刚性物体压入的能力。

木材刚性是抵抗外部机械力造成木材尺寸或形状变化的能力。

木材韧性是木材吸收能量和抵抗反复冲击负荷，或抵抗超过比例极限的瞬间应力的能力。

木材还是一种有机导向性材料，当其受到外界压力时，会产生一种抵抗压缩变形破坏的能力——抗压强度，其中又有顺纹与横纹两种抗压强度之分。顺纹抗压强度是指外部机械力与木材纤维方向平行时的抗压强度。由于顺纹抗压强度变化小，所以常以顺纹抗压强度来表示木材的力学性质；横纹抗压强度是指外部机械力与木材纤维方向互相垂直时的抗压强度。一般来说，木材的顺纹抗拉和抗压强度均较高，横纹抗拉和抗压强度较低。由于木材主要是由许多管状细胞组成，当木材横纹受压时，这些管状细胞很容易被压扁，因此木材的横纹抗压极限强度比顺纹抗压极限强度低。但是，横纹受压的面积往往较大，所以破坏时的载荷也相应大些。

此外，木材强度还受树种、温度、含水率、木材缺陷、荷载作用时间等因素的影响，其中，尤以木材缺陷及载荷作用时间两者的影响最大。因木节尺寸和位置不同、受力性质(拉或压)不同，有节木材的强度比无节木材低 30%～60%。在载荷长期作用下木材的长期强度几乎只有瞬时强度的一半。

9.1.4 木材的加工性能

木材加工技术包括木材切削、木材干燥、木材胶合、木材表面装饰等基本加工技术，以及木材保护、木材改性等功能处理技术。

木材加工技术.mp4

1. 切削

通常的切削加工有锯、刨、铣、钻、砂磨等方法。由于木材组织、纹理等的影响，切削的方法与其他材料有所不同。木材含水率对切削加工也有影响，如单板制法与木片生产需湿材切削，大加工部件则需干材切削等。

2. 干燥

干燥通常专指成材干燥。胶合板、刨花板、纤维板等合成板材的制造工艺要求，其原材料如单板、刨花、木纤维等必须干燥后才可使用。

3. 胶合

木材胶黏剂与胶合技术的出现与发展，使木材加工技术水平得到提高。胶合技术也是再造木材和改良木材的主要加工工艺，如各种层积木、胶合木等产品的生产。

4. 表面装饰

木材表面涂饰最初是以保护木材为目的的，如传统的桐油和生漆涂刷，后来逐渐演变为以装饰性为主，实际上任何表面装饰都兼有保护作用。人造板的表面装饰，可以在板坯制造过程中同时进行。

5. 保护

木材的保护包括木材防腐、防蛀和木材阻燃等，是用相应药剂经涂刷、喷洒、浸注等方法，防止真菌、昆虫、海生钻孔动物和其他生物体对木材的侵害，或阻滞火灾的破坏。

6. 改性

木材改性是为提高或改善木材的某些物理、力学性质或化学性质而进行的技术处理。

【案例 9-1】 阿哲等 3 人，于 7 月 10 日在做门框，由于木材未全部烘干，工人用钻孔机在木头上钻孔后，发热的锯末落在地面上，工人于 7:30 分左右下班，阿哲于 10 点关闭了电源总闸，未检查加工现场就直接回家，约凌晨 4 时 30 分由锯末引发火灾，此次火灾，烧毁了2个电锯的马达、10个门框和木材加工厂的顶棚，总计损失3000元，无人员伤亡。

结合上文，分析案例中情况体现了木材的什么性质？

9.2　木材在建筑工程中的应用

9.2.1　木材在建筑应用中的优势

木材由于其特性，作为建筑材料有其独特的优势。

1. 绿色环保

在当今世界，环境保护已成为一种全球性的热点问题。随着人类过度的开发，生存环境已经受到了严重的威胁，人类开始对自身的行为进行反思，并把环境保护、可持续发展作为极其重要的研究课题。在这样一个探讨的过程中，木材自然受到了极大的关注。因为木材作为建筑材料，有着无可比拟的绿色环保性能。木材具有天然、可再生性，只要有土地、有阳光、有水分的地方木材就可以生长，是生产混凝土、钢材、砖头的原材料所无法比拟的。其次，与其他钢筋、混凝土等材料比较，木材不仅在生长过程中能很大地改善自然环境，而且在加工过程中能耗低，废弃后可自然降解，堪称环保典范。

2. 施工简易、工期短

施工简易、工期短是木材的又一个显著优点。随着木材加工技术水平的提升，现代木构建筑已经基本实现了工厂预制、现场装配的工业化流程，尤其是在欧美等发达国家。建造房屋所用的结构构件和连接件都是在工厂按标准加工生产，再运到工地，经过拼装就可以建成一座漂亮的木房子。这样一来就大大降低了施工难度，在施工现场，除了基本的土地配套设施外，不会出现成堆的砖头、钢筋、水泥和尘土飞扬的场景，建房简单得就像搭积木一样。而且装配式流程也使木构建筑施工安装的速度远远快于混凝土和砖石结构建筑，大大缩短了工期，节省了人工成本，施工质量得以保证，也易于改造和维修。以北美最广泛应用的轻质木框架房屋的施工安装为例，一般一栋300m^{2}的房子主体结构的安装需15～20天的时间，如果工厂预制程度高时间将更短。要想完成所有的精装修，整个施工周期一般也不会超过4个月的时间。而这种建筑施工及安装有着较高科技含量，原因之一是在施工过程中大量地使用成品或半成品的建筑材料及设备，部分大的部件已提前在工厂预制好后才运到工地安装，另外施工中机械化程度高、施工工序管理先进也是主要原因之一。由于装配式的施工特点，所占用的施工现场、建筑垃圾、建筑噪声等都减少到最低的程度，也可以称为环保型建筑的典范。如果采用传统的砖混结构式施工方式，那么从基础开始到竣工(不含精装修)就需要5个月。从精装修开始到达到入住条件又需要3个月，共计需要8个月之久。

3. 冬暖夏凉

由于木材为绝热体，在同样厚度的条件下，其隔热值比标准的混凝土高16倍，比钢材高400倍，比铝材高1600倍。即使采取通常的隔热方法，木结构房屋的隔热效果也比空心砖墙房高 3 倍。木结构房屋在冬天正常的密封条件下，如果第一天开空调，使室内温度保持在 20℃的话，那么空调关闭后，到了第三天室温还能保持在 16℃。所以，木结构房屋好像一座天然的空气调节器，住在木屋里感觉四季如春，冬暖夏凉，自然十分适应。

4. 抗震性能优良

木构房屋有良好的抗震性能。木材是一种单向受力的弹性构件，构件之间用木材特有的榫卯连接方式，形成一种高次超静定结构体系，楼板和墙体之间组成的空间箱型结构也使构件之间能相互作用，再加上木构房屋的自重较轻，地震时吸收的地震力也相对较少，所以它们在地震时大多纹丝不动，或整体稍有变形却不会散架，具有较强的抵抗重力和抗地震能力。在日本 1995 年的神户大地震中，保留下来的房屋大部分是木结构房屋。我国唐山大地震仅存的房子也是木结构房屋。由于地处全球两大地震带之间，我国历来是一个多地震国家，地震活动频度高、强度大、分布广、震灾严重。在这样的情况下，木构房屋良好的抗震性能也是弥足珍贵的。

5. 建造成本经济

一般来说，受到材料价格的限制，建造木构建筑所用的材料成本的确比混凝土或砖石结构房要高。但是，如果核算整体的成本，鉴于盖房的工人数量需求少、人工成本低、施工时间短、装修费用也低，所以房子完工后的总成本基本与混凝土等其他结构房持平。当然，具体单位造价又与建筑造型、建筑地点、材料等级及施工管理有关。由于木结构住房一般最大高度为 4 至 5 层，在土地价格较高的地区就不经济了。至于在大跨度建筑上的使用情况又不同了，例如，1980 年建造的美国华盛顿州塔科马市的竞技场，木结构拱顶的造价在承建中标时为 3.02 亿美元，而充气拱顶为 3.55 亿美元，混凝土拱顶为 4.35 亿美元。所以，在很多的情况下，木构建筑也是符合经济性原则的，不应一味以成本高为由拒绝探讨。如图 9-4 所示为木结构房屋。

图 9-4　木结构房屋示意图

【案例 9-2】 在欧美很多森林资源丰富的国家，木结构房屋则成为解决高额土地价值和建造费用的方法，特别是 3～5 层的木结构房屋。近年来，随着我国经济保持连续不断的发展及人民生活水平的不断提高，少数经济发达的大城市建设的国际新型木屋，已成为一大热点，引起了我国一些高收入消费者的兴趣与青睐，北京、上海的高档住宅也出现了木结构别墅，木结构房屋随后在各大城市逐渐多了起来。

结合上文内容说明为什么木材建筑能迅速发展？

9.2.2 木材在建筑应用中的缺陷

当然木材的缺陷也是不容小觑的。

木材在建筑应用中的缺陷.mp4

1. 收缩、变形与开裂

众所周知，木材作为一种天然材料，有其与生俱来的缺陷，其中收缩、变形与开裂就是最常见的现象。这是由木材自身的物理特性决定的，处在自然环境中木材的吸湿与平衡含水率必将随空气温度、湿度的变化而变化。木材作为生材的含水率是比较高的，以云杉为例，平均生材含水率较高；一般环境的平衡含水率远远低于生材的含水率，而在建筑中对木材又有使用含水率的要求。为达到与环境的含水率和使用要求的含水率相平衡，木材中的多余水分必须蒸发出去，蒸发后木材的含水率会低于饱和点。当木材的含水率在饱和点以下变化，就会引起木材的湿胀或干裂，如图 9-5 所示。

图 9-5　木材收缩、开裂、变形示意图

2. 木材的霉变与蛀蚀

木材的主要化学组成是木质素、纤维素和半纤维素以及许多次要成分，如树脂、脂肪、蜡、单宁、果胶质、蛋白质、淀粉等，这都是虫蛀和蛀蚀的基本条件；木材的吸湿和降解又导致其易霉变。蛀蚀和霉变都导致木材的强度下降，影响木建筑的强度和使用的耐久性。我国是一个蛀虫和白蚁危害均十分严重的国家，木结构建筑每年因蛀虫和白蚁所造成的损失不可估量。所以木材要运用到建筑中，最基本的要素之一，就是在使用之前做好防霉和防蛀处理，如图 9-6 所示。

图 9-6　木材的霉变和蛀蚀示意图

3. 木材的可燃性

木材易燃是众所周知的事实，中国历史上多少豪华的亭台楼阁，宫殿庙宇都是在不经意间付之一炬，令人扼腕。与其他建筑材料相比，易燃是木材最致命的缺陷，也是其渐渐退出建筑舞台的原因之一。所以当我们把木材用作建筑材料的时候，防火就成为一项极为重要的系统工程了。其他建筑材料一般依赖于结构材料的耐火极限和燃烧性能，只要符合阻止火焰产生、消防报警、控制火焰增长、限制和扑灭火焰等各项规范要求就可以了。

但木材是一种可燃性材料，不仅其自身可以燃烧，而且会在燃烧过程中产生热量，更助长了火焰的发展(一般来说，当周围温度上升至 260～330℃时，木材开始显著热分解，产生可燃性气体；当温度达到 330℃以上时，木材就能够自燃)。虽然木材在燃烧的初期，表面会产生碳化层，这在一定程度上可以减缓火焰进一步向木构件内部燃烧的速度，但是碳化的平均速度是每分钟 0.60mm，木材会由外向内逐渐碳化，最终将导致木材失去其承载能力，这对建筑结构的防火是很不利的。

正是由于这样的特性，各国对木材在建筑应用中的防火要求都有严格的规定。在国内，我们在《建筑材料及制品燃烧性能分级》(GB 8624—2012)标准中把木材归类于 B2，即可燃性材料；同时在《高层民用建筑设计防火规范》(GB 50045—2005)标准及《建筑内部装修设计防火规范》标准中，都明确规定作为非承重墙、走道两侧隔墙的耐火极限为 1h，房间隔墙为 0.5～0.7h；吊顶为 0.25h。木材要用于建筑中，必须进行防火处理，来达到这一耐火极限。

【案例 9-3】 2017 年 12 月 10 日 12 时 39 分，四川省绵竹市九龙镇九龙寺突发火灾。绵竹市级相关领导、公安、消防、民宗、安监、卫生、住建、文化等部门及九龙镇救援队伍立即赶赴现场进行救援，目前暂未发现人员伤亡。这座寺庙还未完全建成，起火地点位于大殿，起火后引燃旁边的高塔。被大火烧毁的木塔已修建 8 年，采用中国传统卯榫结构，共 16 层高，号称亚洲第一高木塔。

对比分析木材建筑与钢结构，木材建筑的优缺点是什么？

9.2.3 木材的综合利用

木材的综合利用是指将木材加工过程中的边角废料(如碎料、刨花、木屑等)、植物纤维等，采用适当工艺进行加工制成各种人造板材再使用的过程。木材的综合利用可以提高木材利用率，节约优质木材，消除木材各向异性及缺陷带来的影响，对于弥补木材资源紧张具有重要意义。

木材的综合利用.mp4

1. 胶合板

胶合板是将原木蒸煮软化后，沿年轮切成大张薄片(约 1mm 厚)，经胶黏、干燥、热压、锯边等工序，按纤维互相垂直的方式黏结成奇数层的板材。针叶树和阔叶树均可制作胶合板。工程中常用 3 层和 5 层的胶合板，通常称为三合板和五合板。

胶合板的特点：幅面大、材质均匀、强度高且各向同性、吸湿性差、不易翘曲开裂、防腐、防蛀，且具有木材的天然花纹，装饰性好，易于加工，如锯切、组接、涂饰等。较薄的三合板和五合板还可以进行弯曲造型，厚胶合板可以通过喷蒸加热使其软化，然后弯曲、成型，经干燥处理后可保证形状不变。合板多用作家具、门窗套、踢脚板、室内隔板、天花板、地板的基材，其表面可用薄木片、防火板、PVC 贴面板、涂料等贴面装饰，如

图 9-7 所示。

2. 细木工板

细木工板由芯板和单板(也称夹板)组成，芯板由各种结构的拼板构成，两面胶粘一层或两层单板，经热压成型的一种具有实木板芯的特殊胶合板，又称大芯板。

细木工板按芯板拼接状态分为胶拼板芯细木工板和不胶拼板芯细木工板两种；按表面加工情况分为单面砂光细木工板、双面砂光细木工板和不砂光细木工板；按材质的优劣和面板质地分为优等品、一等品和合格品 3 个级别。

细木工板的特点：质轻、强度和硬度高、表面平整、吸声、绝热、易加工、握钉力好。适宜作为家具、门板、室内隔墙板、地板的基材，是室内装修和高档家具制作的理想材料，如图 9-8 所示。

图 9-7　胶合板示意图

图 9-8　细木工板示意图

3. 纤维板

纤维板是将树皮、刨花、树枝及植物纤维等材料破碎、浸泡、研磨成木浆，加入胶黏剂，经热压成型、干燥处理而制成的人造板材，纤维板可使木材的利用率达到 90%以上。纤维板按表观密度分为高密度纤维板(表观密度＞800kg/m^3，又称硬质纤维板)、中密度纤维板(表观密度 400～800kg/m^3，又称半硬质纤维板)和低密度纤维板(表观密度< 400kg/m^3，又称软质纤维板)3 种。

高密度纤维板密度大、强度高、耐磨性好，可用于建筑物的室内装修、车船装修和制作家具等。中密度纤维板材质均匀、密度适中、强度较高，可作为其他复合板材的基材、地板及家具等。低密度纤维板密度小，木质松软，强度较低，吸湿性大，保温、吸声性能好，多用作建筑物的吸声、保温材料，如图 9-9 所示。

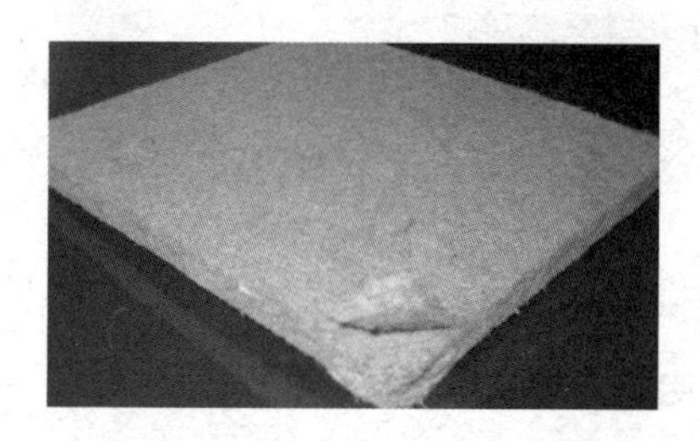

图 9-9　纤维板示意图

4. 刨花板

刨花板是将木材加工后的碎木、刨花等干燥后拌入胶料、硬化剂、防水剂等热压成型的一种人造板材，也称碎木板。

刨花板具有表观密度小、强度低、保温性能好、易加工等特点，未做饰面处理的刨花板握钉力差。表面粘贴塑料贴面或胶合板作饰面层，不仅能增加板材的表面强度，而且还具有良好的装饰效果；经过特殊处理后，还可制得防火、防霉、隔声等不同性能的板材。刨花板适用于制作隔墙、吊顶、家具等，如图 9-10 所示。

图 9-10　刨花板示意图

5. 木丝板

木丝板是将木材碎料刨成细长木丝，经化学浸渍稳定处理后，用水泥、水玻璃胶结压制而成。木丝板具有质轻、隔热、隔音、吸声、防潮、防腐等特点，强度和刚度较高，韧性强，表面木丝纤维清晰，可粉刷、喷漆，装饰效果好；而且施工简便，价格低廉。

木丝板主要用作吸声材料和隔热保温材料，在工业和民用建筑中获得广泛的应用，特别是在电影院、剧院、录音室、演播室、广播室、电话室、会议室、报告厅、礼堂等建筑中使用，起到控制混响时间的作用。木丝板还可用作顶棚、隔墙、门板和家具的基材，如图 9-11 所示。

图 9-11　木丝板示意图

6. 水泥木屑板

水泥木屑板是以普通硅酸盐水泥和矿渣硅酸盐水泥为胶凝材料，木屑为主要填料，木丝或木刨花为加筋材料，加入水和外加剂，平压成型、保压养护、调湿处理等制成的建筑板材。水泥木屑板主要用作天棚板、非承重内外墙板、地面板等；经着色、磨光、粘贴或喷涂等饰面加工处理的水泥木屑板具有良好的装饰效果，如图 9-12 所示。

图 9-12　水泥木屑板示意图

水泥木屑板.mp4

7. 木质地板

木材具有素雅的天然花纹，是良好的装饰材料。

1) 实木地板

实木地板是以天然木材为原料，从面到底都是由同一木材制成。实木地板呈现出天然原木的纹理、色彩和花纹，具有自然、柔和的质感，多铺设在卧室、书房、客厅等地方。实木地板分为 AA 级、A 级和 B 级，其中 AA 级质量最好。由于材质原因，实木地板受潮或暴晒后易变形，安装、使用时需注意，如图 9-13 所示。

2) 实木复合地板

实木复合地板是将优质实木锯切、刨切成表面板、芯板和底板单片，根据木材的力学原理将 3 种单片依照纵向、横向、纵向的方法排列，用胶黏剂黏结后热压而成。一般分为 3 层实木复合地板、多层实木复合地板和细木工复合地板三大类。实木复合地板具有实木地板的外部观感、质感、保温等性能，又克服了实木地板由于单体收缩引起的翘曲、裂缝等问题，安装简便，通常不需打龙骨，居室装修多使用 3 层实木复合地板，如图 9-14 所示。

图 9-13　实木示意图

图 9-14　实木复合地板示意图

3) 强化复合地板

浸渍纸层压木质地板俗称强化复合地板，分为 4 层结构：第一层为含有三氧化二铝等耐磨材料的耐磨层，硬度较高；第二层是装饰层，是经密胺树脂浸渍的印有仿珍贵树种的木纹或其他图案的印刷纸；第三层为人造板基材，多采用中、高密度的纤维板或优质刨花板；第四层为防潮平衡层，通常采用浸渍了三聚氰胺或酚醛树脂的厚纸，可以阻隔地面的湿气。

强化复合地板具有仿真的原木花纹、耐磨、耐冲击、防潮、防蛀、不变形、易清理且施工方便等特点，但是缺乏弹性，脚感硬。

4) 竹地板

竹地板是以天然优质竹子为原料，经过二十几道工序，除去竹子原浆汁，经高温拼压、表面淋漆、红外线烘干而成。竹地板具有表面光洁柔和、牢固稳定、不开胶、不变形等特点，是高级装饰材料。虽然竹地板的材质不是木材，但也归属到木地板行列中，如图 9-15 所示。

图 9-15　竹地板示意图

5) 软木地板

软木地板实际上不是用木材加工而成的，而是以栓皮栎(也叫橡树)的树皮(该树皮可再生)为原料，经过粉碎、热压成板材，再通过机械设备加工成地板。这种板材外形类似于软质厚木板，因此称其为“软木”。软木地板柔软、安静、舒适、耐磨，对冲击有明显缓冲作用，其独有的隔音效果和保温性能也非常适合应用于卧室、会议室、图书馆、录音棚等场所，如图 9-16 所示。

图 9-16　软木地板示意图

9.2.4 我国木材资源分布

我国土地面积辽阔，资源丰富。其中，仅森林面积达 15894.1 万 hm^2，森林覆盖率为 16.55%; 森林蓄积量 112.7 亿 m^3; 全国人工林面积(不含台湾省)4666.7 万 hm^2，居世界首位，蓄积量为 10.1 亿 m^3。

一般来说，森林是木材的家园，也是木材的主要来源地。其中，以我国木材资源为例，主要分布在以下几个地区。

1. 东北的大小兴安岭和长白山地区

这里是我国最大的天然林区和木材生产基地，林木蓄积量占全国的 1/3 以上，属亚寒带针叶林和针阔混交林带。其中尤以大兴安岭的落叶松、小兴安岭的红松和水曲柳最为著名，均为树种中的优良木材。

2. 西南横断山地区、雅鲁藏布江大拐弯地区和喜马拉雅山南坡

这里为我国第二大天然林区，林木蓄积量占全国的 1/4 以上，属亚热带常绿阔叶林带。由于山地树木呈垂直分布，亦有大量的云松、冷松等树种。

3. 东南江西、福建、台湾等省的山区

这些地方为亚热带常绿阔叶林带，天然林大多已不存在，主要以人工林、次生林为主。分布着大面积的松木、马尾松等人工林，以及油茶等经济林木，并有樟树等优质木材，竹

林的广泛分布是这里的一大特色。

9.3　木材在建筑应用中的处理和保护

9.3.1　木材的干燥

为了防止木材的收缩、变形与开裂，必须对木材进行干燥，只有将木材干燥到规定的含水率后，才能保障其在长期使用过程中的稳定性。木材的干燥包括自然干燥和人工干燥两种方法。

自然干燥是指将木材放置在阴凉处，搁置成垛，在自然条件下利用自然通风和太阳能辐射进行干燥。这种方法的优点是简单易行；但同时也存在着干燥周期偏长的缺点，一般要经过数年或数月，才能达到一定的干燥要求；且干燥程度最大只能达到平衡含水率，干燥过程中容易发生开裂和腐朽等现象。所以在实际中往往只是将自然干燥作为人工干燥的辅助措施，从而达到降低人工干燥的能耗的目的。

人工干燥的方法则很多，包括窑干法、液体干燥法、高频电流电场干燥法、红外线干燥法、离心力干燥法和真空干燥法等。要根据具体要求和经济条件加以选择。生产中较为常用的是窑干法。窑干法是将木材置于具有保温隔热的密闭建筑物内，控制干燥介质(空气、炉气体、过热蒸汽等)的温度，湿度与气流速度和方向，进行木材干燥处理。

9.3.2　木材的防腐处理

木材的防腐处理可使木材免受虫、菌等生物体的侵蚀。木材的防腐处理是木材的加工工艺之一，广泛用于干材、方材、板材的防护处理，以延长木材的使用寿命和降低木材的消耗。

1. 木材防腐意义

木材经过防腐处理后，具有防腐烂、防白蚁、防真菌等功效。能够适应户外比较恶劣的自然环境，常被用于户外环境的露天木地板，也可直接用于与水体、土壤接触的环境中，是户外木地板、园林景观地板、户外木平台、露台地板、户外木栈道及其他室外建筑的首选材料。

木材防腐意义.mp4

2. 木材防腐剂简介

目前木材防腐加工所使用的防腐剂主要有 CCA(主要成分为铜铬砷)、ACQ(主要成分为氨溶烷基胺铜)、CAB(主要成分为铜锉)。一般来说，根据使用条件来确定防腐剂的药量，具体可参照《防腐木材》。由于 CCA 中含有极其微量的砷元素，在是否会危害人体健康的问题上，国际上存在争议。在我国，相关规定认为 CCA 为可以使用的防腐剂。ACQ 由于不含砷、铬等化学物质，相对比较健康环保，曾一度认为它可能成为 CCA 的有效替代品，但是从实验和实际经验上看，它在稳定性和价格方面，都略逊色于 CCA。

3. 木材防腐处理工序

1) 真空和高压浸渍

将防腐剂用真空和高压浸渍的方法打入木材内部，这是一个物理的过程，在这个物理的过程中，实现了部分防腐剂有效成分与木材中淀粉、纤维素及糖分的化学反应过程，这个过程破坏了造成木材腐烂的细菌及虫类的生存环境，有效地提高了木材的室外防腐木的性能。真空和高压浸渍过程是防腐处理的最重要的环节。

2) 高温定性

在高温下继续使防腐剂尽量均匀渗透到木材内部，并继续完成防腐剂有效成分与木材中淀粉、纤维素及糖分的化学反应过程。通过高温定性，进一步破坏造成木材腐烂的细菌及虫类的生存环境，大大巩固和增强了防腐木的防腐性能。

3) 自然风干

防腐木材在接受自然条件的考验下，使得防腐剂能够尽可能的充分固定，木材性能更稳定，在使用时能够很好地保持原貌，呈现整体上的美观。

4. 防腐木材用途

户外园林景观越来越融入我们的生活，无论是公共休闲场所、湖边栈道、旅游景点、户外浴池、路边花坛、别墅花园、庭院步道、木桥、花架、栅栏，等等，无一例外的都离不开防腐木。铁路枕木、矿山枕木、桥梁枕木等工程建设也需要大量防腐枕木。

9.3.3 木材的防火处理

木材在加热过程中，会释放出可燃性气体，温度不同，释放出的可燃性气体浓度也不同。可燃性气体遇到火源，会出现闪燃、引燃等现象；即便无火源，但只要加热的温度足够高，也会发生自燃现象。

木材中碳氢化合物的含量很高，属易燃性建筑材料，因此应对木材进行防火处理，提高其抗燃能力(即阻燃)。对木材及其制品阻燃主要分为物理和化学两种方法。

物理方法有：在木结构上采取措施，改进结构设计或增大构件断面尺寸，以提高其耐燃性；加强隔热措施，使木材不直接暴露于高温或火焰下，如用不燃材料包裹木结构构件；在木框结构中加设挡火隔板，利用交叉结构堵截热空气循环和防止火焰通过，以阻止或延缓木材温度的升高等。

化学方法有：用阻燃剂处理木材，使其在木材表面形成保护层，隔绝或稀释氧气供给，破坏燃烧条件；或遇高温分解，放出大量不燃性气体或水蒸气，冲淡木材热解时释放出的可燃性气体；或阻延木材温度升高，降低导热速度，使其难以达到热解所需的温度。常用的阻燃剂有磷酸氢二铵、磷酸二氢铵、硼酸、氯化铵。

木材的防火处理.mp4

木结构的防火涂料也称为饰面型防火涂料，是由多种高效阻燃材料和高强度的成膜物质组成，遇火后能迅速软化、膨胀、发泡，形成致密的蜂窝状隔热层，起到阻火隔热功能，对基材起到很好的保护作用。常用的防火涂料有 CT-01-03 微珠防火涂料、A60-1 型改性氨基膨胀防火涂料、B60-1 膨胀型丙烯酸水性防火涂料等。

9.4 竹　　材

9.4.1 竹材的性能

在我国现代化建设过程中，土木工程占有极其重要的地位，是各项建设的开始，而土木工程材料则是一切土建工程中必不可少的物质基础。然而，现代社会的土木工程建筑材料大多用的都是钢筋和混凝土，不仅生产能耗很高，而且污染环境，达不到绿色节能的效果；而应用得较多的木材料，也显得不切实际，因为我国本来木材资源相对就比较稀少，随着我国林业政策的调整，强调环保以及资源危机意识的提升，木材作为建材的发展空间大大缩减。而竹材作为一种绿色材料，必将走进公众视野。

竹子.avi

1. 竹材的物理性质

1) 竹材的密度

竹材的密度是指单位体积竹材的质量，因为需求及应用范围的不同，有两种密度：一种是气干密度，另一种是基本密度。由于竹材的竹节位置、胸径、竹子的竹龄、竹子的种类、竹子的生存和立地条件的不同，竹材的基本密度是相对变化的，但是其基本密度在 0.4～0.8g/cm^3。并且竹材的基本密度不同会影响其他方面的性质或含量：基本密度小，则竹材的湿胀率和力学强度都会减小；如果基本密度大，则增加的是竹材的机械性能和纤维含量。

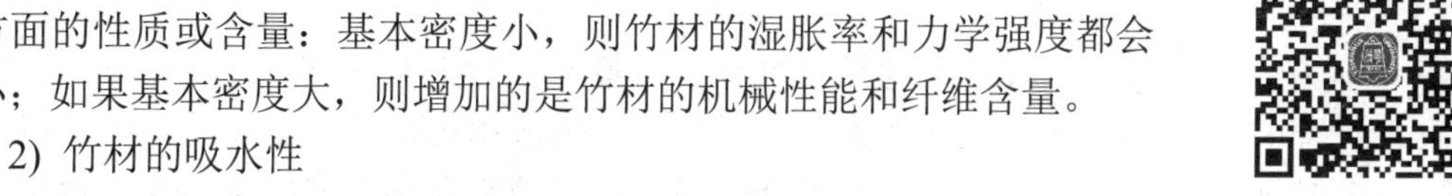

2) 竹材的吸水性

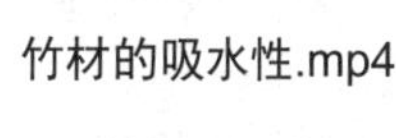

竹材的吸水性.mp4

竹材的吸水性与水分蒸发是两个相反的过程。竹材的体积和各个方向的尺寸在竹材吸收水分后都会有所增加，但是其强度也相应地会有所降低。其中，对于干燥的竹材，其吸水的进程主要是通过其横切面进行的，但是与材料的横截面大小关系不太大，而与材料的长度有紧密关系，一般是竹材越长，吸水速度就越慢，但是总体而言，其吸水能力还是很强的。

竹的干缩性.mp4

3) 竹的干缩性

竹材具有干缩性，在各种外部条件下，竹材内部的水分会不断地蒸发，从而导致竹材的体积减小。木材的干缩率大于竹材，在竹材的不同部位，弦向干缩率最大，径向干缩率次之，纵向干缩率最小；并且竹材失水有缺陷，干燥时失水速度很快，但是很不均匀，这样容易造成径向裂纹，这是因为竹材的干缩率主要是竹材维管束中的导管失水后产生干缩所致，而竹材中维管束的分布疏密不一。

2. 竹材的力学性质

竹材的力学强度随含水率的增高而降低，但是当竹材绝干状态时，因质地变脆，反而强度下降。上部竹材比下部竹材力学强度大，竹青比竹黄的力学强度大，竹材外侧抗拉强度要比内侧大，竹材节部抗拉强度要比节间低，主要原因是节部维管束分布弯曲不齐，受力时容易被破坏，新生的幼竹，抗压、抗拉强度低，随着竹龄的增加，组织充实，抗拉和抗压强度不断提高。竹龄继续增加导致组织老化变脆，抗压和抗拉强度又有所下降，所以，竹龄与竹材的抗压和抗拉强度呈二次抛物线状，并且等截面的空心圆竿要比实心圆竿的抗弯强度大，空心圆竿的内外径之比越大，其抗弯强度也越大，当外径与内径之比为 0.7 时，空心的抗弯强度是实心的 2 倍。竹材在径向施压和弦向施压下具有相同的力学行为，其整个大变形过程可以分为三个阶段：线弹性阶段、屈服后弱线弹性阶段、强化阶段。竹材组织是传递荷载的优良机体，竹材在径向压缩和弦向压缩的情况下有相同的宏观力学性能，可视为两向纤维复合材料。在承受轴向压缩大变形下，竹材承载主体的竹纤维轴向屈服极限是横向屈服极限的三倍。竹材的力学性能十分优越，抗拉强度能达到 530MPa，但是竹材的密度会很低，单位质量的强度非常大，有利于结构受力。

3. 竹材及竹结构的优势

1) 有良好的抗震性能

在地震发生时，由于相比较其他建材的结构而言，竹结构的质量比较轻，在地震时吸收的地震能量比较少，并且竹材有着良好的韧性，对于冲击荷载或者是疲劳荷载有着较强的抵御能力，因此，在地震中，其表现较为优异，有着良好的抗震性能；并且由于整个建筑全为竹材，材料的相容性较好，因此结构的整体性较强，能有效防止结构的连续性倒塌造成的人员和财产损失。

2) 竹材生态环保、原料充足

在原料方面，一方面，我国是世界上竹材资源最丰富的国家；另一方面，竹子的生长周期很短，条件要求不是很高，这就为其以后的大规模应用提供了客观条件。竹子在生长过程中，相比于普通树木，其有很强的光合作用，能有效地改善空气质量，并且竹结构的构件都是预制，通过螺栓或铆钉连接在一起，因此，在房屋拆除后，完全能被回收并再次被利用。因此，可以说竹材生态环保。

3) 竹结构比较经济

一方面是由于原材料竹材相对于其他建筑材料比较便宜；另一方面，从经济学角度来说，竹结构的残值率比较高，并且在建造的过程中，整个过程就是装配的过程，构件都是预制好的，只需要用连接装置把预制好的构件连接起来即可。相对而言，需要的劳动力比较少。因此，综合而言，竹结构比较经济。

4) 保温、隔音性能好

竹材的导热系数相比较钢筋混凝土和砌块而言，导热系数很小，因此，竹结构的能耗较低，并且保温隔热的性能要远远好于混凝土结构或砌体结构。

9.4.2 竹材在建筑方面的应用

竹子是良好的天然建筑材料，有以下优点：

(1) 强度高、韧性好、耐磨性佳、不易开裂；

(2) 光泽淡而柔和、亮而均匀、外形美观、格调清新高雅；

(3) 防腐防潮性能好，不发霉，不易生虫和变形；

(4) 结构别致新颖，外观美观大方精致、经久耐用、装饰效果好；

(5) 生产过程中竹材利用率高，对环境影响小，而且成本不高，因而是良好的天然材料。

竹材应用实例的具体资料详见二维码。

竹材在建筑方面的优点.mp4

扩展资源 2.pdf

9.4.3 竹材在家具设计中的应用

1. 竹家具开发现状

在新时代，敏锐的商家和设计师已将目光重新聚焦在竹材上，通过一代代研究竹子、开发竹产品的工作者的努力，我们对竹材的开发利用取得了长足的进步。竹压板、竹纤维面料等新型竹材的出现，竹防腐防霉、保色染色处理技术的提高，专用竹加工机器的进步等，都为现代竹家具设计翻开了新篇章。在浙江、福建、湖北、湖南等竹资源丰富的地区，都不同程度地开发了竹制品市场，而其中的竹家具(如图 9-17 所示)发展却非常缓慢，不仅数量少，且大多为传统款式，制作工艺简单、粗糙，种类较单一，现代设计、先进生产工艺和技术含量少，缺乏创新和时代感。

图 9-17　竹家具示意图

2. 竹家具发展方向

(1) 作为家具材料，竹材难免会受到自身天然因素的限制，但我们可以充分利用竹材独有的特性，将它与其他材质相结合，制成竹木家具、竹钢家具、竹玻家具、竹藤家具等，扬长避短，充分发挥其优势。

(2) 竹材表面具有特殊的纹理和质感，同时可进行雕刻、烙画、书写等装饰。人们可以通过对中国传统文明“竹简”的联想，表现它非同凡响的艺术内涵。通过利用它的弯曲特性进行造型设计，还可利用它的编织特性进行装饰设计。总之，我们可以通过不同方法挖掘出多种多样的具有中国传统文化特色的装饰题材，使竹家具设计开发呈现丰富多彩的装饰效果和文化内涵。

(3) 我们还可对传统竹家具的款式造型进行突破，吸收现代家具简约流畅的风格精髓，并且在功能上进行改良和拓展，使之更符合现代人的生活需求。

竹家具作为绿色环保的家具形式，兼有物质实用功能和精神审美功能，在现代室内环境中发挥着重要作用。竹材以其特殊的文化内涵、材质和结构，一定能给设计师带来更多的创意和灵感，为我国家具的发展开创新的思路。竹家具也必能以它朴实、自然的气质受到大众的欢迎。

3. 发展竹家具的优势

1) 发展竹家具符合生态设计要求

伴随着人口爆炸、资源枯竭等危机，人们开始反思人与自然的关系。“可持续性发展”的科学发展观被提到了国家的战略发展高度。从“战胜自然”到“回归自然”，认知的改变使“生态设计”成为设计界关注的焦点。纵观国内外家具市场，实木家具以其环保健康的材质，一直受到人们的青睐。然而据调查结果表明，我国目前年消耗木材约 6.1 亿 m^3，每年还需要大量进口木材和林产品以补不足。到 2020 年，我国木材年需求缺口将达 2 亿 m^3。我国森林覆盖面积为 2.08 亿 hm^2，森林覆盖率为 21.63%，而可采伐的成熟林只有 14 至 15 亿 m^3，按照目前的消耗水平只能维持 5 到 6 年。另外国家启动的天然林保护工程，进一步加剧了我国木材供应量的不足。一方面是人们对实木家具的需求，另一方面是严重不足的木材资源。在这个时候，寻找能代替木材的天然材料是解决这一矛盾的唯一途径。

扩展资源 3.pdf

竹材是自然界的产物，是绿色环保的家具用材，竹子 3 至 4 年就可成材，且砍伐后还可再生，符合生态设计提出的“4RE (Reduction Reuse Recycling Regeneration) ”原则，对于环境恶化、天然林存量甚低的我国来说，不失为一种优质的替代材料。

2) 发展竹家具符合人性化设计要求

竹子虚心、有节、挺拔的形态特征符合我国传统文化中的伦理道德、审美意识，成为“清高、气节、坚贞”的象征。这种来自大自然的生物，使我们能更好地与环境融合到一起，带给我们亲近感，并且它是一种“能引起诗意反应”的天然物，这些使得竹家具有了独特的文化内涵。而在受后现代主义影响的今天，人们强调回归人性、回归自然、回归艺术本体，这时，竹材简陋和粗糙的材质、个体的差异，以及它独特的天然气质正吻合当下追求文化品位和审美趣味的设计潮流。每件制品的独一无二、不可复制，更能满足人们追求个性、表达个人情怀的愿望。竹材是符合人性化设计的好材料，发展竹家具更符合人性化设计要求。

扩展资源 4.pdf

本章小结

自古以来，木材一直是深受人们喜爱的建筑材料之一，同时也是构成室内环境的主要材料。本章主要介绍了木材的概述，木材在建筑工程中的应用、木材在建筑应用中的处理和保护，以及竹材的性能、竹材在建筑方面的应用和竹材在家具设计中的应用等知识，帮助学生了解、熟悉木材，为以后的学习、生活打下基础。

实训练习

一、单选题

1. 木材中(　　)含量的变化，是影响木材强度和胀缩变形的主要原因。
   A. 自由水　　B. 吸附水　　C. 化学结合水　　D. 蒸发水
2. 木材湿胀干缩沿(　　)方向最小。
   A. 弦向　　B. 纤维　　C. 径向　　D. 髓线
3. 用标准试件测木材的各种强度以(　　)强度最大。
   A. 顺纹抗拉　　B. 顺纹抗压　　C. 顺纹抗剪　　D. 抗弯
4. 木材在进行加工使用之前，应预先将其干燥至含水达(　　)。
   A. 纤维饱和点　　B. 饱和含水率　　C. 标准含水率　　D. 平衡含水率
5. 木材的木节和斜纹会降低木材的强度，其中对(　　)强度影响最大。
   A. 抗拉　　B. 抗弯　　C. 抗剪　　D. 抗压
6. 木材在不同含水量时的强度不同，故木材强度计算时含水量是以(　　)为标准。
   A. 纤维饱和点　　B. 平衡含水率　　C. 标准含水率　　D. 饱和含水率

二、多选题

1. 在纤维饱和点以下，随着含水率增加，木材的(　　)。
   A. 导热性降低　　B. 重量增加　　C. 强度降低
   D. 体积收缩　　E. 体积膨胀
2. 建筑工程中通常用作承重构件的树种有(　　)。
   A. 松树　　B. 柏树　　C. 榆树　　D. 杉树　　E. 水曲柳
3. 树木由(　　)等部分组成。
   A. 树皮　　B. 木质部　　C. 髓心　　D. 髓线　　E. 年轮
4. 影响木材强度的因素有(　　)。
   A. 含水量　　B. 负荷时间　　C. 温度　　D. 疵病　　E. 胀缩
5. 木材防火的方法有(　　)。
   A. 防火剂浸渍处理　　B. 防火涂料涂刷
   C. 防火涂料喷洒　　D. 增加湿度
   E. 木材常洒水

三、填空题

1. 木材由树木砍伐后加工而成，按树木叶片形状可分为________和________两大类。

2. 木材密度是指________木材的重量，其取决于它的含水率，即不同的含水率对应不同的________。通常，木材的重量和体积都受含水率影响。

3. 木材强度是指抵抗外部机械力破坏的能力，包括________、________、________、________等。

4. 木材经过防腐处理后，具有________、________、________等功效。

四、简答题

1. 木材防腐有哪些意义？

2. 木材的物理性质有哪些？

3. 木材在建筑应用上有什么优势？

习题答案.pdf

实训工作单一

班级		姓名		日期	
教学项目		木材			
任务	了解木材的多样化	途径	在生活中看木材的运用		
学习目标		知道木材在市场上占据的优势和运用的方向			
学习要点					
学习记录					
评语				指导老师	

实训工作单二

<table>
<tr><td colspan="2">班级</td><td></td><td colspan="2">姓名</td><td colspan="2"></td><td>日期</td><td></td></tr>
<tr><td colspan="3">教学项目</td><td colspan="6">木材</td></tr>
<tr><td>任务</td><td colspan="3">了解竹材</td><td>途径</td><td colspan="4">在生活中寻找竹材的运用</td></tr>
<tr><td colspan="4">学习目标</td><td colspan="5">想出竹材、木材除了在家具上运用外，还可以用在什么地方</td></tr>
<tr><td colspan="4">学习要点</td><td colspan="5"></td></tr>
<tr><td colspan="9">学习记录</td></tr>
<tr><td colspan="2">评语</td><td colspan="5"></td><td>指导老师</td><td></td></tr>
</table>

第10章　功能材料

10

【学习目标】

1. 了解防水、保温、隔声几种材料的基本定义；
2. 掌握防水卷材的类型应用及保温材料的种类的使用范围；
3. 熟悉吸声和隔声材料的原理和使用情况。

【教学要求】

本章要点	掌握层次	相关知识点
防水材料	1. 熟悉沥青材料的定义 2. 熟悉防水卷材的定义 3. 掌握防水涂料的定义	1. 石油沥青的组成 2. 石油沥青的技术性质 3. 防水卷材的分类 4. 怎样选择防水卷材 5. 防水涂料的类型和选用
保温隔热材料	1. 了解保温隔热材料的定义 2. 了解保温隔热材料的分类 3. 掌握保温隔热材料的性能	1. 保温隔热材料常见的类型 2. 保温隔热材料的影响因素
吸声隔声材料	1. 了解吸声隔声材料的概念 2. 熟悉吸声隔声材料的机构类型	1. 吸声隔声材料的区别 2. 吸声隔声材料的性能

【项目案例导入】

近年来，南京中环国际广场、哈尔滨经纬360度双子星大厦、济南奥体中心、北京央视新址附属文化中心、上海胶州教师公寓、沈阳皇朝万鑫大厦等相继发生建筑外保温材料火灾，造成严重人员伤亡和财产损失，建筑易燃可燃外保温材料已成为一类新的火灾隐患，由此引发的火灾已呈多发势头。在2010年5月31日南通第一高楼火灾事故、2010年9月9日长春高层住宅楼佳泰帝景城火灾事故、2010年9月乌鲁木齐5起建筑外墙保温工程火灾事故等相关案例中，也都可以找到立体燃烧、保温可燃材料、高层建筑等关键词；据初步查询，国外也有相关建筑外墙火灾的案例。

【项目问题导入】

从发生火灾危险源识别的角度来看，外墙保温工程的立体燃烧是一个新的危险源。我们以前并没有关注到这个盲点，未推广建筑外墙保温时，墙体基本以砂浆、面砖等不燃无机材料为主；推广建筑外墙保温应用后，对外墙有机保温材料的火焰传播规律认识严重不足。试结合案例，分析保温隔热材料在建筑中的应用及其应当注意的事项。

10.1 防水材料

10.1.1 沥青材料

沥青是由高分子碳氢化合物及其非金属(氧、硫、氮)的衍生物组成的混合物。在常温下呈固体、半固体或液体状态，颜色呈褐色以至黑色，能溶解于多种有机溶剂(苯、二硫化碳)，具有不透水、不吸水、不导电、耐腐蚀及良好的黏结性和抗冲击性等一系列优点，并具有热软、冷硬的特性。

沥青.avi

在土木工程中，沥青作为有机胶凝材料主要用于道路工程，以及作为防水、防潮和防腐材料用于建筑工程。

石油沥青是一种有机胶凝材料，在常温下呈固体、半固体或黏性液体状态，颜色为褐色或黑褐色。由于其化学成分复杂，为便于分析和使用，常将其物理、化学性质相近的成分归类为若干组，称为组分。不同的组分对沥青性质的影响不同。

沥青概念介绍.mp4

1. 石油沥青的组成

通常将沥青分离为油分、树脂质和沥青质三个组分，此外，沥青中常含有一定量的固体石蜡。

1) 油分

油分为沥青中最轻的组分，呈淡黄至红褐色，密度为0.7～1g/cm^3。它能溶于大多数有机溶剂，如丙酮、苯、三氯甲烷等，但不溶于酒精。在石油沥青中，油分含量为40%～60%，它使沥青具有流动性。

石油沥青的组成部分.mp4

2) 树脂质

树脂质为密度略大于 1g/cm^3 的黑褐色或红褐色黏稠物质。能溶于汽油、三氯甲烷和苯等有机溶剂，但在丙酮和酒精中溶解度很低。在石油沥青中含量为 15%～30%，它使石油沥青具有塑性和黏结性。

3) 沥青质

沥青质为密度大于 1g/cm^3 的固体物质，呈黑色。不溶于汽油、酒精，但能溶于二硫化碳和三氯甲烷中。在石油沥青中含量为 10%～30%。它决定石油沥青的温度稳定性和黏性。

4) 固体石蜡

固体石蜡会降低沥青的黏结性、塑性、温度稳定性和耐热性。由于存在于沥青油分中的蜡是有害成分，故常采用氯盐处理或高温吹氧、溶剂脱蜡等方法处理。

石油沥青中的各组分是不稳定的。在阳光、空气、水等外界因素作用下，各组分之间会不断演变，油分、树脂质会逐渐减少，沥青质逐渐增多，这一演变过程称为沥青的老化。沥青老化后，其流动性、塑性变差，脆性增大，使沥青失去防水、防腐效能。

2. 石油沥青的技术性质

1) 黏滞性(或称黏性)

黏滞性是反映沥青材料在外力作用下，其材料内部阻碍产生相对流动的能力。液态石油沥青的黏滞性用黏度表示，半固体或固体沥青的黏性用针入度表示。黏度和针入度是沥青划分牌号的主要指标。

石油沥青的技术特性.mp4

黏度是液体沥青在一定温度(25℃或 60℃)条件下，经规定直径(3.5mm 或 10mm)的孔，漏下 50mL 所需的秒数。其测定示意图如图 10-1(a)所示。黏度常以符号 dtC 表示，其中 d 为孔径(mm)，t 为试验时沥青的温度(℃)。dtC 代表在规定的 d 和 t 条件下所测得的黏度值。黏度大时，表示沥青的稠度大。

针入度是指在温度为 25℃的条件下，以质量 100g 的标准针，经 5s 沉入沥青中的深度(0.1mm 称 1 度)来表示。针入度测定示意图如图 10-1(b)所示。针入度值大，说明沥青流动性大，黏性差。针入度范围是 5～200℃。

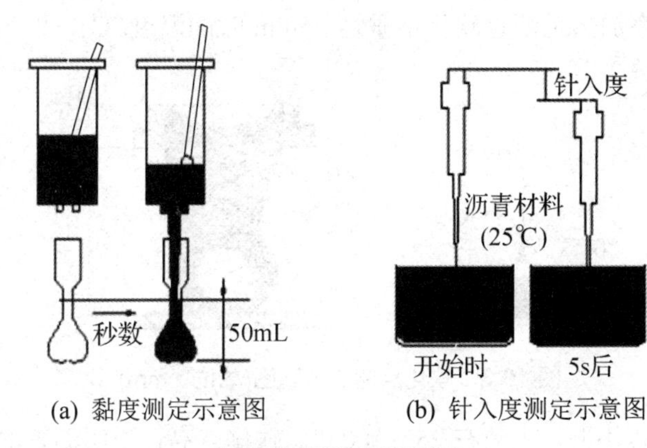

(a) 黏度测定示意图　(b) 针入度测定示意图

图 10-1　测定示意图

按针入度可将石油沥青划分为以下几个牌号：道路石油沥青牌号有 200、180、140、100 甲、100 乙、60 甲、60 乙等号；建筑石油沥青牌号有 30、10 等号；普通石油沥青牌号有 75、65、55 等号。

2) 塑性

塑性是指沥青在外力作用下产生变形而不破坏，除去外力后仍能保持变形后的形状不变的性质。

沥青的塑性用“延伸度”(或称延度)表示。按标准试验方法，制成“8”形标准试件，试件中间最狭处断面积为 $1cm^2$，在规定温度(一般为 25℃)和规定速度(5cm/min)的条件下，在延伸仪上进行拉伸，延伸度以试件拉细而断裂时的长度(cm)表示。沥青的延伸度越大，沥青的塑性越好。延伸度测定示意图如图 10-2 所示。

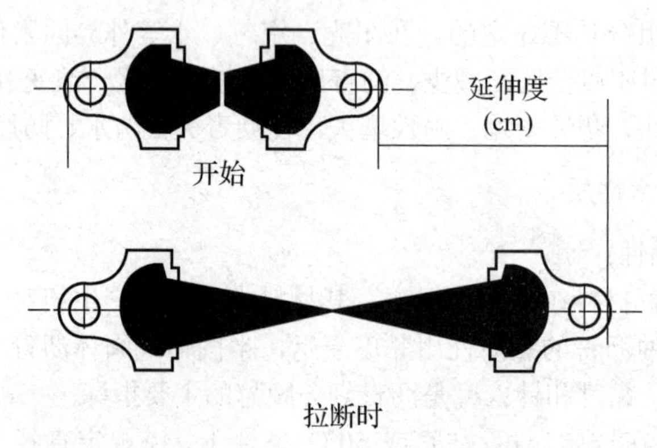

图 10-2 延伸度测定示意图

3) 温度敏感性

温度敏感性是指石油沥青的黏滞性和塑性随温度升降而变化的性能。温度敏感性较小的石油沥青，其黏滞性、塑性随温度的变化较小。

温度敏感性常用软化点来表示，软化点是沥青材料由固体状态转变为具有一定流动性的膏体时的温度。软化点可通过“环球法”试验测定，如图 10-3 所示。将沥青试样装入规定尺寸的铜环 B 中，上置规定尺寸和质量的钢球 a，再将置球的铜环放在有水或甘油的烧杯中，以 5℃/min 的速率加热至沥青软化下垂达 25mm 时的温度(℃)，即为沥青软化点。

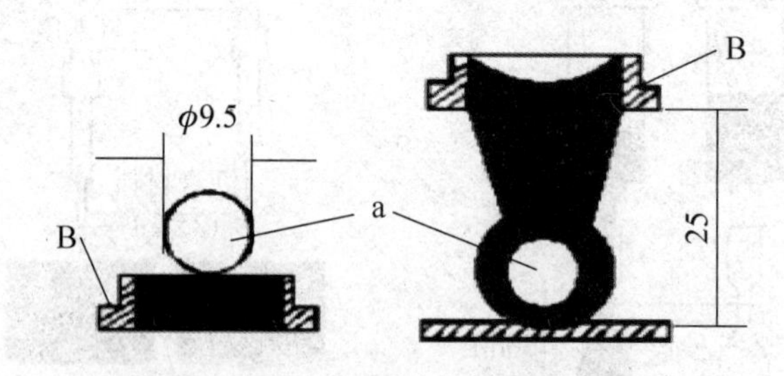

图 10-3 软化点测定示意图(单位：mm)

不同沥青的软化点不同，大致在 25～100℃。软化点高，说明沥青的耐热性能好，但软化点过高，又不易加工；软化点低的沥青，夏季易产生变形，甚至流淌。

4) 大气稳定性

大气稳定性是指石油沥青在热、阳光、氧气和潮湿等因素的长期综合作用下抵抗老化的性能，它反映沥青的耐久性。大气稳定性可以用沥青的蒸发减量以及针入度变化来表示，即试样在 160℃温度加热蒸发 5h 后的质量损失百分率和蒸发前后的针入度比两项指标来表示。蒸发损失率越小，针入度比越大，则表示沥青的大气稳定性越好。

3. 石油沥青的应用

在选用沥青材料时，应根据工程类别、当地气候条件以及所处工作部位来选用不同牌号的沥青。

石油沥青的选用.mp4

道路石油沥青主要用于道路路面或车间地面等工程，一般选用黏性较大和软化点较高的石油沥青。

建筑石油沥青主要用作制造防水材料、防水涂料和沥青嵌缝膏。它们绝大部分用于屋面及地下防水，沟槽防水、防腐蚀及管道防腐等工程。

普通石油沥青由于含有较多的蜡，故温度敏感性较大，在建筑工程上不宜直接使用，可以采用吹气氧化法改善其性能。

1) 改性沥青

通常，普通石油沥青的性能不一定能全面满足使用要求，为此，常采取措施对沥青进行改性。性能得到不同程度改善后的新沥青，称为改性沥青。改性沥青可分为橡胶改性沥青，树脂改性沥青，橡胶、树脂并用改性沥青，再生胶改性沥青和矿物填充剂改性沥青等数种。

改性沥青基础知识.mp4

(1) 橡胶改性沥青。

橡胶改性沥青分为氯丁橡胶改性沥青、丁基橡胶改性沥青、再生橡胶改性沥青、SBS 热塑性弹性体改性沥青等。

(2) 合成树脂类改性沥青。

合成树脂类改性沥青古马隆树脂改性沥青；聚乙烯树脂改性沥青；环氧树脂改性沥青；APP、APAO 改性沥青。

2) 沥青混合料

沥青混合料是由具有一定黏度和适当用量的沥青结合料与一定级配的矿质混合料，经充分拌合而形成的混合料的总称。它不仅具有良好的力学性质，而且具有一定的高温稳定性和低温柔韧性；用它铺筑的路面平整，无接缝，而具有一定的粗糙度；路面减震、吸声、无强烈反光，使行车舒适，有利于行车安全；此外，沥青混合料施工方便，不需养护，能及时开放交通，且能再生利用。因此，沥青混合料广泛应用于高速公路、干线公路和城市道路路面。据统计，我国已建或在建的高速公路路面 90%以上采用沥青混合料路面。

(1) 沥青混合料的种类。

按沥青混合料中剩余空隙率大小的不同，可分为开式沥青混合料、半开式沥青混合料和密实式沥青混合料。

按矿质集料级配类型，可分为连续级配沥青混合料和间断级配沥青混合料。

按沥青混合料施工温度，可分为热拌沥青混合料和常温沥青混合料。

(2) 热拌沥青混合料的结构与强度。

热拌沥青混合料的特点是在施工过程中，将沥青加热至 150～170℃，矿质集料加热至160～180℃，在热态下拌制成沥青混合料，并在热态下摊铺、压实成路面。经过这样拌制而得到的混合料，沥青能更好地包裹在矿质集料表面，铺筑的路面有较高的强度，且耐久性更好。

① 沥青混合料的组成结构。

沥青混合料主要由矿质集料、沥青和空气三相组成，同时还含有水分，是典型的多相多成分体系。根据粗、细集料的比例不同，其结构组成有三种形式，即悬浮密实结构、骨架空隙结构和骨架密实结构，如图 10-4 所示。

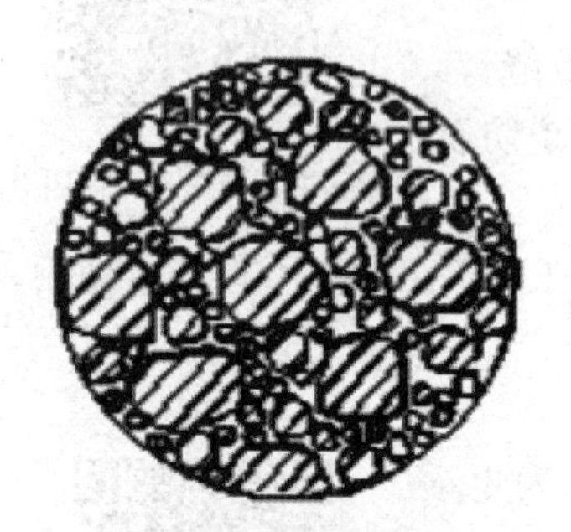

(a) 悬浮密实结构

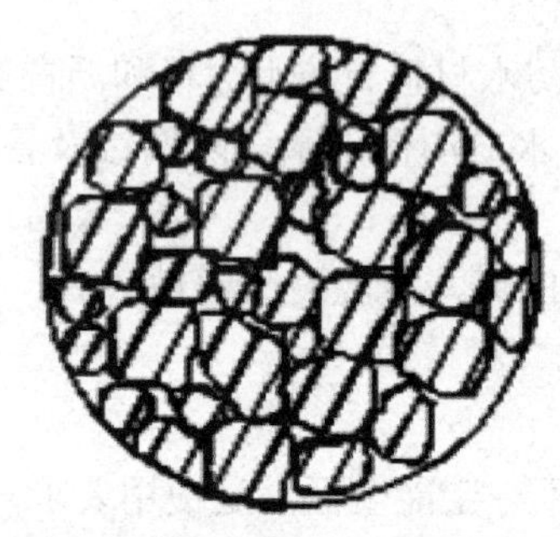

(b) 骨架空隙结构

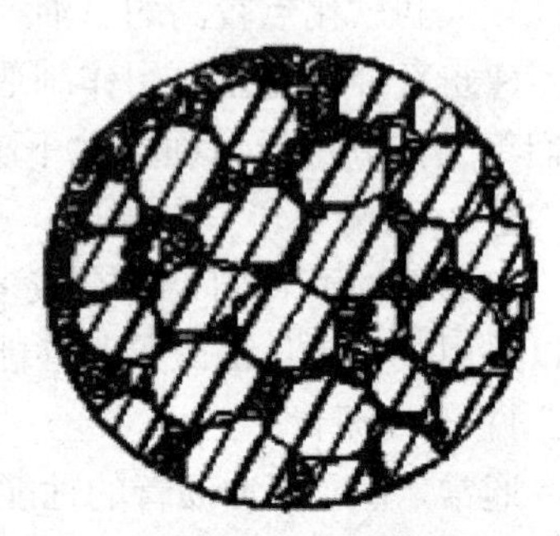

(c) 骨架密实结构

图 10-4　沥青混合料矿料骨架类型

② 沥青混合料强度的影响因素。

a. 集料的性状与级配。

集料颗粒表面的粗糙度和颗粒形状，对沥青混合料的强度有很大影响。集料表面越粗糙、凹凸不平，制成的沥青混合料的强度越高。集料颗粒的形状以接近立方体、呈多棱角为好。间断密级配沥青混合料内摩擦力大，因而具有高的强度；连续级配的沥青混合料，由于其粗集料的数量太少，呈悬浮状态分布，因而它的内摩擦力较小，强度较低。

b. 沥青混合料的黏度与用量。

沥青的黏度越大，抵抗剪切变形的能力越强。适当增加沥青用量，将会改善混合料的胶结性能，但当沥青用量进一步增加时，就会出现塑性变形。因此，混合料中存在最佳沥青用量。

c. 矿粉的品种与用量。

碱性矿粉(如石灰石)与沥青亲和性良好，能形成较强的黏结性能；而由酸性石料磨成的矿粉则与沥青亲和性较差。适量提高矿粉掺量，有利于提高沥青混合料的强度。一般来说，矿粉与沥青之比以在 0.8～1.2 为宜。

10.1.2 防水卷材

将沥青类或高分子类防水材料浸渍在胎体上，制作成卷材形式的防水材料产品，称为防水卷材。防水卷材根据主要组成材料不同，分为沥青防水卷材、高聚物改性沥青防水卷材和合成高分子防水卷材；根据胎体的不同分为无胎体卷材、纸胎卷材、玻璃纤维胎卷材、玻璃布胎卷材和聚乙烯胎卷材，如图 10-5 和图 10-6 所示。

(a) 无胎体卷材

(b) 纸胎卷材

防水卷材基础知识.mp4

图 10-5 防水卷材示意图

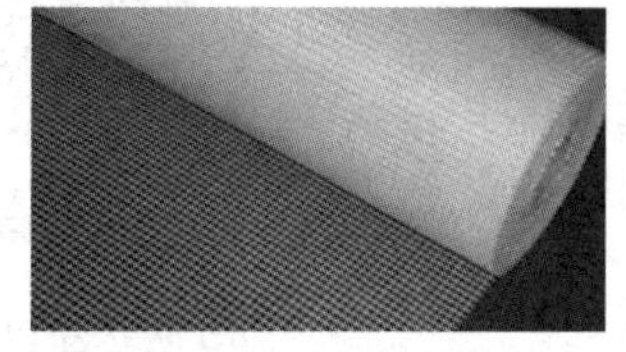

(a) 玻璃纤维胎卷材

(b) 玻璃布胎卷材

(c) 聚乙烯胎卷材

图 10-6 防水卷材示意图

防水卷材主要是用于建筑墙体、屋面以及隧道、公路、垃圾填埋场等处，起到抵御外界雨水、地下水渗漏的一种可卷曲成卷状的柔性建材产品，作为工程基础与建筑物之间无渗漏连接，是整个工程防水的第一道屏障，对整个工程起着至关重要的作用。产品主要有沥青防水卷材和高分子防水卷材。

防水卷材要求有良好的耐水性，对温度变化的稳定性(高温下不流淌、不起泡、不滑动；低温下不脆裂)，一定的机械强度、延伸性和抗断裂性以及一定的柔韧性和抗老化性等。防水卷材是一种可卷曲的片状防水材料，是建筑工程防水材料中的重要品种之一。

根据其主要防水组成材料可分为沥青防水材料、高聚物改性防水卷材和合成高分子防水卷材(SBC120 聚乙烯丙纶复合卷材)三大类。有 PVC、EVA、PE、ECB 等多种防水卷材。

沥青防水卷材是在基胎(如原纸、纤维织物)上浸涂沥青后，再在表面撒布粉状或片状的隔离材料而制成的可卷曲片状防水材料。

扩展资源 1.pdf

卷材防水的选择方法具体资料详见二维码。

10.1.3 防水涂料

1. 通用型防水涂料(GS 防水涂料)

防水涂料基础知识.mp4

通用型防水涂料，也叫 GS 防水涂料，是由丙烯酸乳液和助剂组成的液料与由水泥、级配砂及矿物质粉末组成的粉料按特定比例组合而成双组分防水材料。两种材料混合后发生化学反应，既形成表面涂层防水，又能渗透到底材内部形成结晶体，阻遏水的通过，达到双重防水效果。

通用型防水涂料属于刚性防水材料，主要突出黏结性能，常用于卫生间、厨卫的防水防潮处理。

2. JS 防水涂料

JS 防水涂料的基础知识.mp4

JS 防水涂料，J 就是指聚合物，S 指水泥；JS 就是聚合物水泥防水涂料，又称 JS 复合防水涂料(“JS”为“聚合物水泥”的拼音字头)，是由聚醋酸乙烯酯、丁苯橡胶乳液、聚丙烯酸酯等合成高分子聚合物乳液及各种添加剂优化组合而成的液料和由特种水泥、级配砂组复合而成的双组分防水材料，是当前国家重点推广应用新型理想的环保型防水材料。这种防水材料是既比无机材料耐久性好，而且具有有机材料弹性高特性的新型水泥基防水涂料。

聚合物水泥基涂料既包含无机水泥，又包含有机聚合物乳液。有机聚合物涂膜柔性好，临界表面张力较低，装饰效果好，但耐老化性不足，而水泥是一种水硬性胶凝材料，与潮湿基面的黏结力强，抗湿性非常好，抗压强度高，但柔性差。二者结合，能使有机和无机结合，优势互补，刚柔相济，抗渗性提高，抗压比提高，综合性能比较优越，达到较好的防水效果。

聚合物水泥特点如下。

(1) 渗透力极强，可渗透到建筑物内部形成永久防水层；

(2) 防水层透明无色，不变色，因此不影响建筑物原设计风格；

(3) 该产品既可作墙面防水剂，也可内掺于水泥制成高效防水水泥砂浆。

3. 丙烯酸防水涂料

丙烯酸防水涂料是以改性丙烯酸酯多元共聚物乳液为基料，添加多种填充料、助剂，经科学加工而成的厚质单组分水性高分子防水涂膜材料。丙烯酸防水涂料坚韧，黏结力很强，弹性防水膜与基层构成一个刚柔结合完整的防水体系以适应结构的种种变形，达到长期防水抗渗的作用。

丙烯酸防水涂料特点如下：

(1) 高度弹性，能抵御建筑物的轻微震动，并能覆盖热胀冷缩、开裂、下沉等原因产生的小于 8mm 的裂缝；

(2) 可在潮湿基面上直接施工，适用于墙角和管道周边渗水部位；

(3) 黏结力强，涂料中的活性成分可渗入水泥基面中的毛细孔、微裂纹并产生化学反应，与底材融为一体而形成一层结晶致密的防水层；

(4) 环保、无毒、无害，可直接应用于饮用水工程；

(5) 耐酸、耐碱、耐高温，具有优异的耐老化性能和良好的耐腐蚀性；并能在室外使用，有良好的耐候性。

4. 纳米技术防水涂料

纳米技术防水涂料是高弹性聚合物乳液与无机纳米材料复合而成的高性能新产品，国内首创，国际先进。这种防水涂料干燥固化后涂膜弹性伸长率达 300%以上，基本满足了正常情况下的热胀冷缩。一旦涂膜遭到意外破坏产生了孔洞、裂缝，它遇水后能够自我修复，以水止水，持续长久地保持防水功能。纳米技术防水涂料为甲乙两组分，甲组为液料，乙组为粉料，使用时均匀混合充分搅拌。

纳米技术防水涂料特点如下：

(1) 施工方便，可以在潮湿基面施工并黏接牢固，竖面施工不流淌；

(2) 柔韧性好，能抵御建筑轻微的震动以及一定的位移；

(3) 耐水性好，具有易与潮湿基面黏结的特点；

(4) 水性材料，无毒无害，无污染，环保产品。

5. 聚氨酯防水涂料

聚氨酯防水涂料可以分为单组分和双组分两种。

单组分聚氨酯防水涂料也称湿固化聚氨酯防水涂料，是一种反应型湿固化成膜的防水涂料。使用时涂覆于防水基层，通过和空气中的湿气反应而固化交联成坚韧、柔软和无接缝的橡胶防水膜。

双组分聚氨酯防水涂料也称高强聚氨酯防水涂料，是一种由聚醚和异氰酸缩聚得到的异氰酸酯封端的预聚体。使用时将甲乙两组分按比例混合均匀，涂刷在防水基层表面上，经常温交联固化形成一种富有高弹性、高强度、耐久性的橡胶弹性膜，从而起到防水作用。

聚氨酯防水涂料的特点如下。

(1) 能在潮湿或干燥的各种基面上直接施工。

(2) 与基面黏结力强，涂膜中的高分子物质能渗入到基面微细缝内，追随性强。黏结强度高，涂抹防水材料和混凝土、木材、陶瓷等有极强的黏结力，也可应用于部分高分子卷材黏结。

(3) 涂膜有良好的柔韧性，对基层伸缩或开裂的适应性强，抗拉性强度高。

(4) 绿色环保，无毒无味，无污染环境，对人身无伤害。这种产品取消了煤焦油，大大降低了对环境的污染。

(5) 耐候性好，高温不流淌，低温不龟裂，优异的抗老化性能，能耐油、耐磨、耐臭氧、耐酸碱侵蚀。

(6) 双组分聚氨酯固化后形成一种富有弹性的无接缝的完整的整体，提高了建筑工程的防水抗渗能力，具有卷材防水无法比拟的优势；涂膜密实、防水层完整、无裂缝、无针孔、无气泡、水蒸气渗透系数小，既具有防水功能又有隔气功能。

(7) 施工简便，工期短，维修方便。

(8) 根据需要，可调配各种颜色。

(9) 质轻，不增加建筑物负载。

6. 丙凝防水涂料

丙凝又叫丙凝防水防腐材料，环保无毒型，是一种高聚物分子改性基高分子防水防腐系统。由引入进口的环氧树脂改性胶乳加入国内丙凝乳液及聚丙稀酸脂、合成橡胶、各种乳化剂、改性胶乳等所组成的高聚物胶乳。加入基料和适量化学助剂和填充料，经塑炼、混炼、压延等工序加工而成的高分子防水防腐材料、选用进口材料和国内优质辅料，按照国家行业标准最高等级批示生产的优质产品，列为国家建设部重点推广产品，国家小康住宅建设推荐产品，寿命长、施工方便，长期浸泡在水里寿命在50年以上。

丙凝防水涂料的特点如下：

(1) 防水涂料在常温下呈黏稠状液体，经涂布固化后，能形成无接缝的防水涂膜；

(2) 防水涂料特别适宜在立面、阴阳角、穿结构层管道、凸起物、狭窄场所等细部构造处进行防水施工。固化后，能在这些复杂部件表面形成完整的防水膜；

(3) 防水涂料施工属冷作业，操作简便，劳动强度低；

(4) 固化后形成的涂膜防水层自重轻，对于轻型薄壳等异型屋面，大都采用防水涂料进行施工；

(5) 涂膜防水是具有良好的耐水、耐候、耐酸碱特性和优异的延伸性能，能适应基层局部变形的需要；

(6) 涂膜防水层的拉伸强度可以通过加贴胎体增强材料来得到加强，对于基层裂缝、结构缝、管道根等一些容易造成渗漏的部位，积极进行增强、补强、维修等处理；

(7) 防水涂膜一般依靠人工涂布，其厚度很难做到均匀一致，所以施工时，要严格按照操作方法进行重复多遍地涂刷，以保证单位面积内的最低使用量，确保涂膜防水层的施工质量。

10.2 保温隔热材料

在建筑中，习惯上将用于控制室内热量外流的材料叫作保温材料，防止室外热量进入室内的材料叫作隔热材料。保温隔热材料又称为杜肯绝热材料。常用的保温绝热材料按其成分可分为有机、无机两大类。按其形态又可分为纤维状、多孔状微孔、气泡、粒状、层状等多种，下面就一些比较常见的材料做简单介绍。

10.2.1 无机纤维状保温材料

1. 矿物棉、岩棉及其制品

矿物棉是以工业废料矿渣为主要原料，经熔化，用喷吹法或离心法而制成的棉状绝热材料。岩棉是以天然岩石为原料制成的矿物棉，常用岩石如玄武岩、辉绿岩、角闪岩等。

矿物棉、岩棉及制品是一种优质的保温材料，目前已有 100 余年生产和应用的历史。其质轻、保温、隔热、吸声、化学稳定性好、不燃烧、耐腐蚀，并且原料来源丰富，成本较低。

矿物棉、岩棉及其制品主要用于建筑物的墙壁、屋顶、天花板等处的保温绝热和吸声，还可制成防水毡和管道的套管。

2. 玻璃棉及制品

玻璃棉是用玻璃原料或碎玻璃熔融后制成的一种纤维状材料，它包括短棉和超细棉两种。

保温隔热材料的分类.mp4

玻璃棉的特点是在高温、低温下能保持良好的保温性能；具有良好的弹性恢复力；具有良好的吸音性能，对各种声波、噪音均有良好的吸音效果；化学稳定性好，无老化现象，长期使用性能不变，产品厚度、密度和形状可按用户要求加工。

玻璃棉及制品的主要用途有：短棉主要制成玻璃棉毡、卷毡，用于建筑物的隔热和隔声，通风、空调设备的保温、隔声等；超细棉主要制成玻璃棉板和玻璃棉管套，用于大型录音棚，冷库、仓库、船舶、航空、隧道以及房建工程的保温、隔音，还可用于供热、供水、动力等设备管道的保温。

3. 硅酸铝棉及制品

硅酸铝棉即直径为 3～5μm 的硅酸铝纤维，又称耐火纤维，是以优质焦宝石、高纯氧化铝、二氧化硅、锆英沙等为原料，选择适当的工艺处理，经电阻炉熔融、喷吹或甩丝，使化学组成与结构相同与不同的分散材料进行聚合纤维化制得的无机材料，是当前国内外公认的新型优质保温绝热材料。

保温隔热材料的定义.mp4

硅酸铝棉及制品具有质轻、耐高温、低热容量，导热系数低、优良的热稳定性、优良的抗拉强度和优良的化学稳定性等特点。

硅酸铝棉及制品广泛用于电力、石油、冶金、建材、机械、化工、陶瓷等工业部门，工业窑炉的高温绝热封闭以及用作过滤、吸声材料。

4. 石棉及其制品

石棉又称“石绵”，为商业性术语，指具有高抗张强度、高挠性、耐化学和热侵蚀、电绝缘和具有可纺性的硅酸盐类矿物产品。它是天然的纤维状的硅酸盐类矿物质的总称。

石棉具有高度耐火性、电绝缘性和绝热性，是重要的防火、绝缘和保温材料。主要用于机械传动、制动以及保温、防火、隔热、防腐、隔音、绝缘等方面，其中较为重要的是汽车、化工、电器设备、建筑业等制造部门。

5. 无机微孔材料

1) 硅藻土

硅藻土由无定形的 SiO_2 组成，并含有少量 Fe_2O_3、CaO、MgO、Al_2O_3 及有机杂质。硅藻土通常呈浅黄色或浅灰色，质软、多孔而轻，其空隙率为 50%～80%，因此具有良好的保温绝热性能。硅藻土的化学成分为含水的非晶质 SiO_2，其最高使用温度可达到900℃。工业上常用来作为保温材料、过滤材料、填料、研磨材料、水玻璃原料、脱色剂及催化剂载体等。

2) 硅酸钙及其制品

硅酸钙保温材料是以65%氧化硅(石英砂粉、硅藻土等)、35%免氧化钙(也有用消石灰、电石渣等)和5%增强纤维(如石棉、玻璃纤维等)为主要原料，经过搅拌、加热、凝胶、成型、蒸压硬化、干燥等工序制成的一种新型保温材料。

硅酸钙保温材料表观密度小，抗折强度高，导热系数小，使用温度高，耐水性好，防火性强，无腐蚀，经久耐用，其制品易加工、易安装。硅酸钙保温材料广泛用于冶金、电力、化工等工业的热力管道、设备、窑炉的保温隔热材料，房屋建筑的内外墙、平顶的防火覆盖材料，各类舰船的舱室墙壁及过道的防火隔热材料。

6. 无机气泡状保温材料

1) 膨胀珍珠岩及其制品

膨胀珍珠岩是天然珍珠岩煅烧而得，呈蜂窝泡沫状的白色或灰白色颗粒，是一种高效能的绝热材料。

膨胀珍珠岩密度小、导热系数低、化学性稳定、使用温度范围宽、吸湿能力小、无毒无味、不腐蚀、不燃烧、吸音和施工方便。建筑工程中膨胀珍珠岩散料主要用作填充材料、现浇水泥珍珠岩保温、隔热层，粉刷材料以及耐火混凝土方面，其制品广泛用于较低温度的热管道、热设备及其他工业管道设备和工业建筑的保温绝热，以及工业与民用建筑维护结构的保温、隔热、吸声。

2) 加气混凝土

加气混凝土是一种轻质多空的建筑材料，它是以水泥、石灰、矿渣、粉煤灰、砂、发气材料等为原料，经磨细、配料、浇筑、切割、蒸压养护和铣磨等工序而制成的，因其经发气后制品内部含有大量均匀而细小的气孔，故名加气混凝土。

加气混凝土的特点是重量轻(孔隙达70%～80%，体积密度一般为400～700kg/m³，相当于实心黏土砖的1/3，普通混凝土的1/5)，保温性能好，良好的耐火性能，不散发有害气体，具有可加工性，良好的吸声性能，原料来源广、生产效率高、生产能耗低。主要用于建筑工程中的轻质砖、轻质墙、隔音砖、隔声砖、隔热砖和节能砖。

10.2.2 有机气泡状保温材料

1. 模塑聚苯乙烯泡沫塑料(EPS)

模塑聚苯乙烯泡沫塑料是采用可发性聚苯乙烯珠粒经加热预发泡后，在磨具中加热成型而制得的、具有闭孔结构的、使用温度不超过75℃的聚苯乙烯泡沫塑料板材。

模塑聚苯乙烯泡沫塑料具有优异持久的保温隔热性、独特的缓冲抗震性、抗老化性和防水性能。在日程生活、农业、交通运输业、军事工业、航天工业等许多领域都得到了广泛的应用。特别是大型泡沫板材的市场需求量很大，作为彩钢夹芯板、钢丝(板)网架轻质复合板、墙体外贴板、屋面保温板以及地热用板等，它更广泛地被应用在房屋建筑领域，用作保温、隔热、防水和地面的防潮材料等。

2. 挤塑聚苯乙烯泡沫塑料(XPS)

XPS 即绝热用挤塑聚苯乙烯泡沫塑料，俗称挤塑板，它是以聚苯乙烯树脂为原料加上其他的原辅料与聚合物，通过加热混合同时注入催化剂，然后挤塑压出成型而制造的硬质泡沫塑料板。

挤塑板具有完美的闭孔蜂窝结构，其结构的闭孔率达到了 99%以上，这种结构让 XPS 板有极低的吸水性(几乎不吸水)、低热导系数、高抗压性、抗老化性(正常使用几乎无老化分解现象)。挤塑板广泛用于墙体保温、平面混凝土屋顶及钢结构屋顶的保温；用于低温储藏地面、泊车平台、机场跑道、高速公路等领域的防潮保温。

3. 聚氨酯硬质泡沫塑料

聚氨酯硬质泡沫塑料是异氰酸酯和羟基化合物经聚合发泡制成，按其硬度可分为软质和硬质两类，聚氨酯硬质泡沫塑料一般为室温发泡，成型工艺比较简单。按施工机械化程度可分为手工发泡及机械发泡；按发泡时的压力可分为高压发泡及低压发泡；按成型方式可分为浇筑发泡及喷涂发泡。

聚氨酯硬质泡沫塑料多为闭孔结构，具有绝热效果好、重量轻、比强度大、施工方便等优良特性，同时还具有隔音、防震、电绝缘、耐热、耐寒、耐溶剂等特点。主要用途有食品等行业冷冻冷藏设备的绝热材料；工业设备保温：如储罐、管道等；建筑保温材料；灌封材料等。

发展保温材料符合国家节能环保的产业政策，保温材料在各个行业中应用广泛，为实现国家提出的节能降耗指标发挥了至关重要的作用。

10.2.3 保温隔热材料

新型墙体材料的生产工艺大多采用现代技术，并将钢铁的耐磨技术移植到墙材生产设备中；生产向大规模、集约型方向发展；生产方法自动化程度更高，普遍采用电脑控制生产全过程；在产品技术方面主要向大孔洞率、薄壁方向发展。混凝土空心小砌块主要向装饰、轻质、保温、隔热方向发展；加气混凝土制品向轻质、高强方向发展。国外加气混凝土容重普遍在 400～500kg/m^3；非承重产品容重降低到 300kg/m^3，且原材料大量采用工业废渣，如图 10-7 所示。

图 10-7　新型墙体材料

【案例 10-1】 由于欧美、日本等发达国家对新型墙体材料的研究工作开展得比较早，所以，在这些国家新型墙体的应用也比较广泛。在 20 世纪 50 年代就实现了从实心黏土砖向轻质、高强、多功能的新型墙体材料的转变。相对那些工业发达国家而言，我国新型墙体材料的研究起步较晚，应用也不如发达国家广泛。为了更好地解决资源、能源、环境协调发展问题，实施可持续发展战略，我国政府有关部门采取了从限制到禁止实心黏土砖的使用等一系列措施。

结合上下文理解分析，新型墙体比烧结砖的优点有哪些？

10.2.4 保温隔热材料的性能及影响因素

1. 材料类型

隔热材料(绝热材料)类型不同，导热系数就不同；隔热材料的物质构成不同，其物理热性能也就不同；隔热机理存在区别，其导热性能或导热系数也就各有差异。

保温隔热性能.mp4

即使对于同一物质构成的隔热材料，内部结构不同，或生产的控制工艺不同，导热系数的差别有时也很大。对于孔隙率较低的固体隔热材料，结晶结构的导热系数最大，微晶体结构的次之，玻璃体结构的最小。但对于孔隙率高的隔热材料，由于气体(空气)对导热系数的影响起主要作用，固体部分无论是晶态结构还是玻璃态结构，对导热系数的影响都不大。

2. 工作温度

温度对各类绝热材料导热系数均有直接影响，温度提高，材料导热系数上升。因为温度升高时，材料固体分子的热运动增强，同时材料孔隙中空气的导热和孔壁间的辐射作用也有所增加。但这种影响，在 0～50℃内并不显著，只有对处于高温或负温下的材料，才要考虑温度的影响。

3. 含湿比率

绝大多数的保温绝热材料都具有多孔结构，容易吸湿。材料吸湿受潮后，其导热系数增大。当含湿率大于 5%～10%时，导热系数的增大在多孔材料中表现得最为明显。这是由于当材料的孔隙中有了水分(包括水蒸气)后，孔隙中蒸汽的扩散和水分子的运动将起主要传热作用，而水的导热系数比空气的导热系数大 20 倍左右，故引起其有效导热系数的明显升高。如果孔隙中的水结成了冰，冰的导热系数更大，其结果使材料的导热系数更加增大。所以，非憎水性隔热材料在应用时必须注意防水避潮。

4. 孔隙特征

在孔隙率相同的条件下，孔隙尺寸越大，导热系数越大；互相连通型的孔隙比封闭型孔隙的导热系数高，封闭孔隙率越高，则导热系数越低。

5. 容重大小

容重(或比重、密度)是材料气孔率的直接反映，由于气相的导热系数通常均小于固相导热系数，所以保温隔热材料往往都具有很高的气孔率，即具有较小的容重。一般情况下，增大气孔率或减少容重都将导致导热系数的下降。但对于表观密度很小的材料，特别是纤维状材料，当其表观密度低于某一极限值时，导热系数反而会增大，这是由于孔隙率增大时互相连通的孔隙大大增多，从而使对流作用得以加强。因此这类材料存在一个最佳表观密度，即在这个表观密度时导热系数最小。

6. 材料粒度

常温时，松散颗粒型材料的导热系数随着材料粒度的减小而降低。粒度大时，颗粒之间的空隙尺寸增大，其间空气的导热系数必然增大。此外，粒度越小，其导热系数受温度变化的影响越小。

7. 热流方向

导热系数与热流方向的关系，仅仅存在于各向异性的材料中，即在各个方向上构造不同的材料中。纤维质材料从排列状态看，分为方向与热流向垂直和纤维方向与热流向平行两种情况。传热方向和纤维方向垂直时的绝热性能比传热方向和纤维方向平行时要好一些。一般情况下，纤维保温材料的纤维排列是后者或接近后者，同样密度条件下，其导热系数要比其他形态的多孔质保温材料的导热系数小得多。

对于各向异性的材料(如木材等)，当热流平行于纤维方向时，受到的阻力较小；而垂直于纤维方向时，受到的阻力较大。以松木为例，当热流垂直于木纹时，导热系数为 0.17W/(m·K)；平行于木纹时，导热系数为 0.35W/(m·K)。气孔质材料分为气泡类固体材料和粒子相互轻微接触类固体材料两种。具有大量或无数多开口气孔的隔热材料，由于气孔连通方向更接近于与传热方向平行，因而比具有大量封闭气孔材料的绝热性能要差一些。

8. 填充气体

隔热材料中，大部分热量是从孔隙中的气体传导的。因此，隔热材料的热导率在很大程度上取决于填充气体的种类。低温工程中如果填充氦气或氢气，可作为一级近似，认为隔热材料的热导率与这些气体的热导率相当，因为氦气和氢气的热导率都比较大。

9. 比热容

比热容又称比热容量，简称比热，是单位质量物质的热容量，即使单位质量物体改变单位温度时吸收或释放的内能。热导率=热扩散系数×比热×密度。在热扩散系数和密度条件相同的情况下，比热越大，导热系数越高。隔热材料的比热对计算绝热结构在冷却与加热时所需要冷量(或热量)有关。在低温下，所有固体的比热变化都很大。在常温常压下，空气的质量不超过隔热材料的 5%，但随着温度的下降，气体所占的比重越来越大。因此，在计算常压下工作的隔热材料时，应当考虑这一因素。

10. 真空

热传导的方式有三种：对流、传导和辐射。

其中对流方式导热为最重要的。通过真空阻绝了对流，导热系数就大大地降低了，原理同热水瓶一样。而作为骨架的填充材料可能会通过传导方式导热，所以采用导热系数低的玻璃纤维做骨架，外表加上铝膜包装袋就可以对辐射进行阻隔。所以保温隔热材料是导热系数最小的。

10.3 吸声、隔声材料

10.3.1 吸声、隔声材料的概念

1. 吸声材料

吸声材料的概念.mp4

吸声材料是指能与周围的传声介质的声特性阻抗匹配，使声能无反射地进入并吸收绝大部分入射声能的材料。吸声材料大多是多孔材料，比如玻璃纤维、矿物棉、纺织物等。将吸声材料贴在墙体表面，可以减少声波从墙体表面的镜面反射，改变室内的混响时间，从而提高室内的听觉效果，因此常用在影院、剧院等场所的内部装修上。大量检测证实，在轻质墙体中填充吸音材料，只能提高墙体隔声值 STC 约 2 分贝，如图 10-8 所示。

图 10-8　吸声材料示意图

2. 隔声材料

隔声材料的概念.mp4

隔声材料是指把空气中传播的噪声隔绝、隔断、分离的一种材料、构件或结构。对于隔声材料，要减弱透射声能，阻挡声音的传播，就不能如同吸声材料那样多孔、疏松、透气，相反它的材质应该是重而密实的，如钢板、铅板、砖墙等一类材料。隔声材料材质的要求是密实无孔隙或缝隙，有较大的重量。由于这类隔声材料密实，难于吸收和透过声能且反射性能强，所以它的吸声性能差，如图 10-9 所示。

图 10-9　隔声材料示意图

吸声和隔声材料的区别.mp4

一般的物体都具有隔音效果，但是我们把平均隔声量(在无限大的空间中，声源与被测点之间放一张无限大的材料)超过 30dB 的板材才称作隔音板。隔音板一般为高密度材料。隔音板并不是所有频率的声音都能阻隔，物体都有固有共振频率，接近物体共振频率的声音，隔音板的隔音效果显著降低。隔音板有隔空气声与振动声的区别：空气声隔音板，即阻隔的是在空气中传

播的声音的板材；振动声隔音板即阻隔的是在刚性构件(如钢筋混凝土整体式房屋)中传播的声音的板材和系统。

10.3.2　吸声与隔声材料的区别

(1) 声波通过媒质或入射到媒质分解面上时声能的减少过程，称为吸声或声吸收。用构件将噪声源和接收者分开，使声能在传播途径中受到阻挡，从而降低或消除噪声传递的措施，称为隔声。

(2) 材料的吸声着眼于声源一侧反射声能的大小，目标是反射声能要小；材料隔声着眼于入射声源另一侧的透射声能的大小，目标是透射声能要小。

吸声材料对入射声能的衰减吸收，一般只有十分之几，因此，其吸声能力即吸声系数可以用小数表示；而隔声材料可使透射声能衰减到入射声能的10^{-3}～10^{-4}或更小，为方便表达，其隔声量用分贝的计量方法表示。

(3) 吸声处理和隔声处理所解决的目标和侧重点不同，吸声处理所解决的目标是减弱声音在室内的反复反射，即减弱室内的混响声，缩短混响声的延续时间。隔声处理则着眼于隔绝噪声自声源房间向相邻房间的传播，以使相邻房间免受噪声的干扰。

10.3.3　吸声材料和隔声材料的结构类型

1. 吸声材料的结构种类

吸声和隔声材料的结构.mp4

吸声材料结构的种类很多，根据其材料结构不同，可以分为下列几类：多孔吸声材料有纤维状吸声材料、颗粒状吸声材料、泡沫状吸声材料；共振吸声结构有单个共振器、穿孔板共振吸声结构、薄板共振吸声结构；特殊吸声结构有薄膜共振吸声结构。

1) 多孔吸声材料

软质多孔材料广为人知的是玻璃棉与岩棉；硬质多孔材料有金属类、陶瓷类、合成树脂类多孔材料，其中铝质吸声材料得到了人们的重视，其原因在于金属多孔材料是刚性体，不必像软质多孔材料那样需要穿孔面层材料保护，长时间使用不会老化或飞散污染环境，吸湿或湿润后吸声系数基本不会影响其吸声性能。

2) 共振吸声结构

共振吸声结构以各类穿孔板最为常见，常与多孔吸声材料一起使用。作为无纤维吸声体还有微穿孔板，它是为适应恶劣环境而开发的吸声材料，已在国内外引起普遍重视并得到了广泛的应用。

穿孔板共振吸声结构具有良好的中高频吸声性能；薄板共振吸声结构具有良好的低频吸声特性。

3) 特殊吸声结构

特殊吸声结构最常见的是薄膜震动型。薄膜震动型吸声材料通常与其他材料附着在一起，如铝纤维吸声材料中的铝箔；还有微穿孔聚乙烯薄膜，它可以贴附在普通窗户的玻璃上。薄膜震动型吸声材料具有优良的中频吸声特性。

4) 其他类型

(1) 空间吸声体。

空间吸声体与一般吸声结构的区别在于它不是与顶棚、墙面等刚性壁组合成的吸声结构，而是自成系统的。室内的吸声处理，一般都在建筑施工和装饰中把吸声材料安装在室内各界面上，但可预制成吸声构件——空间吸声体，并进行现场吊装。从本质上讲，吸声体不是什么新的吸声结构，但由于使用条件不同，吸声特性也有所不同。挂在声能流密度大的位置(例如靠近声源处、反射有聚焦的地方)可以获得较好的效果。

(2) 强吸声体。

吸声尖劈是消声室中常用的强吸声结构，还有界面平铺多孔材料。

(3) 帘幕。

如果帘幕离墙面、窗玻璃有一定距离，就好像在多孔材料背后设置了空气层，尽管没有完全封闭，但对中高频仍具有一定的吸声作用，如图 10-10 所示。

图 10-10 帘幕示意图

(4) 洞口。

向室外自由声场敞开的洞口，从室内的角度看，它是完全吸声的，对所有频率的吸音系数均为 1，它对室内声学问题有较大的影响。若洞口不是朝向自由声场时，其吸音系数就小于 1。

2. 隔声材料的结构

根据质量定律，频率降低一半，传递损失要降 6dB；而要提高隔声效果时，质量增加一倍，传递损失增加 6dB。在这一定律支配下，若要显著地提高隔声能力，单靠增加隔层的质量，例如增加墙的厚度，显然不能行之有效，有时甚至是不可能的，如航空器上的隔声结构，这时解决的途径主要是采用双层以至多层隔声结构。

本章小结

通过对本章的学习，学生们可以清楚地知道防水材料、保温隔热材料和吸声隔声材料的定义以及种类，掌握这几种材料各自不同种类适应的工程范围和作用，通过课本上理论学习结合现实施工作业情况，合理遵循各部分的相关要求和规定。

实训练习

一、单选题

1. 石油沥青的针入度越大，则其黏滞性(　　)。
   A. 越大　　B. 越小　　C. 不变　　D. 先大后小
2. 为避免夏季流淌，一般屋面用沥青材料软化点应比本地区屋面最高温度高(　　)以上。
   A. 10℃　　B. 15℃　　C. 20℃　　D. 25℃
3. 下列不宜用于屋面防水工程中的沥青是(　　)。
   A. 建筑石油沥青　　B. 煤沥青

C. SBS 改性沥青　　D. 改性沥青

4. 石油沥青的牌号主要根据其(　　)划分。

A. 针入度　　B. 延伸度　　C. 软化点　　D. 熔点

5. 对于 SBS 改性沥青防水卷材，(　　)号及其以下品种用作多层防水，该标号以上的品种可用作单层防水或多层防水的面层。

A. 55　　B. 45　　C. 35　　D. 40

6. 弹性体沥青防水卷材、塑性体沥青防水卷材均以(　　)划分标号。

A. 每 1m 的质量(kg/m^2)　　B. 每 $1m^2$ 的质量(kg/m^2)

C. 每 10m 的质量(kg/m^2)　　D. 每 $10m^2$ 的质量(kg/m^2)

7. 三元乙丙橡胶(EPDM)防水卷材属于(　　)防水卷材。

A. 合成高分子　　B. 沥青

C. 高聚物改性沥青　　D. 改性沥青

8. 沥青胶的标号主要根据其(　　)划分。

A. 黏结力　　B. 针入度　　C. 柔韧性　　D. 耐热度

二、多选题

1. 石油沥青胶的主要技术要求包括(　　)。

A. 耐热度　　B. 柔韧性　　C. 黏结力　　D. 针入度　　E. 熔点

2. 石油沥青胶的标号以耐热度表示，标号正确的是(　　)。

A. S-60　　B. S-65　　C. S-75　　D. S-80　　E. S-90

3. 石油沥青是一种有机胶凝材料，在常温下呈(　　)状态。

A. 固体　　B. 气体　　C. 液体

D. 半固体　　E. 气液混合体

4. 石油沥青的塑性用(　　)表示。

A. 延度　　B. 针入度　　C. 柔韧性

D. 延伸率　　E. 耐热度

5. 石油沥青的牌号主要根据其(　　)等质量指标划分。

A. 针入度　　B. 延伸率　　C. 黏结力

D. 软化点　　E. 耐热度

三、简答题

1. 建筑石油沥青、道路石油沥青和普通石油沥青的应用各如何?
2. 简述保温材料的分类。
3. 煤沥青与石油沥青相比，其性能和应用有何不同?
4. 冷底子油在建筑防水工程中的作用如何?

习题答案.pdf

实训工作单

<table>
<tr><td>班级</td><td></td><td>姓名</td><td></td><td>日期</td><td></td></tr>
<tr><td colspan="2">教学项目</td><td colspan="4">功能材料</td></tr>
<tr><td>任务</td><td>学习了解功能材料的种类</td><td>方法</td><td colspan="3">在课本中了解概念，在现实中观察材料</td></tr>
<tr><td colspan="2">学习目标</td><td colspan="4">熟悉卷材的分类，各种功能材料的作用及优劣</td></tr>
<tr><td colspan="2">学习要点</td><td colspan="4"></td></tr>
<tr><td colspan="6">学习记录</td></tr>
<tr><td>评语</td><td colspan="3"></td><td>指导老师</td><td></td></tr>
</table>

合成高分子材料.pdf

第 11 章　合成高分子材料

【学习目标】

1. 简单了解合成高分子材料的定义;
2. 熟悉常用的建筑塑料的种类;
3. 掌握建筑涂料的分类和性质以及应用;
4. 明白胶黏剂的概念、构成和选用原理。

合成高分子材料.avi

【教学要求】

本章要点	掌握层次	相关知识点
合成高分子材料	1. 了解合成高分子材料的定义 2. 熟悉合成高分子材料在建筑方面的应用	1. 结构材料和功能材料两大类。 2. 塑料、橡胶以及纤维
建筑塑料	1. 熟悉塑料的构成 2. 掌握塑料的分类和性能 3. 掌握常用的建筑工程材料	1. 塑料的组成部分 2. 塑料的属性 3. 工程中常用的建筑塑料类型
建筑涂料	1. 了解涂料概述 2. 掌握外墙涂料的相关知识 3. 掌握内墙涂料的相关知识 4. 掌握地面涂料的相关知识	1. 涂料的定义内容 2. 涂料在外墙、内墙以及地面的应用
胶黏剂	1. 了解胶黏剂的概念 2. 掌握胶黏剂的构成 3. 掌握胶黏剂的分类和性能 4. 掌握胶黏剂的选用	1. 胶黏剂的定义 2. 胶黏剂的主要性能 3. 胶黏剂如何选用

【项目案例导入】

某医用高分子(集团)有限公司输液器分公司占地面积6000平方米，现有职工1610人，主导产品为医用一次性输液器、输血管和小儿吊瓶。为满足国内外市场需求，于2009年初，开始申请对输液器生产车间进行技术改造。2010年11月28日，主体工程和设备安装全部到位，开始进入设备调试和试生产阶段。2011年1月16日8时50分，正在输液器车间作业的职工小李发现车间中部西侧3个干燥箱中有一个冒烟，该职工立即报告了班长小张(按规定干燥箱只有班长有权操作)，小张拉开干燥箱门，发现里面已着火，又立即把门关闭，但随即被火顶开。火灾迅速蔓延，引燃了车间墙体保温材料聚苯乙烯、生产原料聚氯乙烯和半成品等。

【项目问题导入】

高分子材料已经融入了我们的生活，成了我们生活中必不可少的一个组成部分。但高分子材料在具有其优势的同时也有缺点，试结合本案例思考合成高分子的应用及其注意事项，并掌握常用高分子材料的具体特性。

11.1 合成高分子材料

11.1.1 合成高分子材料的定义

高分子材料可称为聚合物材料，按照其来源可划分为合成高分子材料和天然高分子材料两大类。天然高分子均由生物体内生成，与人类有着密切的联系，如天然橡胶、纤维素、甲壳素、蚕丝、淀粉等；合成高分子是指用结构和相对分子质量已知的单体为原料，经过一定的聚合反应得到的聚合物。合成高分子采用的化学合成方式即聚合反应包括逐步聚合、自由基聚合、离子型聚合(阴离子聚合、阳离子聚合)、配位聚合、开环聚合以及共聚合。同时，对于一个聚合反应又可根据其聚合机理、所需求产品不同的性能采用不同的聚合方法。以聚合体系的相溶性为标准，可分为均相聚合和非均相聚合。均相聚合包括本体聚合、溶液聚合、熔融缩聚、溶液聚合；非均相聚合包括悬浮聚合、乳液聚合、界面缩聚和固相缩聚。需要指出的是对于同一种合成高分子材料来说，尽管采用的单体和聚合反应机理相同，但采用不同的聚合方法所得的产物的分子结构，相对分子质量往往会有很大的差别，进而影响到产物最终的性能，在工业生产中，为满足不同的制品性能，一种单体常需要采用不同的聚合方法，如对于常用的聚苯乙烯产品，用于挤塑或注塑成型的通用型聚苯乙烯多采用本体聚合，可发型聚苯乙烯主要采用悬浮聚合，

合成高分子材料的定义.mp4

高分子 .avi

扩展资源 1.pdf

而高抗冲聚苯乙烯则是溶液聚合—本体聚合的联合使用。

合成高分子材料的分类详见二维码。

11.1.2 合成高分子材料在建筑方面的应用

下面以合成高分子材料三大主要用途，即塑料、橡胶以及纤维为例来进一步介绍常用的高分子材料。

1. 塑料

人们常用的塑料主要是以合成树脂为基础，再加入塑料辅助剂(如填料、增塑剂、稳定剂、润滑剂、交联剂及其他添加剂)制得的。按照塑料的受热行为和是否具有反复成型加工性，可分为热塑性塑料和热固性塑料两大类。前者受热时熔融，可进行各种成型加工，冷却时硬化，再受热，又可熔融、加工，即具有多次重复加工性；后者受热熔化成型的同时发生固化反应，形成立体网状结构，再受热不熔融，在溶剂中也不溶解，当温度超过分解温度时将被分解破坏，即不具备重复加工性。

合成高分子材料在建筑方面的应用.mp4

按照塑料的使用范围和用途来分，可分为通用塑料和工程塑料。通用塑料的产量大、用途广、价格低，但是性能一般，主要用于非结构材料，如聚乙烯、聚丙烯、聚氯乙烯、聚苯乙烯、酚醛树脂等；工程塑料具有较高的力学性能，能够经受较宽的温度变化范围和较苛刻的环境条件，并且能在此条件下长时间使用，且可作为结构材料。对于工程塑料而言，人们一般把长期使用温度在 100～150℃范围内的塑料称为通用工程塑料，如聚酰胺、聚碳酸酯、聚甲醛、聚苯醚、热塑性聚酯等；把能够在 150℃以上使用的塑料称为特种工程塑料，如聚酰亚胺、聚芳酯、聚苯酯、聚砜、氟塑料等。

2. 橡胶

橡胶是一类线型柔性高分子聚合物，其分子链柔性好，在外力作用下可产生较大的形变，除去外力后能迅速恢复原状。它的特点是在很宽的温度范围内具有优异的弹性，所以又称为弹性体。橡胶的来源分为天然橡胶和合成橡胶。合成橡胶按其性能和用途又可分为通用合成橡胶和特种合成橡胶。用于代替天然橡胶制造轮胎及其他常用橡胶制品的合成橡胶称为通用合成橡胶，如丁苯橡胶、顺丁橡胶、乙丙橡胶、丁基橡胶、氯丁橡胶等；用于各种耐寒、耐热、耐油、耐臭氧等特种环境的橡胶制品称为特种合成橡胶，如丁腈橡胶、硅橡胶、氟橡胶、丙烯酸酯橡胶、聚氨酯橡胶等。

橡胶的结构应具有如下特征：

(1) 大分子链具有足够的柔性；

(2) 玻璃化温度应该比室温低得多；

(3) 在使用条件下不结晶或结晶较少，比较理想的情况是在拉伸时可结晶，除去外力之后结晶消失。

3. 纤维

纤维是指长度比直径大很多倍并且有一定柔韧性的纤细物质。人类早期使用的纤维主要是天然高分子，如蚕丝、棉花、麻等。合成纤维是由合成的聚合物制得，它种类繁多，已经投入工艺生产的有四十余种。合成纤维可分为通用合成纤维、高性能合成纤维和功能合成纤维。涤纶、锦纶、腈纶和丙纶是四大通用合成纤维。高性能合成纤维是指强度大于18cN/dtex(1cN/dtex=91MPa)、模量大于440cN/dtex的纤维，可由刚性链聚合物(芳香聚酰胺、聚芳酯和芳杂环聚合物)和柔性聚合物(聚烯烃)纺丝制备；功能合成纤维是具有除力学和耐热性能外的特殊性能，如光、电、化学(耐腐蚀、阻燃)、高弹性和生物可降解等性能。现使用较广泛的高性能合成纤维有超高分子量聚乙烯纤维、芳香聚酰胺纤维(芳纶)、聚酰亚胺(PI)纤维。

【案例 11-1】 高分子材料作为高新技术的产物，在建筑中的重要性越来越凸显，甚至已经成为现代建筑的重要材料之一。环顾周围，越来越多的传统材料正在被性能更加优越的高分子材料代替，高分子材料的应用将人类的生活带入到一个全新的阶段，对人类社会的发展起到了十分重要的推动作用。

结合本节叙述下高分子材料比传统材料有哪些优点？

11.2 建筑塑料

11.2.1 塑料的构成

我们通常所用的塑料并不是一种纯物质，它是由许多材料配制而成的。塑料是以合成树脂为主要原料，加入必要的添加剂，在一定的温度和压力条件下，塑制而成的具有一定塑性的材料。塑料的主要成分是高分子聚合物(或称合成树脂)；塑料的性质主要由树脂决定。此外，为了改进塑料的性能，还要在聚合物中添加各种辅助材料，如填料、增塑剂、润滑剂、稳定剂、着色剂等，才能成为性能良好的塑料。

塑料的构成.mp4

1. 合成树脂

合成树脂是由人工合成的一类高分子聚合物，为黏稠液体或加热可软化的固体，受热时通常有熔融或软化的温度范围，在外力作用下可呈塑性流动状态，某些性质与天然树脂相似。合成树脂最重要的应用是制造塑料，为便于加工和改善性能，常添加助剂，有时也直接用于加工成型，故常是塑料的同义语。

合成树脂的其他资料详见二维码。

扩展资源 2.pdf

2. 填料

填料又叫填充剂，它可以提高塑料的强度和耐热性能，并降低成本。例如在酚醛树脂中加入木粉后可大大降低成本，使酚醛塑料成为最廉价的塑料之一，同时还能显著提高机械强度。填料可分为有机填料和无机填料两类，前者如木粉、碎布、纸张和各种织物纤维等；后者如玻璃纤维、硅藻土、石棉、炭黑等。

3. 增塑剂

凡添加到聚合物体系中能使聚合物体系的塑性增加的物质都可以叫作增塑剂。增塑剂的主要作用是削弱聚合物分子之间的次价键，即范德华力，从而增加了聚合物分子链的移动性，降低了聚合物分子链的结晶性，即增加了聚合物的塑性，表现为聚合物的硬度、模量、软化温度和脆化温度下降，而伸长率、曲挠性和柔韧性提高。增塑剂可增加塑料的可塑性和柔软性，降低脆性，使塑料易于加工成型。增塑剂一般是能与树脂混溶，无毒、无臭，对光、热稳定的高沸点有机化合物，最常用的是邻苯二甲酸酯类。例如生产聚氯乙烯塑料时，若加入较多的增塑剂便可得到软质聚氯乙烯塑料；若不加或少加增塑剂(用量<10%)，则得到硬质聚氯乙烯塑料。

增塑剂的品种繁多，在其研究发展阶段，其品种曾多达 1000 种以上，但作为商品生产的增塑剂不过 200 多种，而且以原料来源于石油化工的邻苯二甲酸酯为最多。

增塑剂的分类方法很多。根据分子量的大小可分为单体型增塑剂和聚合型增塑剂；根据物状可分为液体增塑剂和固体增塑剂；根据性能可分为通用增塑剂、耐寒增塑剂、耐热增塑剂、阻燃增塑剂等；根据增塑剂化学结构分类是常用的分类方法，可分为：

(1) 邻苯二甲酸酯(如：DBP、DOP、DIDP)；
(2) 脂肪族二元酸酯(如：己二酸二辛酯 DOA、癸二酸二辛酯 DOS)；
(3) 磷酸酯(如：磷酸三甲苯酯 TCP、磷酸甲苯二苯酯 CDP)；
(4) 环氧化合物(如：环氧化大豆油、环氧油酸丁酯)；
(5) 聚合型增塑剂(如：己二酸丙二醇聚酯)；
(6) 苯多酸酯(如：1，2，4－偏苯三酸三异辛酯)；
(7) 含氯增塑剂(如: 氯化石蜡、五氯硬脂酸甲酯)；
(8) 烷基磺酸酯；
(9) 多元醇酯；
(10) 其他增塑剂。

扩展资源 3.pdf

增塑剂性能的具体资料详见二维码。

4. 稳定剂

为了防止合成树脂在加工和使用过程中受光和热的作用分解和破坏，延长使用寿命，要在塑料中加入稳定剂。常用的稳定剂有硬脂酸盐、环氧树脂等。

5. 着色剂

塑料着色剂是为了美化和装饰塑料而在物料中加入的含色料的添加剂。任何可以使物质显现设计需要颜色的物质都称为着色剂，它可以是有机或无机的，可以是天然的或合成的。

着色剂按来源分为化学合成色素和天然色素两类。我国允许使用的化学合成色素有：苋菜红、胭脂红、赤藓红、新红、柠檬黄、日落黄、靛蓝、亮蓝，以及为增强上述水溶性酸性色素在油脂中分散性的各种色素；我国允许使用的天然色素有：甜菜红、紫胶红、越橘红、辣椒红、红米红等 45 种。

6. 润滑剂

润滑剂的作用是防止塑料在成型时黏在金属模具上，同时可使塑料的表面光滑美观。常用的润滑剂有硬脂酸及钙镁盐等。

7. 抗氧剂

抗氧剂的作用是防止塑料在加热成型或在高温使用过程中受热氧化，而使塑料变黄、开裂等。除了上述助剂外，塑料中还可加入阻燃剂、发泡剂、抗静电剂等，以满足不同的使用要求。

11.2.2 塑料的分类和性能

1. 按树脂的性质分类

按树脂的性质分类，塑料可分为热塑性塑料和热固性塑料。

热塑性塑料是在特定温度范围内能反复加热软化和冷却硬化的塑料。如聚乙烯塑料、聚氯乙烯塑料。

热固性塑料是因受热或其他条件能固化成不熔不溶性物料的塑料。如酚醛塑料(PE)、环氧塑料(EP)等。

塑料的分类.mp4

2. 按塑料使用范围分类

按塑料使用范围分类，塑料可分为通用塑料和工程塑料。

通用塑料是指产量大、用途广、成型性好、价廉的塑料。如聚乙烯、聚丙烯、聚氯乙烯等。

工程塑料是指能承受一定的外力作用，并有良好的机械性能和尺寸稳定性，在高、低温下仍能保持其优良性能，可以作为工程结构件的塑料。如 ABS、尼龙、聚砜等。工程塑料又分为通用工程塑料和特种塑料。其中，特种塑料一般指具有特种功能(如耐热、自润滑等)，应用于特殊要求的塑料，如氟塑料、有机硅等(如图 11-1 所示)。

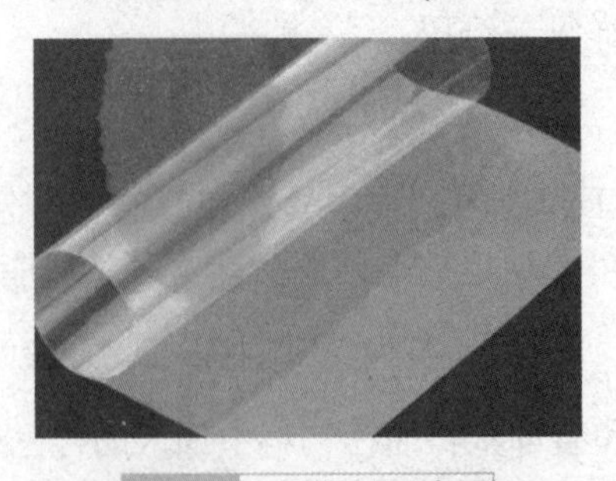

图 11-1　氟塑料示意图

11.2.3 常用的建筑工程材料

1. 塑料管和管件

工程中常用的建筑塑料.mp4

用塑料制造的管材及接头管件，已广泛应用于室内排水、自来水、化工及电线穿线管等管路工程中。常用的塑料有硬聚氯乙烯、聚乙烯、聚丙烯以及 ABS 塑料(丙烯腈、丁二烯－苯乙烯三种单体的共聚物)。塑料排水管的主要优点是耐腐蚀，流体摩阻力小，由于流过的杂物难以附着管壁，故排污效率高。塑料管的重量轻，仅为铸铁管重量的 1/6～1/12，可节约劳动力，其价格与施工费用均比铸铁管低。缺点是塑料的线膨胀系数比铸铁大 5 倍左右，所以在较长的塑料管路上需要设置柔性接头。

制造塑料管材多采用挤出成型法，管件多采用注射成型法。塑料管的连接方法除胶黏法之外，还有热熔接法、螺纹连接法、法兰盘连接法以及带有橡胶密封圈的承插式连接法。当聚氯乙烯管内通过有压力的液体时，液温不得超过 38℃；若为无压力管路(如室内排水管)，连续通过的液体温度不得超过 66℃，间歇通过的液体温度不得超过 82℃。当聚氯乙烯塑料用于上水管路时，不允许使用有毒性的稳定剂等原料，如图 11-2 所示。

图 11-2　塑料管和管件示意图

2. 弹性地板

塑料弹性地板有半硬质聚氯乙烯地面砖和弹性聚氯乙烯卷材地板两大类。地面砖的基本尺寸为边长 300mm 的正方形，厚度 1.5mm，其主要原料为聚氯乙烯或氯乙烯和醋酸乙烯的共聚物，填料为重质碳酸钙粉及短纤维石棉粉。产品表面可以有耐磨涂层、色彩图案或凹凸花纹。按规定，产品的残余凹陷度不得大于 0.15mm，磨耗量不得大于 0.02mg/cm。

弹性聚氯乙烯卷材地板的优点是地面接缝少，容易保持清洁；弹性好，步感舒适；具有良好的绝热吸声性能。将厚度为 3.5mm，视比重为 0.6 的聚氯乙烯发泡地板和厚为 120mm 的空心钢筋混凝土楼板复合使用，其传热系数可以减少 15%，吸收的撞击噪声可达 36dB。卷材地板的宽度为 900～2400mm，厚为 1.8～3.5mm，每卷长为 20m。公用建筑中常用的为不发泡的层合塑料地板，表面为透明耐磨层，下层印有花纹图案，底层可使用石棉纸或玻璃布。用于住宅建筑的为中间有发泡层的层合塑料地板。黏结塑料地板和楼板面用的胶黏剂，有氯丁橡胶乳液、聚醋酸乙烯乳液或环氧树脂等。

3. 化纤地毯

化纤地毯是 1945 年以后出现的新产品，其用量迅速超过了用羊毛等传统原料制作的地毯，主要材料是尼龙长丝、尼龙短纤维、丙烯腈、纤维素及聚丙烯等。地毯的主要使用性能为耐磨损性、弹性、抗脏及抗染色性、易清洁以及产生静电的难易等。丙烯腈、尼龙和聚丙烯纤维的使用性能均可与羊毛媲美。化纤地毯有多种编织法，厚度一般在 4～22mm 范围内。它的主要优点是步感舒适，缺点是有静电现象、容易积尘、不易清扫。与地毯类似的还有无纺地毯，也以化纤为原料，如图 11-3 所示。

图 11-3　化纤地毯示意图

4. 塑料门窗和室内塑料装修配件

近 20 年来，由于薄壁中空异型材挤出工艺和发泡挤出工艺技术的不断发展，用塑料异型材拼焊的门窗框、橱柜组件以及各种室内装修配件，已获得显著发展，受到许多木材和能源短缺国家的重视。采用硬质发泡聚氯乙烯或聚苯乙烯制造的室内装修配件，常用于墙板护角、门窗口的压缝条、石膏板的嵌缝条、踢脚板、挂镜线、天花吊顶回缘、楼梯扶手等处。它兼有建筑构造部件和艺术装饰品的双重功能，既可提高建筑物的装饰水平，也有能发挥塑料制品外形美观、便于加工的优点。

5. 塑料壁纸和贴面板

聚氯乙烯塑料壁纸是装饰室内墙壁的优质饰面材料，可制成多种印花、压花或发泡的美观立体感图案。这种壁纸具有一定的透气性、难燃性和耐污染性。表面可以用清水刷洗，背面有一层底纸，便于使用各种水溶性胶将壁纸粘贴在平整的墙面上。用三聚氰胺甲醛树脂液浸渍的透明纸，与表面印有木纹或其他花纹的书皮纸叠合，经热压成为一种硬质塑料贴面板；或用浸有聚邻苯二甲酸二烯丙酯(DAP)的印花纸，与中密度纤维板或其他人造板叠合，经热压成装饰板，都可以用作室内的隔墙板、门芯板、家具板或地板。

6. 泡沫塑料

一种轻质多孔制品，具有不易塌陷，不因吸湿而丧失绝热效果的优点，是优良的绝热和吸声材料。产品有板状、块状或特制的形状，也可以进行现场喷涂。其中泡孔互相连通的，称为开孔泡沫塑料，具有较好的吸声性和缓冲性；泡孔互不贯通的，称为闭孔泡沫塑料，具有较小的热导率和吸水性。建筑中常用的有聚氨酯泡沫塑料、聚苯乙烯泡沫塑料与脲醛泡沫塑料。聚氨酯的优点是可以在施工现场用喷涂法发泡，它与墙面其他材料的黏结性良好，并耐霉菌侵蚀，如图 11-4 所示。

(4) 能很方便地维护和更新；

(5) 涂膜装饰和保护作用受到限制，使用寿命和维修周期较短。

11.3.2 外墙涂料

外墙装饰涂料的主要功能是装饰和保护建筑物的外墙面，使建筑物外观整洁靓丽，与环境更加协调，从而达到美化城市的目的。同时外墙装饰涂料还能起到保护建筑物，提高建筑物使用的安全性，延长其使用寿命的作用。

外墙涂料的概念和性能.mp4

为获得良好的装饰与保护效果，外墙涂料一般应具有以下特点：

(1) 装饰性良好。这要求外墙涂料色彩丰富多样，保色性良好，能较长时间保持良好的装饰性能；

(2) 耐水性良好。外墙面暴露在大气中，要经常受到雨水的冲刷，因而作为外墙涂层应有很好的耐水性能。某些防水性外墙涂料，其抗水性能更佳，当基层墙面发生小裂缝时，涂层仍有防水的功能；

(3) 耐沾污性好。大气中的灰尘及其他物质沾污涂层以后，涂层会失去其装饰效能，因而要求外墙装饰涂层不易被这些物质沾污或沾污后容易清除掉；

(4) 耐候性良好。暴露在大气中的涂层，要经受日光、雨水、风沙、冷热变化等作用，在这类自然力的反复作用下，通常的涂层会发生开裂、剥落、脱粉、变色等现象，这样涂层会失去原来的装饰与保护功能。因此，作为外墙装饰的涂层要求在规定的年限内，不发生上述破坏现象；

(5) 施工及维修容易。建筑物外墙面积很大，要求外墙涂料施工操作简便。同时，为了始终保持涂层良好的装饰效果，要经常进行清理、重涂等维修施工，要求重涂施工容易；

(6) 价格合理。

三类外墙装饰涂料简介.pdf

建筑外墙涂料的品种很多。目前，建筑工程上常用的有乳液型涂料、溶剂型涂料和无机硅酸盐涂料三类。

三类外墙装饰涂料的具体资料详见二维码。

11.3.3 内墙涂料

内墙涂料的主要功能是装饰和保护室内墙面，使其美观整洁，让人们处于舒适的居住环境之中。为获得良好的装饰效果，内墙涂料应具有以下特点。

内墙涂料的概念和性能.mp4

(1) 色彩丰富、细腻、调和。内墙涂料的装饰效果，主要由质感、线条和色彩三个因素构成。采用涂料装饰则色彩为主要因素。内墙涂料的颜色一般应浅淡、明亮，因居住者对颜色的喜爱不同，因此，建筑涂料的色彩要求品种丰富。内墙涂层与人们的距离比外墙涂层近，因而要求内墙装饰涂层质地平滑、细腻、色彩调和。

(2) 耐碱性、耐水性、耐粉化性良好。由于墙面基层常带有碱性，因而要求涂料的耐碱性良好。室内的湿度一般比室外高，同时为清洁内墙，涂层常要与水接触，因此要求涂料具有一定的耐水性及耐洗刷性。

(3) 透气性良好。室内常有水汽，透气性不好的墙面材料易结露、挂水，使人们居住有不舒适感，因而内墙涂料应采用透气性良好的材料配置。

三类内墙装饰涂料简介.pdf

(4) 涂刷方便，重涂容易。人们为了保护优雅的居住环境，内墙面翻修的次数较多，因此要求内墙涂料施工方便，维修重涂容易。

目前常用的内墙装饰涂料主要包括水溶性涂料、合成树脂乳胶漆和溶剂型涂料三类。

三类内墙装饰涂料的具体资料详见二维码。

11.3.4 地面涂料

应用于建筑物或构筑物地面涂装的涂料称为地面涂料。按照国家标准《涂料产品分类和命名》(GB/T 2750—2003)的规定，地面涂料主要指应用于水泥基底材等非木质地面用的涂料。对于通常应用于木质地面的涂料一般不包括在建筑涂料范围内。

地面涂料是装饰和保护室内地面，使地面清洁美观，与室内墙面及其他装饰相对应。为了获得良好的效果，地面涂料应具有以下特点：

地面涂料的概念和性能.mp4

(1) 耐磨性好。耐磨损性是地面涂料的主要性能之一。人的行走、重物的拖移都要使地面受到磨损，因此地面涂料要有足够的耐磨性。

(2) 耐碱性要好。因为地面涂料主要是涂刷在水泥砂浆基面上，必须有良好的耐碱性，且应与水泥地面有良好的黏结力。

(3) 良好的耐水性。为了保持地面清洁，需要经常用水擦洗，因此地面涂料必须有良好的耐水洗刷性能。

(4) 良好的抗冲击性。地面容易受重物撞击，要求地面涂料的涂层在受到重物冲击时，不易开裂或脱落，只允许出现轻微的凹痕。

(5) 施工方便，重涂容易，价格合理。地面涂料应便于施工，磨损后的重涂性要好。价格也应能被人们接受。

地面装饰资料简介.pdf

用于地面装饰的材料很多，涂料是品种比较丰富、档次比较齐全、功能多种多样的一类地面装饰材料。

如果按地面涂料的功能进行分类，地面涂料可分为装饰性地面涂料和功能性地面涂料两大类。装饰性地面涂料主要应用于木质底材，不属于建筑涂料的范围。目前建筑功能性地面涂料有环氧耐磨地面涂料、聚氨酯弹性地面涂料、防滑地面涂料和防静电地面涂料。

3) 轻质性

胶黏剂的密度较小，大多在 0.9～2，约是金属或无机材料密度的 20%～25%，因而可以大大减轻被粘物体连接材的重量。这在航天、航空、导弹上，甚至汽车、航海上，都有减轻自重、节省能源的重要价值。

11.4.4 胶黏剂的选用

1. 胶黏剂的粘接机理

把被粘物连接成整体的操作步骤如下。

首先对被粘物的待粘表面进行修配，使之配合良好；其次表面处理之后，可涂敷偶联剂，或进行胶黏剂底涂，即先涂一层极薄的底胶，以保护表面；然后涂布胶黏剂，将被粘表面合拢装配；最后通过物理或化学方法固化，实现胶接。

胶黏剂的粘结原理.mp4

1) 吸附理论

物理吸附的范德华力认为当两理想平面相距 1nm，吸引力可达 10～100MPa；相距 0.3nm，吸引力可达 100～1000MPa。

只要胶黏剂能充分润湿被粘物表面，并与之达到良好接触，分子间的引力便产生了胶黏作用。

2) 机械结合理论

机械结合理论认为黏合力是由于黏合剂渗入被粘物表面的缝隙或凹陷处，经固化后产生啮合连接。

3) 静电理论

当黏合剂与被黏结材料接触时在界面两侧形成双电层，黏合力主要来自于双电层的静电引力。

4) 扩散理论

黏合剂与被粘材料接触时，其分子互相扩散，在界面发生互溶，导致界面的消失和过渡层的产生，两聚合物的胶结是在过渡层中进行的。

5) 化学键理论

胶黏剂与被胶黏物表面形成化学键，从而产生化学结合力。化学键能比分子间的作用能高且稳定。

2. 选择原则

(1) 考虑胶接材料的种类、性质、大小和硬度；

(2) 考虑胶接材料的形状结构和工艺条件；

(3) 考虑胶接部位承受的负荷和形式(拉力、剪切力、剥离力等)；

(4) 考虑材料的特殊要求如导电、导热、耐高温和耐低温。

3. 不同材料的胶接性能

(1) 金属。金属表面的氧化膜经表面处理后，容易胶接；由于胶黏剂粘接金属的两相线膨胀系数相差太大，胶层容易产生内应力；另外金属胶接部位因水作用易产生电化学腐蚀。

(2) 橡胶。橡胶的极性越大，胶接效果越好。其中丁腈氯丁橡胶极性大，胶接强度大；天然橡胶、硅橡胶和异丁橡胶极性小，黏接力较弱。另外橡胶表面往往有脱模剂或其他游离出的助剂，会妨碍胶接效果。

(3) 木材。木材属多孔材料，易吸潮，引起尺寸变化，可能因此产生应力集中，导致胶接效果差。另外，抛光的材料比表面粗糙的木材胶接性能好。

胶粘剂选择的原则.mp4

(4) 塑料。极性大的塑料其胶接性能好。

(5) 玻璃。玻璃表面从微观角度是由无数不均匀的凹凸不平的部分组成。使用湿润性好的胶黏剂，可以防止在凹凸处可能存在气泡影响。另外，玻璃是以 SiO_2 为主体结构，其表面层易吸附水。因玻璃极性强，极性胶黏剂易与表面发生氢键结合，形成牢固粘接。玻璃易脆裂而且又透明，选择胶黏剂时需考虑到这些。

本 章 小 结

通过对本章的学习，学生可以对合成高分子材料的概念、其他建筑材料的性能和作用，如建筑塑料、建筑涂料和胶黏剂等知识进行了解、熟悉。其中要求掌握几种常用的建筑塑料和建筑涂料中常用的外墙、内墙及地面涂料的类别和作用；另外，本章还介绍了胶黏剂以及胶黏剂的构成和原理，这些内容的学习，可以帮助学生在以后的学习、工作中更好地了解合成高分子材料。

实 训 练 习

一、单选题

1. 下列(　　)属于热塑性塑料。
①聚乙烯塑料；②酚醛塑料；③聚苯乙烯塑料；④有机硅塑料。
A. ①②　　B. ①③　　C. ③④　　D. ②③

2. 填充料在塑料中的主要作用是(　　)。
A. 提高强度　　B. 降低树脂用量　　C. 提高耐热性　　D. 以上全选

3. 按热性能分，以下(　　)属于热塑性树脂。
A. 聚氯乙烯　　B. 聚丙烯　　C. 聚酯　　D. 聚氯乙烯、聚丙烯

4. 航天科学家正在考虑用塑料飞船代替铝制飞船进行太空探索，其依据是(　　)。
A. 塑料是一种高分子化合物，可以通过取代反应大量生产
B. 塑料生产中加入添加剂可得到性能比铝优良的新型材料
C. 塑料用途广泛，可从自然界中直接得到
D. 塑料是有机物，不会和强酸强碱作用

5. 高分子分离膜可以让某些物质有选择地通过而将物质分离，下列应用不属于高分子

本章小结

实训练习

参 考 文 献

[1] JGJ/T 98—2010 砌筑砂浆配合比设计规程[S]. 北京：中国建筑工业出版社，2010.

[2] JGJ/T 70—2009 建筑砂浆基本性能试验方法标准[S]. 北京：中国建筑工业出版社，2009.

[3] 中华人民共和国国家标准. 烧结普通砖(GB/T 5101—2017)[S]. 北京：中国标准出版社，2017.

[4] GB 13544—2011 烧结多孔砖和多孔砌块[S]. 北京：中国标准出版社，2011.

[5] GB/T 13545—2014 烧结空心砖和空心砌块[S]. 北京：中国标准出版社，2014.

[6] GB 11945—1999 蒸压灰砂砖[S]. 北京：中国标准出版社，1999.

[7] 中华人民共和国建材行业标准. 蒸压粉煤灰砖(JC/T 239—2014)[S]. 北京：国家建筑材料工业局发布，2014.

[8] JC/T 525—2007 炉渣砖[S]. 北京：中华人民共和国国家发展改革委员会发布，2007.

[9] GB 11968—2006 蒸压加气混凝土砌块标准[S]. 北京：中国标准出版社，2006.

[10] GB 8239—2014 普通混凝土小型空心砌块[S]. 北京：中国标准出版社，2014.

[11] GB/T 15229—2011 轻集料混凝土小型空心砌块[S]. 北京：中国标准出版社，2011.

[12] GB/T 9775—2008 纸面石膏板[S]. 北京：中国标准出版社，2008.

[13] JC/T 682—2005 水泥胶砂试体成型振实台[S]. 北京：中华人民共和国国家发展改革委员会发布，2005.